科学出版社"十四五"普通高等教育本科规划教材

新工科·食品科学与工程类融合创新型系列教材

丛书主编　朱蓓薇　陈　卫

现代肉品加工学

主编　徐幸莲　王虎虎

科 学 出 版 社

北 京

内 容 简 介

本书为"新工科·食品科学与工程类融合创新型系列教材"之一，重点介绍了现代肉品加工的基础理论、新技术和发展趋势，主要包括绪论、畜禽肌肉生理与屠宰分级、肉类食用品质与营养安全、肉品加工原理与技术、智能制造与未来肉制品、肉类加工标准等六大部分。本书既系统论述了肉品加工的经典理论与技术，又深度体现了交叉融合的新工科理念，并兼顾了该领域的现代特色与未来发展。

本书可作为高等院校食品科学与工程大类专业本科生与研究生的理论教材，也可作为肉品行业专家和技术人员的专业参考资料。

图书在版编目（CIP）数据

现代肉品加工学 / 徐幸莲，王虎虎主编. —北京：科学出版社，2023.9
科学出版社"十四五"普通高等教育本科规划教材　新工科·食品科学与工程类融合创新型系列教材

ISBN 978-7-03-076181-1

Ⅰ. ①现⋯　Ⅱ. ①徐⋯　②王⋯　Ⅲ. ①肉制品－食品加工－高等学校－教材　Ⅳ. ① TS251.5

中国国家版本馆CIP数据核字（2023）第152088号

责任编辑：席　慧　韩书云 / 责任校对：严　娜
责任印制：赵　博 / 封面设计：金舵手世纪

科学出版社 出版
北京东黄城根北街16号
邮政编码：100717
http://www.sciencep.com

北京华宇信诺印刷有限公司印刷
科学出版社发行　各地新华书店经销

*

2023年 9 月第 一 版　开本：787×1092　1/16
2025年 2 月第三次印刷　印张：12
字数：370 000
定价：49.80元
（如有印装质量问题，我社负责调换）

《现代肉品加工学》编委会名单

2023年2月教育部等五部门关于印发《普通高等教育学科专业设置调整优化改革方案》的通知中指出，主动适应产业发展趋势，主动服务制造强国战略，围绕"新的工科专业，工科专业的新要求，交叉融合再出新"，深化新工科建设，加快学科专业结构调整。推动现有工科交叉复合、工科与其他学科交叉融合、应用理科向工科延伸，形成新兴交叉学科专业，培育新的工科领域。

食品产业的发展关系国民经济产业的转型升级，深化新工科建设对食品科学与工程类专业的发展提出了新的要求。面对新工科的新背景、新理念、新内容、新要求，需要我们积极探讨食品科学与工程学科的新增长点，在教育理念、培养要求、教育途径等方面进行改革创新，优化食品类专业课程体系建设，带动食品类专业教育创新发展，培养多元化创新型人才，引领食品行业的发展方向。在这样的大背景下，"新工科·食品科学与工程类融合创新型系列教材"应运而生。本系列教材由科学出版社组织，大连工业大学、江南大学、中国农业大学、南昌大学、南京农业大学、浙江大学、东北农业大学、华南农业大学、华南理工大学等多所高校共同参与编写，旨在以物联网、人工智能、大数据等为突破口，扶强培新，进一步凝练学科领域新方向，以育人为初心，构建科教产深度融合的特色人才培养模式。

本系列教材的编写理念突出将现有的食品科学与工程、生物工程、生物技术、大数据、储运物流、市场营销等学科专业向食品营养、安全和生命科学聚集，实现由传统定性的生物营养研究向精准定量、特定人群营养膳食拓展，由传统的食品加工向食品营养与功能食品拓展，由传统的食品加工装备向人工智能制造装备技术拓展。

本系列教材的出版充分体现了工科优势高校要对工程科技创新和产业创新发挥主体作用，综合性高校要对催生新技术和孕育新产业发挥引领作用的特色，推进产教融合、科教融合和双创融合，推动学科交叉融合和跨界整合，培育新的交叉学科增长点，对深化新工科建设，培养复合型、综合型的人才，进一步推动中国食品学科的发展具有重要意义。

中国工程院院士
2023年9月

前　言

从20世纪80年代开始，我国部分高校陆续开设"肉品加工学""畜产品加工学"等相关课程，并在借鉴、参考国外优秀教材框架体系和知识要点的基础上，结合我国实际情况编撰了相关教材，沿用至今。过去40多年，我国社会发生了翻天覆地的变化，各行业、各领域均取得了突破性的发展，肉品加工学在理论、技术和应用等方面也都涌现出了诸多创新和成就，特别是随着生物技术、组学技术、智能制造等的发展与应用，肉品原料加工适性、肉品品质形成机制、食品安全防控技术、肉品智能加工等领域的知识更新较为显著，如细胞培养肉制造关键技术、传统酱卤肉制品加工智能生产线等。

因此，南京农业大学依托肉品质量控制与新资源创制全国重点实验室、国家肉品质量安全控制工程技术研究中心等科研平台，牵头组织合肥工业大学、华南理工大学、江南大学、西北农林科技大学、河南农业大学、山东农业大学、青岛农业大学、安徽农业大学、渤海大学、临沂大学等高校及4家公司具有丰富教学、科研经验并熟悉肉品加工行业的一线教师和科研人员，梳理教材框架，更新知识体系，融入新理论、新技术、新装备，传承经典、基于当下、着眼未来，精心编撰了本书。

本书为"新工科·食品科学与工程类融合创新型系列教材"之一。在内容上注重与其他学科的交叉融合，注重产学研融合；在形式上为新形态教材，每章开篇有"本章内容提要"，文末有"思考题"，正文相应位置有"延伸阅读"，还可以扫描二维码查看丰富的视频、彩图、案例等数字资源，同时提供配套课件。本书既可作为高等院校食品科学与工程大类专业本科生和研究生的理论教材，也可作为肉品行业专家和技术人员的专业参考资料。

本书由徐幸莲、王虎虎担任主编，刘登勇、李春保、徐宝才、冯宪超担任副主编。全书共6章，第一章由徐幸莲、刘登勇、李春保编写；第二章由李春保、徐宝才、李沛军、梁福盛、张奎彪、吕勇编写；第三章由戚军、王虎虎、冯宪超、李苗云、张一敏编写；第四章由徐幸莲、孙京新、康大成、赵雪、陈星、孙为正编写；第五章由徐幸莲、王鹏、冯宪超、许玉娟、韩青荣、吕勇编写；第六章由王虎虎、戚军、徐幸莲编写。全书由徐幸莲、王虎虎负责统稿。

本书在编写过程中得到了许多同行的支持和帮助，在此一并表示感谢。

尽管本书作者在编写和统稿过程中尽了很大的努力，但难免有疏漏和不足之处，恳请读者批评指正。

编　者
2023年2月

教学课件索取单

凡使用本书作为教材的主讲教师，可获赠教学课件一份。欢迎通过以下两种方式之一与我们联系。

1. 关注微信公众号"科学EDU"索取教学课件

关注→"教学服务"→"课件申请"

2. 填写教学课件索取单，拍照发送至联系人邮箱

科学EDU

姓名：		职称：		职务：
学校：		院系：		
电话：		QQ：		
电子邮箱（重要）：				
所授课程1：			学生数：	
课程对象：□研究生 □本科（＿＿年级）□其他＿＿＿＿			授课专业：	
所授课程2：			学生数：	
课程对象：□研究生 □本科（＿＿年级）□其他＿＿＿＿			授课专业：	
使用教材名称/作者/出版社：				

最新食品专业
教材目录

联系人：席 慧　　咨询电话：010-64000815　　回执邮箱：xihui@mail.sciencep.com

目　录

第一章 绪 论

> **本章内容提要**：了解畜禽和肉制品种类及肉品加工发展历程是学好现代肉品加工学的基础和开端。本章主要介绍常规和特色肉用动物的种类及产肉性能，肉品加工术语及产品分类，中国肉品加工的发展历程、现阶段特点及未来趋势，帮助同学们快速了解现代肉品加工涉及的相关背景、基础知识及基本概念，引导学生使其思维沉浸到本课程的学习场景中。

第一节 主要肉用动物

一、常规肉用动物概述

（一）猪

猪是我国最常见的肉用家畜。全国各地存在多个地方猪种，包括民猪、太湖猪、乌金猪、金华猪、香猪等。民猪原产于东北与华北地区，体质强健，耐粗饲，抗寒力强，育肥猪8月龄体重可达90kg，屠宰率为72%～75%，胴体瘦肉率约为46%，腹内脂肪沉积力强，肉质好，肌肉大理石纹适中。太湖猪原产于太湖流域，包括梅山猪、二花脸猪、嘉兴黑猪等，繁殖性能强，体重75kg时的屠宰率约为69%，胴体瘦肉率约为45%，皮厚而胶质多，肉脂品质好，肌肉细嫩鲜美。乌金猪原产于云南、贵州、四川三省交界的乌蒙山和大、小凉山地区，体重90kg时的屠宰率约为72%，胴体瘦肉率约为46%，由于其生长在高原山区，多放牧，惯吃生食，体质结实，四肢强健，后腿肌肉发达，是加工宣威火腿的上等原料。金华猪主要产于浙江金华地区，因毛色中间白、头臀黑而被称为"两头乌"，体重70kg时的屠宰率约为72%，胴体瘦肉率约为43%，早熟易肥，皮薄骨细，肉质优良，肌间脂肪含量丰富，适合加工优质的金华火腿。香猪原产于贵州从江及广西的田东、田阳和环江，体型小，成年母猪体重约为40kg，屠宰率约为66%，胴体瘦肉率约为47%，皮薄骨细，肉嫩鲜美。

外来猪种由于经过多年的科学选育，在生长速度、饲料利用率、产肉率、胴体瘦肉率等方面往往比中国本土的地方猪种有优势，常见的有大约克夏猪、长白猪、杜洛克猪、皮特兰猪等。大约克夏猪又称大白猪，原产于英国，是目前世界上数量最多、分布最广的猪种，屠宰率约为74.5%，胴体瘦肉率大于65%，抗应激能力强，苍白松软渗水肉（pale soft exudative meat，PSE肉）发生率极低，肉质较好。长白猪原产于丹麦，是世界上最著名的瘦肉型猪种，增重较快，屠宰率约为75%，胴体瘦肉率约为65%，抗应激能力在不同国家差异较大。杜洛克猪原产于美国，屠宰率约为74%，胴体瘦肉率约为63%，四肢粗壮，肌肉丰满，抗应激能力强，未发现PSE肉发生，肉质好。皮特兰猪原产于比利时，繁殖能力强，生长迅速，饲料转化率高，易育肥，屠宰率约为76%，胴体瘦肉率可高达70%，肉质优良。

（二）牛

我国本土的牛主要有黄牛、水牛和牦牛三大类，全国各地共分布有92个地方品种《国家畜禽遗传资源品种名录（2021年版）》，其中黄牛53个，以秦川牛、南阳牛、鲁西牛、晋南牛、延边牛最为著名。秦川牛主要分布在陕西关中地区，属大型役肉兼用品种，体格高大，骨骼粗壮，经育肥的18月龄秦川牛平均屠宰率为58.3%，净肉率为50.5%，肉质细嫩，风味浓郁，可达到进口牛肉的最优等级，多用于鲜炖、辣炒或作为川菜食材。南阳牛主要分布在河南西南部的南阳地区，属大型役肉兼用品种，屠宰率可达64.5%，净肉率为56.8%，肉质细腻，肌肉纹理明显，肉香浓郁，适于加工酱牛肉等传统制品。鲁西牛主要分布在山东西部及黄河以南、运河以西一带，属役肉兼用品种，成年牛屠宰率约为58.1%，净肉率约为50.7%，产肉性能良好，肌纤维细，脂肪分布均匀，呈明显的大理石状花纹，鲁西肥牛主要用作火锅食材。水牛主要分布在华南及长江流域，体躯强壮，屠宰率为40%～60%，净肉率为30%～45%，肉质逊于黄牛，色泽较深，多呈深红色，有紫色光泽，肌间脂肪含量少且黏性小。牦牛主要分布在我国的西南和西北地区，是海拔3000～5000m高山草原上的特有牛种，分为为九龙牦牛、青海高原牦牛等，屠宰率约为53%，净肉率约为42%，因长期处于高海拔缺氧状态，肌肉内肌红蛋白含量高，肉色呈鲜红色，具有高蛋白质、低脂肪等特点，牦牛肉干是极具民族特色的传统肉制品。

国外引进的肉牛品种主要有海福特牛、夏洛来牛、西门塔尔牛、和牛等。海福特牛原产于英国英格兰，体格较小，肌肉发达，一般屠宰率为60%～65%，净肉率为53%～57%，脂肪主要沉积在内脏，皮下结缔组织和肌间脂肪较少，肉质细嫩多汁，风味较好，适合加工成牛排类产品。夏洛来牛原产于法国，是专门的大型肉用牛种，产肉性能好，成年屠宰率为60%～70%，胴体净肉率可高达80%。西门塔尔牛原产于瑞士西部、法国、德国和奥地利等国的阿尔卑斯山区，为乳肉兼用型品种，公牛育肥后屠宰率在65%左右，肉质好，脂肪少，高等级分割肉块占比高。和牛原产于日本，屠宰率约为64%，肌间脂肪沉积丰富，分布均匀，大理石花纹明显，犹如雪花镶入其中，由此得名"雪花牛肉"，适于煎烤、火锅等食用方式。

（三）羊

羊有绵羊和山羊之分。绵羊以产毛为主，山羊用途较为多样。我国本土绵羊有乌珠穆沁羊、阿勒泰羊、大尾寒羊和小尾寒羊等。乌珠穆沁羊产于内蒙古的乌珠穆沁草原，在全年放牧条件下，成年羊屠宰率约为53.5%，成熟早，脂肪蓄积力强，产肉率高，且肉质细嫩，多适于清炖、火锅等传统烹饪方式。阿勒泰羊产于新疆，羔羊具有良好的早熟性，生长发育快，产肉脂能力强，适于肥羔生产，成年公、母羊体重分别约为93kg和68kg，屠宰率约为52.9%，肉质鲜嫩可口，膻味较小。大尾寒羊产于河北、山东及河南一带，生长快，产肉性能好，1岁龄时平均屠宰率为55%～64%，净肉率为46%～48%，尾脂肪多，肉质鲜嫩多汁，羔羊肉品质更佳。小尾寒羊产于河北、河南、山东及皖北、苏北一带，3月龄羔羊平均体重约为16kg，屠宰率约为50%，净肉率约为39%，1岁龄时体重为72～88kg，成年羊可达100～120kg，屠宰率约为56%，净肉率约为46%，肉质细嫩，肥瘦适度，肌间脂肪呈大理石纹状，鲜美多汁。

国外绵羊的产肉性能较低，常见品种有夏洛来羊、考力代羊、杜泊羊等。夏洛来羊原产于法国中部的夏洛来丘陵和谷地，耐粗饲，可适应寒冷、潮湿或干热气候，屠宰率在55%以上，肉质深红，脂肪少，瘦肉多，质地硬。考力代羊原产于新西兰，肌肉丰满，产肉性能较好，成年公羊宰前活重66.5kg时的屠宰率约为52%。杜泊羊原产于南非，是驰名世界的肉用绵羊品种，体格较大，体质坚实，肉用体型明显，生长发育和育肥性能好，以优质肥羔肉生产见长，4月龄屠宰率约为51%，净肉率为45%左右，胴体肉质细嫩，鲜香多汁，在国际市场上备受青睐。

我国本土的山羊品种主要有太行山羊、黄淮山羊、陕西白山羊等。太行山羊主要分布在太行山东、西两侧的三省接壤地区，平均体重40kg左右，屠宰率约为53%，净肉率约为41%，肉质细嫩，膻味小，脂肪分布均匀。黄淮山羊分布在黄淮平原的广大地区，成年羊宰前体重约为26.3kg，屠宰率约为46%，肉质鲜嫩，膻味小。陕西白山羊主要分布在陕西南部，早熟，易肥，产肉性能好，1岁半龄平均体重为35kg，屠宰率约为50.6%，净肉率约为42.3%，肉质细嫩，脂肪色白坚实，膻味较小。

国外山羊品种中最著名的是波尔山羊，原产于南非干旱的亚热带地区，现分布在世界各地，是肉用型山羊品种，成年羊屠宰率可达56%～68%，净肉率约为48%，胴体外形饱满、浑圆，肉质细嫩，瘦肉率高，脂肪含量适中，膻味小。

（四）鸡

肉鸡分为黄羽肉鸡和白羽肉鸡。黄羽肉鸡主要是指我国本土品种，目前全国各地共分布有115个品种（《国家畜禽遗传资源品种名录（2021年版）》），常见的有北京油鸡、溧阳鸡、杏花鸡等。北京油鸡产于北京城北侧近郊一带，具有地方品种的典型特点，屠体皮肤微黄，紧凑丰满，4周龄体重约为0.22kg，8周龄体重约为0.54kg，20周龄体重可达1.5kg，肌间脂肪分布良好，肉质细嫩，滋味鲜美，适于中式传统烹调。溧阳鸡产于江苏西南部，在长江流域、合肥一带饲养较多，当地也以"三黄鸡""九斤黄"称之。溧阳鸡体形方圆，脚短多毛，肌肉丰满，生长快，增重快，大型品种成年体重可达4.5kg以上，中型品种成年公鸡在3kg左右、母鸡在2kg左右，90日龄商品公鸡体重约为1.35kg、母鸡体重约为1.2kg，半净膛屠宰率公、母鸡分别为82%和83.2%，肉质鲜美，是优质的肉用型品种。杏花鸡又称"米仔鸡"，产于广东封开，属于小型肉用鸡种，其体型特征可概括为"两细"（头细、脚细）、"三短"（颈短、体躯短、脚短），成年体重公鸡1.95kg、母鸡1.59kg，112日龄公鸡半净膛屠宰率和全净膛屠宰率分别为79%和74.7%、母鸡分别为76%和70%，早熟，易肥，皮下和肌间脂肪分布均匀，骨细皮薄，肉质韧嫩，多采用传统炖煮、清炒等方式对其进行加工。

白羽肉鸡主要是指近几十年来从国外引进专用品种，如艾维茵鸡、爱拔益加鸡等，成活率高，生长快，耗料少，屠体美观，出肉率高。艾维茵鸡体型饱满，6周龄平均体重可达2.6kg，全净膛屠宰率约为75%，且具有胸肉多、脂肪低、皮薄、骨细等特点。爱拔益加鸡也称AA鸡，体型大，生长发育快，饲料转化率高，适应性和抗病能力强，6周龄商品代肉仔鸡体重可达3kg，屠宰率为75%～80%，育成历史较长，肉用性能优良，脂肪量少，质地细嫩，是西式快餐最主要的肉类原料。

（五）鸭

鸭属于水禽，地方品种有北京鸭、高邮鸭和建昌鸭等。北京鸭又名白河鸭，体型硕大丰满，腹部下垂，羽毛洁白，繁殖率高，适应性强，生长快，易育肥，进行人工"填食"即可促其生长，3周龄体重可达1.75～2kg，50日龄体重可达2～2.5kg，脂肪分布均匀，皮下脂肪厚，烤制后皮脆多汁，肉嫩味美，是制作北京烤鸭的良好原料。高邮鸭是大型麻鸭品种，产于江苏省高邮市、宝应县等地，养殖周期短，生长快，成年公鸭体重3～4kg，成年母鸭体重2.5～3kg。建昌鸭原产于四川省凉山彝族自治州,属于偏肉用型的麻鸭品种,易育肥,生长快,成年公鸭体重2.2～2.6kg、半净膛屠宰率为79%、全净膛屠宰率为72%,母鸭体重2～2.1kg、半净膛屠宰率为81%、全净膛屠宰率为75%,胸、腿肌占全净膛重的比例,公鸭约为25.8%,母鸭约为24.3%,以生产板鸭和肥肝而著名。

国外引进品种有樱桃谷鸭、狄高鸭、瘤头鸭等。樱桃谷鸭是世界著名的瘦肉型肉用品种,羽毛洁白,喙、胫、蹼呈橙黄色或橘红色,成年体重公鸭为4～4.5kg、母鸭为3.5～4kg,生长快,抗病能力强,饲料转化率高(料肉比约为2.05),全净膛屠宰率为72.6%,脂肪含量低,肉质偏黑,口感略柴。狄高鸭是由澳大利亚狄高育种公司培育的配套系肉鸭,体型大,全身羽毛洁白,胸部肌肉丰满,易育肥,仔鸭50日龄体重即可达3kg,56日龄体重可达3.5kg,料肉比约为3.0,屠宰率高,瘦肉率高,肉质细嫩,是加工烤鸭、卤鸭、板鸭的上等原料。瘤头鸭原产于南美洲和中美洲的热带地区,又称番鸭,为不喜水的森林肉用型水禽品种,其生长旺盛期较其他品种迟2～3周,70日龄体重公鸭约为1.3kg、母鸭约为1.05kg,成年公鸭平均体重约为4.5kg、全净膛屠宰率为76.3%,母鸭平均体重约为2.75kg,全净膛屠宰率约为77%,生长快,体型大,胸腿肌丰满,瘦肉率高,肉质细嫩,3～4月龄后填肥每只可产500～700g肥肝。

(六)鹅

鹅也是常见的水禽,我国本土有四川白鹅、狮头鹅、太湖鹅、浙东白鹅等26个品种。四川白鹅产于四川省宜宾市南溪县,羽毛洁白紧密,成年公鹅体重约为3.85kg、全净膛屠宰率为75.9%,母鹅体重约为3.4kg、全净膛屠宰率为73.5%。狮头鹅产于广东省饶平县等地区,是世界上著名的大型肉用品种,体型大,生长快,公鹅成年体重为10～12kg、母鹅为9～10kg,肉质肥美,肥而不腻;成年鹅肥肝平均质量为0.54kg,最大可达1.4kg。太湖鹅是本土鹅中数量最多的小型高产品种,肉蛋兼用,全身羽毛洁白,仔鹅全净膛屠宰率约为64%,成年公鹅全净膛屠宰率为76%、母鹅为69%,是加工"盐水鹅""糟鹅"的优质原料。浙东白鹅又名绍兴白鹅,属于中型肉用白羽鹅种,主要分布在浙江东部的绍兴、宁波、舟山、萧山等地,70日龄左右上市,体重为3.2～4.0kg,全净膛屠宰率为72.1%,肉质肥美,可加工成烤鹅、扣鹅、酱鹅、盐渍鹅、白斩鹅等产品。

国外引进品种主要是莱茵鹅和朗德鹅。莱茵鹅原产于德国莱茵州,现分布广泛,成年鹅全身羽毛洁白,能适应大群舍饲,体型中等偏小,成年公鹅体重为5～6kg、母鹅体重为4.5～5kg,半净膛屠宰率约为82%,产肥肝性能中等,经填饲后肥肝质量可达300g左右,肉质鲜嫩,口味独特。朗德鹅原产于法国朗德省,成年公鹅体重可达7～8kg、母鹅达6～7kg,是世界上最著名的生产肥肝的专用品种,经填饲后体重可达10～11kg,肥肝重达700～800g,肉质鲜嫩味美,被誉为世界"绿色食品之王"。

二、特色肉用动物概述

(一)马

全世界马存栏约6000万匹〔2020年末,联合国粮食及农业组织(FAO)数据〕,分布在除南极洲以外的各大洲200多个国家和地区,其中我国367万匹。全世界马肉产量77.3万吨,主要来自中国、哈萨克斯坦、墨西哥、俄罗斯、阿根廷、美国、巴西、蒙古国等国，其中我国14.0万吨。全世界马种资源约570个，按用途主要分为役用马、马术马、观赏马、肉用马等；我国有地方品种29个、培育品种13个、引进品种9个，主要分布在新疆、四川、内蒙古等地，包括哈萨克马、蒙古马、伊犁马、三河马、河曲马、百色马、西南马、山丹马等。其中，哈萨克马最具代表性，主要分布在新疆北部，3岁母马屠宰率为55%，粗蛋白含量为19.4%，粗脂肪含量为2.7%。马肉适于红烧、火锅、卤制、熏制等加工方式，也可制成肉干、香肠、罐头等产品。

（二）驴

全世界驴存栏约5296万头（2020年末，FAO数据），主要分布在非洲（60%）、亚洲（26%）和美洲（13%），其中我国232万头。全世界驴肉产量约为12万吨，其中我国9.7万吨，占81%。驴具有体质健壮、耐粗饲、抵抗力强、不易生病、性情温驯、听从使役等优点，主要为役用，目前正向肉用、药用等多用途转变。我国驴品种约有30个，主要分布在内蒙古、辽宁、新疆、甘肃、云南等地，包括新疆驴、关中驴、德州驴、佳米驴、泌阳驴、广灵驴、河西驴、晋南驴等。其中，新疆驴最具代表性，主要分布在喀什、和田等地，属于小型驴，6岁公驴屠宰率为51.8%，净肉率为36.1%。驴肉色泽枣红、味道鲜美，具有补血、益气、补虚等保健功能，素有"天上龙肉，地下驴肉"之说，常用于加工成卤驴肉、驴肉饺子等产品。

（三）兔

全世界兔存栏约1.93亿只（2020年末，FAO数据），除南极洲外，各大洲均有分布，尤以中国、朝鲜、尼日利亚等国最为集中，其中我国1.18亿只，约占61%。全世界兔肉产量89.4万吨，其中我国45.7万吨，占51.1%。全世界纯种兔约有45个品种，主要有新西兰兔、中国白兔、加利福尼亚兔、塞北兔、哈白兔、比利时兔、太行山兔、大耳黄兔等；按体型可分为大、中、小型三种，大型兔体重为5～8kg，中型兔为2～5kg，小型兔在2kg以下。新西兰兔是全球最著名的肉兔品种之一，原产于美国，现广泛分布于世界各地，其后躯发达，肋腰丰满，成年体重为4.5～5.4kg，屠宰率为52%～55%。兔肉具有高蛋白、低脂肪、低胆固醇的特点，瘦肉率可高达70%，性凉味甘，有补中益气、凉血解毒等保健功能，可红烧、辣炒、熏制、烤制或者焖炖。

（四）肉鸽

我国肉鸽饲养量居世界第一位，有石岐鸽、公斤鸽、佛山鸽、姚安肉鸽等品种，主要分布在广东、广西、江西、河北、新疆等地。石岐鸽是广东省中山市最早培育的肉鸽品种，成年公鸽体重700～750g，屠宰率约为80%，皮下脂肪少，肌肉呈淡红色，肉质鲜嫩多汁，带有丁香味。鸽肉中蛋白质含量可高达24.5%，脂肪含量约为2.5%，钙、铁、铜等矿物质及维生素A、维生素B、维生素E等的含量均远高于鸡、鱼、牛、羊肉，具有调心、养血、补气等保健功效，可采用炸、焖、蒸、焗、煲、炖、炒、烧、酱等多种方式进行烹调加工。

（五）鹌鹑

全世界鹌鹑品种约有20个，主要分布在中国、日本、朝鲜、蒙古国、缅甸和俄罗斯东部等地，我国黑龙江、吉林、辽宁、内蒙古东北部和河北东北部等地有广泛养殖。法国巨型肉鹌个体大，产肉多，适应性强，7周龄体重可达260～270g，胸肌发达，骨细肉厚，肉质鲜嫩。中国白羽肉鹌成年体重，公鹌为200～220g，母鹌为230～250g。鹌鹑肉有补中益气、清热利湿等功效，多经烤制、油炸或炖汤后食用。

第二节　肉品加工术语及产品分类

肉与肉制品术语
（GB 19480—2009）

肉制品
分类

肉与肉制品术语
（ISO国际标准）

肉制品（meat product）是指以畜禽肉或其可食副产品为主要原料，添加或不添加辅料，经腌、腊、卤、酱、蒸、煮、熏、烤、烘焙、干燥、油炸、成型、发酵、调制等有关工艺加工而成的生或熟的肉类制品。

一、腌腊肉制品

腌腊肉制品（cured meat product）是指以畜禽肉或其可食副产品为原料，添加或不添加辅料，经腌制（酱渍）、晾晒（或不晾晒）、烘焙（或不烘焙）等工艺制成的生肉制品。其包括咸肉、腊肉、腊肠、腌制肉、酱封肉、风干肉等。

（1）咸肉（corned meat），是指以鲜肉为原料，经食盐和其他辅料腌制加工而成的生肉制品。

（2）腊肉（cured meat），是指以鲜肉（主要是猪肉）为原料，经腌制（调味）、烘烤（或晾晒、风干、脱水）、烟熏（或不烟熏）等工艺加工而成的生肉制品。

（3）腊肠（lachang），又称中式香肠（Chinese sausage）或风干肠，是指主要以猪肉为原料，经切碎或绞碎后按一定比例加入食盐、料酒、白糖等辅料拌匀，腌渍后充填入肠衣中，经烘焙、晾晒或风干等工艺制成的生肉制品。其也可归入本节"三、灌肠制品"。

（4）腌制肉（salted meat），是指以鲜（冻）畜禽肉或其可食副产品为原料，配以食盐等辅料，经修整、注射（或不注射）、滚揉（或搅拌、斩拌）、腌制、切割（或成型）、包装、冷藏等工艺加工而成的生肉制品，如腌制肉排、生培根等。

（5）酱封肉，是指以鲜肉为原料，经甜酱或酱油腌制加工而成的生肉制品。

（6）风干肉，是指以鲜肉（一般是禽肉）为原料，经晾挂干燥而成的生肉制品，如风鸡、风鹅等。

二、酱卤肉制品

酱卤肉制品（pickled and stewed meat product）通常是指以鲜（冻）畜禽肉或其可食副产品为原料，浸没在加有（或不加）食盐、酱油、香辛料的水中，经预煮、浸泡、煮制、酱制（卤制）等工艺加工而成的熟肉制品。其包括白煮肉、酱卤肉、糟肉等。

（1）白煮肉，是指原料肉经预处理，在清水（或盐水）中直接煮制而成的熟肉制品，一般食用时调味，如白切羊肉、白斩鸡、蘸酱肉等。

（2）酱卤肉，是指原料肉经预处理，在加有香辛料、调味料的酱汁（或卤汁）中入味煮制而成的熟肉制品，如酱肉、酱鸭、卤肉及肉类副产品、盐水鸭、扒鸡等。

（3）糟肉，是指原料肉经煮制后用酒糟等煨制而成的熟肉制品，如糟肉、糟鹅、糟鸡等。

三、灌肠制品

灌肠制品（sausage）是指以畜禽肉或其可食副产品为主要原料，经绞切、腌制（或不腌制）、斩拌、乳化，添加相关辅料后，充填入肠衣（或模具中）成型，再经烘烤、蒸煮、烟熏、发酵、干燥等工艺（或其中几个工艺）制成的生（熟）肉制品。其包括火腿肠、熏煮香肠、中式香肠、发酵香肠、调制香肠、生鲜肠等。

（1）火腿肠（ham sausage），是指以鲜（冻）畜禽肉为主要原料，经腌制、搅拌、斩拌（或乳化），灌入肠衣，再经高温杀菌制成的熟肉制品。

（2）熏煮香肠（cooked sausage），是指以鲜（冻）畜禽肉为主要原料，经修整、腌制（或不腌制）、绞碎后，加入辅料，再经搅拌（或斩拌）、乳化（或不乳化）、充填入肠衣、烘烤、蒸煮、烟熏（或不烟熏）、冷却等工艺制成的熟肉制品，如热狗肠、法兰克福香肠、维也纳香肠、啤酒香肠、红肠等。

（3）中式香肠，同本节"一、腌腊肉制品"的"腊肠"。

（4）发酵香肠（fermented sausage），是指以猪肉、牛肉为主要原料，经绞碎或粗斩成颗粒，添加食盐、糖、发酵剂和香辛料等辅料，充填入肠衣，经发酵而成的具有稳定的微生物特性和典型的发酵香味的肉制品，典型产品如萨拉米肠。

（5）调制香肠，如松花蛋肉肠、肝肠、血肠等。

（6）生鲜肠（fresh sausage），是指以鲜（冻）畜禽肉为主要原料，经绞碎、斩拌后加入辅料并混合均匀，充填入肠衣，未经熟制加工的生肉制品。

四、火腿制品

火腿制品主要包括干腌火腿和熏煮火腿。

（1）干腌火腿（dry-cured ham），是指用带（或去）骨、皮、爪的鲜猪腿肉，经整形、腌制、洗晒或风干、发酵等工艺制成的生肉制品，如金华火腿、宣威火腿、如皋火腿、意大利火腿、西班牙火腿等。

（2）熏煮火腿（cooked ham），是指以块状鲜（冻）畜禽肉为原料，经注射、腌制、滚揉、充填入模具（或肠衣）成型（或直接成型）、蒸煮（或烟熏）等工艺制成的熟肉制品，如盐水火腿、烟熏火腿等。

五、熏烧烤肉制品

熏烧烤肉制品（smoked and roasted meat product）是指以畜禽肉或其可食副产品为主要原料，经腌制（或不腌制）、煮制（或不煮制）等工艺进行前处理，再以烟气、热空气、热固体或明火等介质进行热加工而制成的熟肉制品。其包括熏肉制品和烧烤肉制品。

（1）熏肉制品（smoked meat product），如熏肉、熏鸡、熏肠、培根等。其中，培根（bacon）是指以猪的背肉或腹肉（有时也用颈肉或肩肉）为原料，经注射、腌制、滚揉、成型（或不成型）、干燥、烟熏（或不烟熏）、烘烤等工艺制成的熟肉制品。

（2）烧烤肉制品（roasted, baked or grilled meat product），如烤鸭、烤肉串、烤全羊、烤乳猪、盐焗鸡、叉烧肉等。

六、干肉制品

干肉制品（dried meat product）是指以畜禽瘦肉为主要原料，经蒸煮、调味、炒制、干燥等工艺制成的熟肉制品。其包括肉松、肉干、肉脯。

（1）肉松（dried meat floss），是指以畜禽瘦肉为主要原料，经修整、切块、煮制、撇油、调味、复煮、收汤、炒松、搓松等工艺制成的肌肉纤维蓬松成絮状的熟肉制品。

（2）肉干（dried meat dice），是指以畜禽瘦肉为原料，经修割、预煮、切丁（或片、条）、调味、复煮、收汤、干燥等工艺制成的熟肉制品。

（3）肉脯（dried meat slice），是指以畜禽瘦肉为原料，经切片（或绞碎）、调味、腌制、摊晒、烘干、烤制等工艺制成的薄片状熟肉制品。

七、油炸肉制品

油炸肉制品（deep fried meat product）是指以畜禽肉或其可食副产品为主要原料，经调味、裹浆、裹粉（或不裹浆、不裹粉）后，以食用油高温烹炸（或浇淋）制成的熟肉制品，如炸肉排、炸鸡翅、炸肉丸、小酥肉等。

八、调理肉制品

调理肉制品（prepared meat product），又叫预制肉制品，是指以畜禽肉或其可食副产品为主要原料，添加（或不添加）蔬菜等非肉食材和（或）辅料、食品添加剂，经滚揉（或不滚揉）、切制或绞制、混合搅拌（或不搅拌）、成型（或预热处理）、冷却（或冻结）、包装等工艺加工而成，经简便处理即可食用的生（或半熟）肉制品，如调理牛排、狮子头等。

九、罐头肉制品

罐头肉制品（canned meat product）是指以畜禽肉或其可食副产品为主要原料，经系列工艺处理后装罐、杀菌而制成的保存期较长的熟肉制品，如午餐肉罐头、红烧肉罐头等。

十、其他肉制品

其他肉制品如肉冻、肉糕等。肉冻（meat jelly）是指以畜禽肉或其可食副产品（含皮类）为主要原料，经调味煮熟后切（绞）成丁或丝，添加或不添加辅料，混合均匀后充填入肠衣或模具中，冷却后呈透明或半透明的凝冻状熟肉制品，如肉皮冻、水晶肠、肴肉、捆蹄等。肉糕（meat cake）是指以畜禽肉为主要原料，经绞碎（或斩拌、乳化）、添加辅料和配料（如各种蔬菜）、成型、熟制、烟熏（或不烟熏）等工艺制成的熟肉制品。

第三节　中国肉品加工的发展历程与未来趋势

一、中国肉品加工的发展历程

对食肉的渴望和追求是刻画在人类基因里的。考古学研究表明，人类祖先在长达200多万年的进化历程里，主要是"超级食肉动物"，动物性食物占比在70%以上；直到大中型动物灭绝，人类才不得不开始食用较多的植物性食物，并进入农业时代。在近1万年的农业社会里，大部分情况下，人类以肉食为傲，平时"食肉者"往往是贵族，普通人只有在重要的节庆、祭祀等特殊场合才考虑享用肉食。

The evolution of the human trophic level during the Pleistocene

悠悠中华，整个文明体系形成的历史长河中，随处可见各种饮食元素。全国各地博物馆里所展示的考古文物，相当一部分都是炊具和食器。在安徽淮南八公山出土的距今3100~3250年的青铜皿中，存在明显的烹食羊肉的痕迹；在河南信阳罗山高店墓地出土的青铜鼎中，也有夏商周时期古人食用鱼、牛、鸡等动物性食物的证据。

考察《诗经》《周易》《礼记》《周礼》《论语》等先秦典籍可知，当时已可运用腌制和干制的方法加工肉类，这些方法既能改善风味，又能延长贮存期。干制还可细分为晒、烘、熏等方法，制品主要有脯、腊、脩三类。"脯"是将猪、牛等大型动物的肉切片或切条，抹上盐腌制后再晾干。"腊"狭义上是指整体风干的兔等小动物肉，广义上是指一切风干肉类。"脩"除抹盐腌制外，还要佐以桂、姜等调味料，有时还会用木棒轻轻捶打使其坚实，称为锻脩。"脩"这种咸肉干甚至可以作为孔子的教书酬劳。

进入封建社会，中华文明在一轮又一轮的朝代更迭与民族融合过程中不断进化，饮食文明和食物加工技术也日臻丰富和完善。北魏贾思勰在《齐民要术》七、八、九卷中详细论述了各式肉类原料及其加工和保存方法，这是一部迄今存世的最古老、最全面的食品加工技术大典。追述北宋都城东京（开封）风俗人情的《东京梦华录》，更是堪称一部"北宋美食大全"，在其卷二"饮食果子"条提到的肉类食品不下五六十种之多，包括乳炊羊、羊闹厅、羊角腰子、鹅鸭排蒸、荔枝腰子、还元腰子、烧臆子、莲花鸭签、酒炙肚胘、入炉羊头签、鸡签、盘兔、炒兔、葱泼兔、假野狐、金丝肚羹、石肚羹、假炙獐、煎鹌子、生炒肺等。

食肉文化史溯源

到了近代中国，上海法租界工部局从1882年开始计划建设公共宰牲场，但由于种种原因而多次中断，直到1892才建设完成。宰牲场有屠宰间和冷冻室（冷库），屋顶设有胴体传输轨道，同时设有暂养区用于宰前检疫。建成一年内共屠宰牛7788头、羊14 792头、牛犊1498头、猪615头。之后数次扩建，但屠宰产能和工业化程度一直不能满足要求。上海工部局于1931年开始在虹口沙泾路建设我国第一个具有现代意义的宰牲场，1933年冬季竣工，1934年1月投入使用，史称"远东第一屠宰场"，其内部结构包括牲畜入口、蓄牲楼、静养区、赶牲通道、员工安全通道、宰杀笼与宰杀大厅、胴体和脏器传输通道、冷却室、危害物处理间、油脂皂化间等，可同时容纳1000头牛、1500头羊、300头牛犊、500头猪。1945年抗日战争胜利后，其成为上海市第一宰牲场和上海2/3的鲜肉供应地。

延伸阅读

远东第一屠宰场

1931年，上海工部局于虹口的沙泾路购买了18亩[①]土地，建设工部局宰牲场，史称"远东第一屠宰场"，于1933年冬季竣工，1934年1月投入使用，全部是钢骨水泥结构。该

---

① 1亩≈666.7m²

"工部局宰牲场"出自英国建筑设计大师巴尔弗斯（Balfours）之手，由当时著名的余洪记营造厂建造完成。

　　2007年上海市将"远东第一屠宰场"更名为"1933老场坊"，其融汇了东西方特色，整体建筑可见古罗马巴西利卡式风格，外方内圆的基本结构体现了"天圆地方"的传统理念。"无梁楼盖""伞形柱""廊桥""旋梯""牛道"等众多特色风格建筑融会贯通，光影和空间的无穷变幻呈现出一个独一无二的建筑奇观；不同的季节、不同的时间、不同的角度，可以领略到"1933老场坊"不一样的风情。独特的建筑风格使"1933老场坊"蜚声海内外。

　　中华人民共和国成立以后，为了解决中南地区全国1/3出栏量的生猪加工问题，在苏联的技术支持下，于1958年建成了当时国内规模最大、设备最新、技术最先进的肉类联合加工厂，即武汉肉类联合加工厂，其既有现代化的生猪屠宰、分割、冷冻流水线，也有肉类罐头、机械设备等配套生产线，甚至还开办了学校和信息刊物等，为我国现代肉品加工业奠定了坚实的基础。武汉肉类联合加工厂通过向苏联出口冻肉和肉类罐头换取外汇，为我国经济建设做出了较大贡献，其建设和运营模式得到原商业部认可并向全国推广，之后各省市肉类联合加工厂遍地开花，影响深远。现在的双汇集团、雨润集团等肉类屠宰和加工企业，大多是在当地肉类联合加工厂基础上发展起来的。

　　20世纪80年代，随着改革开放，我国的肉品加工业得到了大范围、深层次的蓬勃发展。原有的各地大、中、小型肉类联合加工厂纷纷走向市场，通过股改、技改等方式逐渐完成新一轮发展模式转变，大量引进西式灌肠、火腿等肉品加工成套工艺、技术和设备，并通过数十年时间基本完成了从引进、消化、吸收到再创新的蜕变。肉类联合加工厂转型大多是从进军火腿肠生产和销售领域开始的，1987年8月，我国历史上第一根火腿肠在洛阳肉类联合加工厂诞生，被命名为"春都"，中央电视台黄金时段商业广告"会跳舞的火腿肠"一度风靡全国。火腿肠原型虽然来自国外，但是它非常完美地适应了当时的国情和时代需要，并在后来伴随着我国社会快速发展而不断演化和创新，即使到了今天，仍然占据国内肉制品市场总量的1/3左右。同期大力发展现代肉品加工业的还有漯河市肉类联合加工厂，即后来的双汇集团，其生猪屠宰、火腿肠加工及配套产业奠定了它在肉品加工行业的绝对优势地位，甚至在2013年收购了美国史密斯菲尔德食品公司的全部股份，成为全球最大的猪肉食品企业。同时，腌腊肉制品、酱卤肉制品等中式传统肉制品也得到了较大程度的发展，尤其是具有工业化意义的现代肉品加工设备的研发与应用，有力推动了中国传统肉品加工。

二、中国肉品加工现阶段特点

　　经过几十年的快速发展，我国在肉品加工领域已经取得了显著的成效，日益成为肉品加工和消费大国、强国。全产业链的深度融合使得我国肉品行业不断推陈出新，多学科的交叉融合也催生了较多的新型关联产业。传统加工技术不断创新，逐步向绿色加工方向升级，传播肉食营养健康理念，引导食品消费科学认知。智能制造正在逐步改变产业模式，使我国肉品加工从形式到理念、从外观到内涵均有了较大的发展与进步，主要体现在以下4个方面。

（一）继承传统优势

我国肉品加工资源丰富，除了猪、牛、羊、鸡、鸭、鹅等常规原料，还有驴、鸽子、鹌鹑等特色畜禽肉类。产品类型和加工技术较好地继承并发展了传统优势：金华火腿腌制技艺等被列为国家级非物质文化遗产，传统技艺精髓逐渐被科学解读，实现了继承与发展的有机统一；lachang（腊肠）、pickled and stewed meat product（酱卤肉制品）被作为专业术语写入ISO标准，民族瑰宝走向世界；德州市发布和实施了《德州市扒鸡保护与发展条例》，从扒鸡制作技艺、文化传承、知识产权、产业创新与发展等方面进行了制度设计，为扒鸡保护与发展提供了法治保障。

（二）紧跟国际前沿

自20世纪80年代起，各省市相继组建了若干专门的肉品加工科研团队和平台，引入西式肉制品加工的先进发展理念、研究方法、生产技术、仪器设备等，解决本土化过程中的适应性问题，并将其应用于中式肉制品，将西式工艺与中式风味相融合，创造出风味独特的中式产品，不断开辟出肉品加工新领域。南京农业大学肉品团队通过近30年的持续努力，已经逐渐成长为我国现代肉品加工科技高地，为全国肉品行业提供了源源不断的前沿指引、技术突破和人才输出，在国际同行中享有盛誉。

（三）健全产业体系

通过对国外肉品加工行业进行分析与借鉴，我国的肉品加工体系逐步吸纳先进的科技和管理经验，在此基础上制定与我国国情相符、科学合理的肉制品加工标准体系，促进"老字号"的肉制品加工向规范化、科学化的方向发展，加快与国际市场的接轨步伐。目前，大部分肉品加工装备已经实现国产化，并有出口，在国际市场占有一席之地，而且正在不断涌现出一批"新字号"的拳头产品。双汇集团甚至在国际舞台上与众多肉类企业同台竞技。

（四）困境逆推进步

禽流感疫情暴露了活禽流通的危害，推动了冰鲜禽肉产业在我国的发展。非洲猪瘟疫情在我国多点暴发，但最终得到有效防治，使得健康养殖、环境净化、中药预防等理念得到进一步重视，从坚定"自繁自养"到健全动物防疫管理体系，为产业链下游的肉品加工提供保障。国际形势变化和新冠疫情暴发，有效推动了国内大型畜牧企业纷纷延伸产业链，涉及畜禽屠宰和肉品加工，努力实现肉品加工全产业链可持续发展。

三、全球肉品加工的未来趋势

新时代背景下多学科、多行业交叉融合为现代肉品加工可持续发展创造了巨大机遇，前景广阔。开发适用于不同人群（如老人、婴幼儿）、不同消费场景的肉制品将是国内外肉品加工行业的重要课题，组学技术、生物技术、3D打印技术等新技术手段也是研究热点。

（一）系统阐明宰后代谢途径是肉品加工的前沿基础研究课题

畜禽屠宰后的肌肉会发生一系列复杂的生理生化反应，并伴随着能量代谢、钙信号转导和细胞凋亡等,这些反应直接决定了畜禽肉的加工特性。生物标志物是反映肌肉代谢途径的重要指标,相关团队解析了一些肌肉生物标志物的物质基础与关键靶标,阐明了畜禽屠宰后肌肉能量代谢机制,筛选了反映能量代谢的关键靶标蛋白,为构建肉品质评价体系与在线快速检测平台提供了参考。因此,系统阐明肌肉代谢途径将为研发现代肉品加工技术提供保障。

(二)生物技术将成为肉品加工向绿色健康发展的主要手段

生物技术已在肉品发酵、生物防腐、特定质构改良等方面发挥了不可替代的作用,正成为推进肉品加工向绿色健康发展的主要手段。新型基因工程菌株的构建、发酵液中转谷氨酰胺酶激活酶抑制剂的筛选、抗菌包装、生物显色技术等是生物技术研究的方向,将成为肉品加工的研究热点。发酵剂筛选与应用是发酵类肉制品的重要研究方向。

(三)3D打印技术有望改变肉品加工的原有模式

3D打印技术是肉品加工领域研究的新热点,该技术通过构建紧密、富有弹性的肉品三维结构,塑造结构相似的肉品组织,进而实现致密肌肉组织的模拟效果。肉品3D打印技术以肉质颗粒度与坚韧性为研究目标,量子化3D打印技术实现了肌肉细胞水平的结构重排,是三维结构人造肉研发的重要利器,将成为我国乃至全球肉品加工领域的新科技。然而,利用细胞工厂合成原料生产的人造肉存在结构松散的弊端,失去了肉品原本的质构感与愉悦感,急需技术突破。

(四)培养肉技术将领跑未来肉类蛋白质新科技

培养肉技术是利用细胞工厂异源合成肉品蛋白质等营养成分,可减少7%~45%能源消耗,降低78%~96%温室气体排放量,降低99%土地使用量,减少82%~96%用水量,具有成本低廉、条件温和、环境友好等优点。值得一提的是,2019年11月18日,南京农业大学周光宏教授团队以猪肌肉干细胞为基础获得了我国第一块细胞培养肉,这标志着培养肉技术正在走向成熟,极大地推动了培养肉技术在肉品行业的应用。但当前的培养肉技术成本较高,产品品质提升空间大,急需攻关培养肉系列基础研究、扩大生产、食品化技术与市场准入等内容,促进培养肉技术绿色高效发展。

培养肉的
研究进展
与挑战

(五)精准加工和智能制造将成为肉品加工的主流业态

未来肉制品将以个性化消费需求为导向,采用智能化加工手段,创新多门类加工装备,优化肉品精细产业链的特色与优势,推进方便、快捷、营养、健康的新型肉品加工,实现专属人群的"私人订制"。将融合合成生物学、人工智能、纳米新材料等的新兴交叉前沿技术应用于肉品加工领域,推进个性化设计、智能化制造及绿色化加工进程,将有效支撑"健康中国""创新型国家"建设,使"中式肉制品"走向世界,影响世界饮食观念。

思 考 题

1. 不同种类的畜禽肉分别适合加工成哪些具体产品?
2. 我国古代文献中有哪些关于肉品加工的表述?
3. 现代和未来科技发展对肉品加工有哪些影响?

第二章　畜禽肌肉生理与屠宰分级

本章内容提要： 畜禽肌肉生理与屠宰分级是现代肉品加工学的重要组成部分。本章主要介绍肌肉的组织结构与化学组成，肌肉收缩机制与宰后成熟变化，畜禽屠宰与分割方法、分级标准，以及国内外先进的畜禽屠宰、分割、分级的智能化技术与装备，从而较全面地阐述畜禽肌肉的生理特征及宰后的物理、化学变化与肉品质的关系，帮助同学们更好地掌握畜禽屠宰与分级的要点、智能化水平及未来发展方向。

第一节　肌肉的组织结构与化学组成

一、组织结构

肉（胴体）主要由四大组织组成，即肌肉组织、脂肪组织、结缔组织和骨组织，这些组织的构造、性质及含量会直接影响到肉品的质量、加工用途和商用价值。这四大组织在胴体中的比率与屠宰动物的种类、性别、年龄和营养状况等因素密切相关。一般来说，肌肉组织占胴体的40%～60%；脂肪组织的变动幅度较大，这主要受控于宰前动物的育肥程度，育肥程度差、使役性强的家畜脂肪含量会低至2%～5%，育肥程度好的可达40%～50%；结缔组织约占12%；成年动物的骨组织含量则比较恒定，占10%～20%。肌肉组织的含量越高，蛋白质含量越多，营养价值也就越高；而脂肪组织含量越多，肥肉部分就越多，肌肉的相对比例下降，营养价值也随之降低。

（一）肌肉组织

肌肉组织是肉的主要组织成分，主要由平滑肌、心肌和横纹肌组成。从食品加工角度来看，肌肉组织主要是指在生物学中被称为横纹肌的这一部分。横纹肌是附着于骨骼上的肌肉，也称骨骼肌，又因为横纹肌可以随动物的意志伸长或收缩，完成动物的运动机能，所以也称随意肌。

构成横纹肌最基本的单位是肌纤维，肌纤维也称肌细胞，一般呈长条圆柱形，其长度为1～40mm，直径为10～100μm。在每条肌纤维的外面包裹着薄层并富有网状纤维的结缔组织膜，这层膜称为肌内膜。数条或更多的肌纤维聚集成肌束，肌束外也包裹着由胶质纤维和弹性纤维混合而成的结缔组织膜，称为肌束膜。肌肉正是由众多肌束构成，同时其外面又包有较厚的结缔组织膜，称为肌外膜。各个膜的结缔组织彼此连接，起着支架和保护肌肉的作用。

肉纹理的粗细与肌束面积、肌束膜的薄厚程度及肌束膜处的脂肪沉积量有关。肌束面积和肌束膜的薄厚程度，受动物的年龄、营养状态及使役状况的影响，而脂肪沉积量则与动物的育肥状况有关。一般育肥良好的畜肉，具有良好的脂肪沉积，其切面呈现为大理石状的纹理（图2-1）。

从微观角度分析，肌肉组织由肌纤维、肌膜、肌原纤维、肌质和肌细胞核组成。

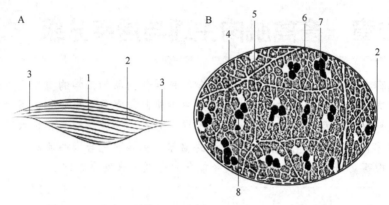

图2-1　肌肉宏观结构图（引自Lawrie and Ledward，2023）

A. 肌肉外形；B. 肌肉横断面。1. 肌腹；2. 肌外膜；3. 腱；4. 肌束膜；5. 次级肌束膜；6、7. 次级肌束；8. 血管

1. 肌纤维　　肌肉组织也是由细胞构成的，构成肌肉组织的细胞为肌细胞。肌细胞是一种相当特殊的细胞，呈长线状，不分支，两端逐渐尖细，因此也叫肌纤维（muscle fiber）。其直径为10～100μm，长度为1～40mm，最长可达100mm，如图2-2所示。

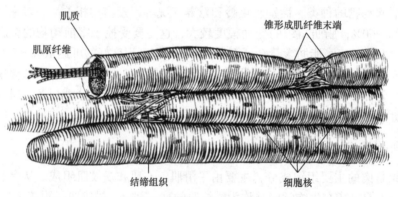

图2-2　肌纤维的结构（引自Smith，2012）

2. 肌膜　　肌纤维本身具有的膜叫作肌膜（sarcolemma），它是由蛋白质和脂质组成的，具有很好的韧性，从而可以承受肌纤维的拉伸。肌膜向内凹陷会形成网状的管，称为横管（transverse tubule），通常称为T系统（T system）或者是T管（T tubule）。

3. 肌原纤维　　肌原纤维（myofibril）是肌细胞独特的器官，作为肌纤维的主要成分，占肌纤维的60%～70%，是控制肌肉伸缩的装置。肌原纤维在电镜下呈长的圆筒状结构，直径1～2μm，其长轴与肌纤维的长轴平行并浸润于肌质中。肌原纤维的构造见图2-3，1000～2000根肌原纤维构成一根肌纤维。

肌原纤维主要由肌丝（myofilament）组成，即在肌原纤维横切面上大小不同的有序的排列点。肌丝可分为粗肌丝（thick myofilament，简称粗丝）和细肌丝（thin myofilament，简称细丝），粗丝就是肌原纤维横切面上的大点，细丝就是肌原纤维横切面上的小点。在纵切面上可观察到粗丝和细丝平行整齐地排列在整个肌原纤维上。由于粗丝和细丝的排列在某一区域形成重叠，从而形成了在显微镜下观察时所见的明暗相间的条纹，即横纹。光线较暗的区域称为暗带（A带），而光线较亮的区域则称为明带（I带）。在偏振光显微镜下，A带呈双折射，

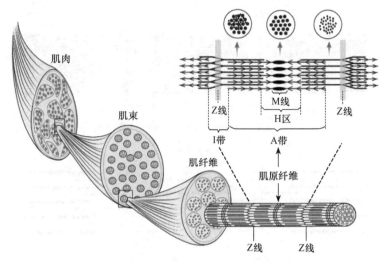

图2-3　不同显微水平的肌肉组织构造

其光学特性为各向异性（anisotropy）；I带呈单一折射，即其光学特性呈各向同性（isotropy）。在A带的中央有一条称为M线的暗线，将A带分为左右两半。在M线附近有一颜色较浅的区域，称为H区。在I带的中央也有一条暗线，称为Z线，将I带从中间分为左右两半。

两个相邻Z线间的肌原纤维称为肌节（sarcomere），它包括一个完整的A带和两个位于A带两边的半个I带（图2-4）。肌节是肌原纤维的重复构造单位，也是肌肉收缩、松弛交替发生的基本单位。肌节的长度不是恒定的，它取决于肌肉所处的状态。当肌肉收缩时，肌节变短；当肌肉松弛时，肌节变长。哺乳动物在放松状态时，典型的肌节长度为2.5μm。

构成肌原纤维的粗丝和细丝不仅大小形态具有差异，而且它们的组成性质和在肌节中的位置也不同。粗丝主要由肌球蛋白组成，故称为肌球蛋白丝（myosin filament），直径约为10nm，长度约为1.5μm。肌原纤维的A带主要由平行排列的粗丝构成，也有部分细丝插入。每条粗丝中段略粗，形成光镜下的中线（M线）及H区。粗丝上有许多横突伸出，这些横突实际上是肌球蛋白分子的头部，并与插入的细丝相对。而细丝主要由肌动蛋白分子组成，所以又称肌动蛋白丝（actin filament），直径为6～8nm，自Z线向两旁各扩张约1.0μm。I带主要由细丝构成，每条细丝从Z线上伸出，插入粗丝间一定距离。在细丝与粗丝交错穿插的区域，粗丝上的横突（6条）分别与6条细丝相对。因此，从肌原纤维的横断面（图2-4）上看，I带只有细丝，呈六角形分布。在A带，由于两种肌丝交错穿插，所以可以看到有6条细丝呈六角形包绕在一条粗丝周围。而A带的H区则只有粗丝呈三角形排列。

4. 肌质　肌纤维的细胞质称为肌质（sarcoplasm），填充于肌原纤维的间隙和核的周围，是细胞内的胶体物质。肌质含水分75%～80%，并富含肌红蛋白、酶、肌糖原及其代谢产物、无机盐等。骨骼肌的肌质中线粒体分布较多，说明骨骼肌的代谢十分旺盛，通常情况下，肌纤维内的线粒体称为肌粒。

肌质中还有一些特殊的结构。例如，在A带与I带过渡处的水平位置上有一条横行细管（横管，也叫T管），它由肌纤维膜上内陷的漏斗状结构延续而成，主要作用是将神经末梢的冲动传导到肌原纤维。另外，在肌质内还有肌质网（sarcoplasmic reticulum），它相当于普通细胞中的滑面内质网，呈管状和囊状，交织于肌原纤维之间。平行分布于横管两侧的一对囊

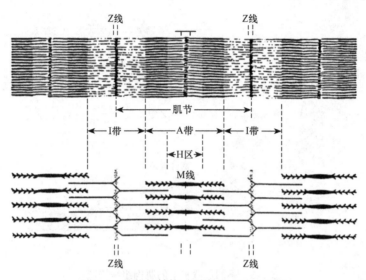

图2-4 肌节的结构（引自Smith，2012）

状管，称为终池（terminal cisterna）。终池将横管夹于其中，共同组成三联管（triad）。沿着肌原纤维的方向，终池纵向形成的肌小管（sarcotubule），又叫纵行管，覆盖A带。纵行管在H区处，纤细的分支彼此吻合，形成不规则的网状结构（图2-5）。

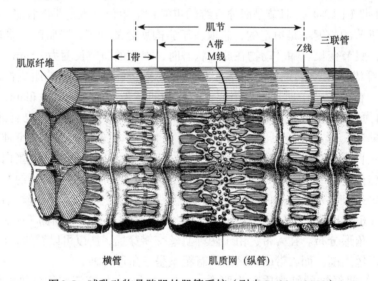

图2-5 哺乳动物骨骼肌的肌管系统（引自Smith，2012）

肌质中还有一种重要的细胞器称为溶酶体（lysosome），它是一种小胞体，内含多种能消化细胞和细胞内容物的酶。在这种酶系中，能分解蛋白质的酶称为组织蛋白酶（cathepsin），其中某些组织蛋白酶对肌肉蛋白有分解作用，从而促进肉的成熟。

5. 肌细胞核　　骨骼肌纤维为多核细胞，但因其长度变化较大，所以每条肌纤维所含核的数目不定。一条几厘米长的肌纤维可能有数百个核。肌纤维中的核呈椭圆形，长约5μm，位于肌纤维的边缘，紧贴在肌纤维膜下，呈有规则的分布。

（二）脂肪组织

脂肪组织（adipose tissue）是仅次于肌肉的第二个重要组织，具有较高的食用价值，对于肉品质量的改善和风味的提升有显著影响。脂肪在肉中的含量受动物种类、品种、年龄、性别及育肥程度等的影响。

脂肪的构造单位是脂肪细胞，脂肪细胞单个或成群地借助于疏松的结缔组织连在一起。脂肪细胞中心充满脂肪滴，细胞核被挤到周边。脂肪细胞外层有一层膜，由胶状的原生质构成，细胞核位于原生质中。作为动物体内最大的细胞，其直径为30～120μm，最大可达250μm，脂肪细胞越大，里面的脂肪滴就越多，出油率也越高。同时，脂肪细胞的大小与畜禽的育肥程度及部位有关。例如，不同育肥程度牛的肾周围脂肪细胞直径，肥牛为90μm，瘦牛为50μm；猪的皮下脂肪细胞直径为152μm，而腹腔脂肪细胞直径为100μm。脂肪在体内的蓄积也因动物种类、品种、年龄、育肥程度的不同而不同。猪的脂肪大多蓄积在皮下、肾周围及大网膜；羊的脂肪蓄积在尾根、肋间；牛主要蓄积在肌肉内；鸡蓄积在皮下、腹腔及肠胃周围。脂肪蓄积在肌束内最为理想，这样的肉样会呈现大理石状，肉质较好。脂肪在活体组织内起着保护组织器官和提供能量的作用，而在肉及加工肉制品中可作为促进风味的前体物质。

（三）结缔组织

结缔组织是构成肌腱、筋膜、韧带及肌肉内外膜、血管、淋巴结的主要成分，它分布于体内各部，起到支持和连接器官组织的作用，使肉保持一定的硬度和弹性。结缔组织主要由细胞、纤维和无定形的基质组成。构成结缔组织的细胞主要有成纤维细胞、组织细胞、肥大细胞等。结缔组织纤维由蛋白质分子聚合而成，分为胶原纤维、弹性纤维和网状纤维三种，它们均属于硬性的非全蛋白，具有坚硬、难溶、不易消化等特点，且氨基酸组成中缺少人体必需的氨基酸成分，营养价值很低，因此含有结缔组织较多的肌肉食用价值较低。

1. 胶原纤维　　胶原纤维（collagenous fiber）呈白色，故又称白纤维。它呈波纹状，分散于基质内，且长度不定，粗细不等，直径为1～20μm，有韧性及弹性。胶原纤维主要由胶原蛋白组成，是肌腱、皮肤、软骨等组织的主要成分，其易被酸性胃液消化，而不被碱性胰液消化，在沸水或弱酸中会变成明胶。

2. 弹性纤维　　弹性纤维（elastic fiber）在新鲜状态下呈黄色，故又称黄纤维。该纤维粗细不同且有分支，直径为0.2～1.2μm，表面光滑有弹性。弹性纤维的主要化学成分为弹性蛋白，在血管壁、项韧带等组织中含量较高。其在沸水、弱酸或弱碱中不溶解，但可被胃液和胰液消化。

3. 网状纤维　　网状纤维（reticular fiber）主要分布于疏松结缔组织与其他组织的交界处。例如，在上皮组织的膜中、脂肪组织、毛细血管周围，均可见到极细致的网状纤维。网状纤维与胶原纤维的化学本质相同，但其纤维比胶原纤维细，直径为0.2～1.0μm。网状纤维的主要成分是网状蛋白，其在基质中很容易附着较多的黏多糖蛋白，可被硝酸银染成黑色。

（四）骨组织

骨组织和结缔组织一样，也是由细胞、纤维性成分和基质组成，但其基质已被钙化，故非常坚硬，起保护器官和支撑机体的作用，可贮存钙、镁、钠等矿物质。骨由骨膜、骨质及骨髓构成。畜禽成年后，骨骼含量比较恒定，猪骨占胴体的5%～9%，牛骨占15%～20%，鸡骨占8%～17%。骨组织的化学成分中，水分占40%～50%，胶原蛋白占20%～30%，矿物质占20%。

二、化学组成

畜禽肉类的化学成分因动物的种类、性别、年龄、营养状况及胴体部位的不同而不同，且宰后肉中酶的作用对其成分也有一定的影响（表2-1）。

表2-1　各类动物肉的化学组成

名称	含量/%					能量/kJ
	水分	蛋白质	脂肪	碳水化合物	灰分	
猪肉（肥瘦）	46.8	13.2	37.0	2.4	0.6	1634
猪肉（瘦）	71.0	20.3	6.2	1.5	1.0	600
牛肉（肥瘦）	72.8	19.9	4.2	2.0	1.1	528
牛肉（瘦）	75.2	20.2	2.3	1.2	1.1	449
羊肉（肥瘦）	65.7	19.0	14.1	0.0	1.2	845
羊肉（瘦）	74.2	20.5	3.9	0.2	1.2	496
驴肉（瘦）	73.8	21.5	3.2	0.4	1.1	491
马肉	74.1	20.1	4.6	0.1	1.1	514
兔肉	76.2	19.7	2.2	0.9	1.0	432
狗肉	76.0	16.8	4.6	1.8	0.8	486
鸡（均值）	69.0	19.3	9.4	1.3	1.0	698
鸭（均值）	63.9	15.5	19.7	0.2	0.7	996
鹅	61.4	17.9	19.9	0.0	0.8	1041
火鸡腿	77.8	20.0	1.2	0.0	1.0	384
鸽	66.6	16.5	14.2	1.7	1.0	835
鹌鹑	75.1	20.2	3.1	0.2	1.4	462
乳鸽	57.5	11.3	34.1	0.0	1.5	1454

资料来源：中国疾病预防控制中心营养与健康所中国食物成分数据库（2022年6月）
注：肥瘦是指既含肥肉也含瘦肉

（一）水分

水分是肌肉中含量最高的成分，多数占肌肉的70%～75%。脂肪组织含水甚少，故肌肉中的水分和脂肪含量成反比，即畜禽脂肪含量越高，水分含量越低。肌肉中水分存在的形式可分为三种状态。

1. 结合水　结合水是指在蛋白质大分子周围，依据蛋白质分子表面分布的极性基团和水分子间的静电吸引而形成的水层。它的蒸汽压很低，没有流动性，冰点约为−40℃。肉中结合水的数量不多，约占总含水量的5%。

2. 不易流动水 不易流动水是指存在于肌肉中纤维蛋白网之间的这部分水。肌肉中约80%的水分以此种形式存在，这些水能溶解盐类及其他物质，略低于0℃即可结冰。肌肉的pH变化、盐类（如食盐、聚磷酸盐等）的添加等可明显影响这部分水的含量，进而影响肉的保水性。

3. 自由水 自由水是指存在于细胞间隙及组织间隙中能自由流动的水，它们仅靠毛细管作用力保持，约占肌肉总含水量的15%。

（二）蛋白质

肌肉中蛋白质约占20%，可分为三类：肌原纤维蛋白，其构成肌原纤维并与肌肉的收缩和松弛有关，占40%～60%；肌质蛋白，其溶解在肌质中，存在于肌原纤维间，占20%～30%；基质蛋白，约占10%。

1. 肌原纤维蛋白 肌原纤维蛋白是构成肌原纤维的蛋白质，其含量随肌肉活动的增加而增加，同时也会因静止或萎缩而减少。肌原纤维蛋白主要由肌球蛋白、肌动蛋白、肌动球蛋白、原肌球蛋白和肌钙蛋白等蛋白质汇聚而成，如图2-6所示（具体见表2-2）。

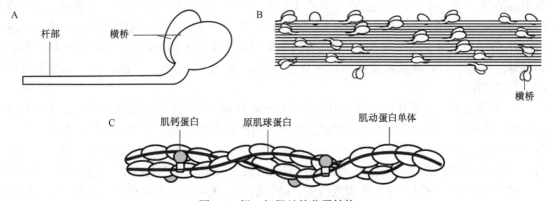

图2-6 粗、细肌丝的分子结构

A. 肌球蛋白分子；B. 肌球蛋白分子排列而成的粗肌丝；C. 细肌丝

表2-2 肌原纤维蛋白的种类和含量

名称	含量/%	名称	含量/%
肌球蛋白	45	γ-肌动蛋白素	<1
肌动蛋白	20	肌酸激酶	<1
原肌球蛋白	5	F-蛋白	<1
肌钙蛋白	5	I-蛋白	<1
连接（巨大）蛋白	6	细丝蛋白（filamin）	<1
C-蛋白	2	结蛋白（desmin）	<1
M-蛋白	2	波形蛋白（vimentin）	<1
α-肌动蛋白素	2	联丝蛋白（synemin）	<1
β-肌动蛋白素	<1		

（1）肌球蛋白（myosin）：是肌肉中含量最高也是最重要的蛋白质，占肌原纤维蛋白的

50%～55%，是粗丝的主要成分，形状似"豆芽"，由两条肽链相互盘旋构成。肌球蛋白不溶于或微溶于水，在离子强度 0.3mol/L 以上的中性盐溶液中可溶解，等电点为 5.4，在 55～60℃ 发生凝固，易形成黏性凝胶。

（2）肌动蛋白（actin）：约占肌原纤维蛋白的 20%，是细丝的主要成分，仅由一条肽链组成，能溶于水和稀盐溶液中。肌动蛋白有两种存在形式：在低离子强度下，肌动蛋白以球形蛋白分子存在，即 G-肌动蛋白；在高离子强度下，则聚合成右手螺旋结构的纤维状，即 F-肌动蛋白；后者可与原肌球蛋白等结合成细丝，参与肌肉的收缩过程。该蛋白质不具备凝胶形成能力。

（3）肌动球蛋白（actomyosin）：是肌动蛋白与肌球蛋白结合后的复合物，二者比例为 1：（2.5～4）。肌动球蛋白的黏度很高，具有流动双折射现象，由于聚合程度不同，因而其分子质量不定。肌动球蛋白能形成热诱导凝胶，会影响肉制品的工艺特性。

（4）原肌球蛋白（tropomyosin）：由两个分子质量为 33Da 的亚基构成，占肌原纤维蛋白的 4%～5%，呈杆状分子态，构成细丝的支架。

（5）肌钙蛋白（troponin）：又叫肌原蛋白，占肌原纤维蛋白的 5%～6%。肌钙蛋白对 Ca^{2+} 有很高的敏感性。每一个蛋白质分子具有 4 个 Ca^{2+} 结合位点。肌钙蛋白有三个亚基，各有自己的功能特性：钙结合亚基（TnC），分子质量为 18～21Da，是 Ca^{2+} 的结合部位；抑制亚基（TnI），分子质量为 20.5～24.0Da，能高度抑制肌球蛋白中 ATP 酶的活性，从而阻止肌动蛋白和肌球蛋白的结合；原肌球蛋白结合亚基（TnT），分子质量为 30～37Da，能结合原肌球蛋白，起连接作用。

2. 肌质蛋白 肌质是浸透于肌原纤维中的液体和悬浮于其中的各种有机物、无机物及亚细胞结构的细胞器。通常将磨碎的肌肉压榨便可挤出肌质，其中主要含有肌溶蛋白、肌红蛋白和肌粒蛋白等。这些蛋白质易溶于水或低离子强度的中性盐溶液，是肉中最易提取的蛋白质，故称为肌肉的可溶性蛋白。这里重点叙述与肉及其制品的色泽有直接关系的肌红蛋白。

肌红蛋白是一种复合性的色素蛋白质，是使肌肉呈现红色的主要成分。其由一条肽链的球蛋白和一分子亚铁血色素结合而成。肌红蛋白有多种衍生物，如呈鲜红色的氧合肌红蛋白、呈褐色的高铁肌红蛋白、呈鲜亮红色的亚硝基肌红蛋白等。肌红蛋白的含量因动物的种类、年龄、肌肉的部位而不同。

3. 基质蛋白 基质蛋白也称间质蛋白，即构成肌肉细胞中结缔组织的蛋白质，其不溶于中性水溶液。基质蛋白是构成肌内膜、肌外膜、肌束膜和筋腱的主要成分，包括胶原蛋白、弹性蛋白、网状蛋白及黏蛋白等，它们均属于硬蛋白类。其中胶原蛋白是结缔组织的主要结构蛋白，占机体蛋白质的 20%～25%，性质稳定，具有很强的延伸性，不溶于水和稀溶液，可在酸或碱溶液中膨胀。胶原蛋白遇热会发生收缩，热缩温度因畜禽种类而异，当加热温度大于热缩温度时，胶原蛋白逐渐变为明胶。

（三）脂肪

动物的脂肪可分为蓄积脂肪（depot fat）和组织脂肪（tissue fat）两大类，蓄积脂肪包括皮下脂肪、肾周围脂肪、大网膜脂肪及肌肉间脂肪等，组织脂肪为肌肉及脏器内的脂肪。家畜的脂肪组织中 90% 为中性脂肪，7%～8% 为水分，3%～4% 为蛋白质，此外还有少量的磷脂和固醇脂。

中性脂肪即甘油三酯（三脂肪酸甘油酯），是由一分子甘油与三分子脂肪酸化合而成的。甘油为三元醇，任何酯类都具有甘油；脂肪酸则分为两类：饱和脂肪酸和不饱和脂肪酸。和甘油结合的三个脂肪酸相同的为单纯甘油酯，如三油酸甘油酯；三个脂肪酸不同的为混合甘油酯。动物脂肪都是混合甘油酯。当饱和脂肪酸含量较多时，脂肪的熔点和凝固点较高，而不饱和脂肪酸含量较多时，脂肪的熔点和凝固点较低。因此，脂肪酸的性质决定了脂肪的性质。肉类脂肪中含有20多种脂肪酸，其中饱和脂肪酸以硬脂酸和软脂酸居多，不饱和脂肪酸以油酸居多，其次是亚油酸。硬脂酸的熔点为71.5℃，软脂酸为63℃，油酸为14℃，十八碳三烯酸为8℃。不同动物脂肪的脂肪酸组成不同，相对来说，鸡和猪的脂肪含不饱和脂肪酸较多，牛和羊的脂肪含饱和脂肪酸较多。

（四）浸出物

浸出物是指除蛋白质、盐类、维生素外能溶于水的浸出性物质，包括含氮浸出物和无氮浸出物。

1. 含氮浸出物 含氮浸出物为非蛋白质的含氮物质，如游离氨基酸、磷酸肌酸、核苷酸类（ATP、ADP、AMP、IMP）及肌苷、尿素等。这些物质对肉的风味有着显著的影响，是肉及肉制品滋味的主要来源。例如，ATP除供给肌肉收缩的能量外，还会逐级降解为肌苷酸（肉鲜味的主要成分）；磷酸肌酸分解成肌酸，肌酸在酸性条件下加热成为肌酐，可增强熟肉的风味。

2. 无氮浸出物 无氮浸出物为不含氮的可浸出的有机化合物，包括糖类化合物（糖原、葡萄糖、核糖等）和有机酸（乳酸、甲酸、乙酸、丁酸、延胡索酸等）。糖原主要存在于肝脏（2%~8%）和肌肉（0.3%~0.8%）中。当宰前动物消瘦、疲劳或病态时，肉中糖原贮备则较少。肌糖原含量的多少，对肉的pH、保水性、颜色、风味和贮藏性等均有影响。

（五）矿物质

矿物质是指一些无机盐类和金属元素，含量约占肉的1.5%。这些无机物在肉中有的以游离状态存在，如镁、钙离子；有的以螯合状态存在；有的与糖蛋白和酯结合存在，如硫、磷等有机结合物。钙、镁参与肌肉的收缩过程；钾、钠与细胞膜的通透性有关，可提高肉的保水性；钙、锌又可降低肉的保水性；铁离子为肌红蛋白、血红蛋白的结合成分，参与氧化还原，对肉颜色的变化有显著影响。

（六）维生素

肉中主要含有维生素A、维生素B_1、维生素B_2、维生素PP、叶酸、维生素C、维生素D等，其中脂溶性维生素含量较少，水溶性B族维生素含量丰富。猪肉中维生素B_1的含量显著高于其他肉类，而牛肉中叶酸的含量显著高于猪肉和羊肉。

第二节　肌肉收缩与成熟

一、肌肉收缩机制

肌肉以圆柱状的肌纤维为基本结构单位，肌纤维中的肌原纤维是其所独有的细胞器，它主要由肌球蛋白丝（粗丝）和肌动蛋白丝（细丝）穿插排列的肌小节组成，是肌肉收缩的装置，在肌原纤维之间充满着液体状态的肌质和细的网状结构的肌质网体，参与肌肉的收缩调节。肌肉的收缩是靠肌球蛋白丝和肌动蛋白丝之间的相对运动来实现的，收缩过程中I带和H区逐渐缩短，A带的长度保持不变，在极度收缩时，H区几乎缩小为零。图2-7所示为肌球蛋白丝和肌动蛋白丝之间的关系，图2-7中A～C分别表示肌节纵切面在静止、伸长、收缩时的长度。用显微镜观察发现，极度收缩时肌节比一般休息状态时短20%～50%，而被拉长时则长度为休息状态下的120%～180%。

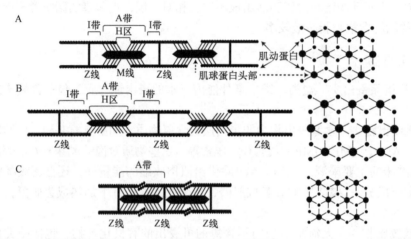

图2-7　牛肌肉微细结构纵切面与横切面示意图（引自Lawrie and Ledward，2023）

A. 静止时肌节的长度（约2.4μm）；B. 伸长时肌节的长度（约3.1μm）；C. 收缩时肌节的长度（约1.5μm）

（一）肌肉收缩的生物化学机制

肌肉处于静止状态时，Mg^{2+}和ATP形成复合体，妨碍了肌动蛋白与肌球蛋白丝突起端的结合。肌肉收缩时，首先由神经系统（运动神经）传递信号，来自大脑的信息经神经纤维传到肌原纤维膜产生去极化作用，然后神经冲动沿着T管进入肌原纤维，从而促使肌质网将Ca^{2+}释放到肌质中。肌球蛋白头部是一种ATP酶，被Ca^{2+}激活，进而结合从惰性的Mg-ATP复合物中游离出来的ATP，接下来肌球蛋白因其头部结合的ATP被分解而活化，产生摆动性，形成肌肉收缩。活体肌肉中肌原纤维周围线粒体内进行的三羧酸循环不断产生ATP，ATP进而被Ca^{2+}活化的ATP酶分解为ADP和无机磷，为肌肉收缩提供能量。

（二）死后僵直的过程与机制

刚屠宰后的畜禽胴体，其肌肉会由于组织内糖酵解酶的作用而发生理化性质的变化。肌肉的伸展性逐渐消失，外观上无光泽，呈现僵硬状态，即表现为死后僵直。死后僵直的肉硬度大，加热时不易煮熟、有粗糙感，加热后肉汁流失多、缺乏风味，不具备可食用肉的特征。这样的肉相对来讲不适于加工和烹调。

动物死后僵直的过程大体可分为三个阶段：从屠宰后到开始出现僵直现象为止，即肌肉的弹性以非常缓慢的速度变化的阶段，称为僵直迟滞期；随着弹性的迅速消失，肌肉出现僵硬的阶段称为僵直急速期；最后肌肉的延伸性从非常小到几乎消失的状态称为僵直后期，该阶段肌肉的硬度可增加到原来的10～40倍，并保持较长时间。

肌肉中ATP的下降速度与动物死后僵直的过程有着密切的关系。在僵直迟滞期，肌肉中ATP的含量几乎恒定，这是由于肌肉中存在着高能磷酸化合物——磷酸肌酸（CP），在磷酸激酶的作用下，CP可与ADP发生磷酸化反应，生成肌酸和ATP。由图2-8的曲线可知，动物屠宰之后CP含量与pH迅速下降，而ATP在CP含量降到一定水平之前尚维持相对的恒定，此时肌肉的延伸性几乎没有变化。随着CP的消耗殆尽，ATP的形成主要依赖糖酵解，进而其含量迅速下降，肌肉的延伸性也迅速消失，死后僵直进入急速期。因此，处于饥饿状态下或注入胰岛素后屠宰的动物，其肌肉中糖原的贮备少，ATP的生成量则更少，这样在短时间内就会进入僵直急速期，即僵直迟滞期短。所以僵直迟滞期的长短是由ATP含量决定的。当ATP降低至原含量的15%～20%时，肌肉的延伸性逐渐消失，进入僵直后期。

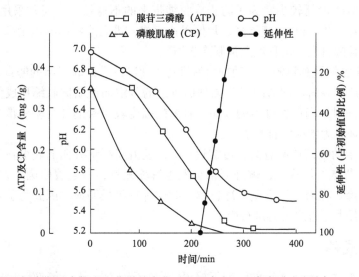

图2-8　死后僵直期肌肉物理和化学的变化（马肌肉在37℃氮气中）（引自Lawrie，2006）

死后僵直开始和持续的时间因动物的种类、品种、宰前宰后状况、部位及季节气候不同而异。温度越高，僵直开始得越早，所持续的时间越短。在高温的夏季僵直于宰后起1～2h便开始发生，冬季则在3～4h甚至以后才开始；一般鱼类僵直发生得早，哺乳动物发生得较晚，不放血致死比放血致死发生得早。表2-3为不同动物死后僵直开始和持续时间。

表2-3　不同动物死后僵直开始时间和持续时间

种类	开始时间/h	持续时间/h
牛肉	死后10	72
猪肉	死后8	15～24
兔肉	死后1.5～4	4～10
鸡肉	死后2.5～4.5	6～12
鱼肉	死后0.1～0.2	2

（三）冷收缩和解冻僵直收缩

动物宰后肌肉有三种收缩形式，即热收缩（heat shortening）、冷收缩（cold shortening）

和解冻僵直收缩（thaw-rigor shortening）。宰后肌肉的缩短程度和温度有很大关系，一般在15℃以上，收缩程度与温度呈正相关，15℃以下则呈负相关。热收缩是指一般的尸僵过程，肌肉发生尸僵前，其中心温度在15℃以上产生的收缩。下面主要介绍冷收缩和解冻僵直收缩。

1. 冷收缩及其机制　冷收缩是指肌肉发生尸僵前，其中心温度已降至15℃以下而产生的收缩。它不同于一般的正常收缩，而是更强烈的收缩，可逆性更小，冷收缩的肉甚至在成熟和烹调后仍然是坚韧的。目前冷收缩发生的机制被认为是在低温的强烈刺激（0～15℃）下，肌质网不能维持其正常的功能，大量钙离子从肌质网中释放，低温下钙泵又不能很好地泵回钙离子，使得肌质中钙离子浓度迅速升高，进而激活ATP酶，导致肌肉的过度收缩。

由冷收缩可知，死后肌肉的收缩速度未必是温度越高收缩越快，低温条件下也可产生急剧收缩，该现象在红肌肉中比白肌肉出现得更多一些，尤以牛肉明显。温度越高，ATP的消耗越多，冷收缩ATP消耗较少。为了防止冷收缩带来的不良效果，通常采用电刺激的方法，使肌肉中ATP迅速消失，pH迅速下降，尸僵迅速完成，进而改善肉的质量和外观色泽。与去骨的肉相比，带骨肉可在一定程度上抑制冷收缩。

2. 解冻僵直收缩及其机制　动物宰后进行迅速冷冻，此时肌肉的僵直未完成，组织中仍含有较多的ATP，在解冻时ATP发生强烈而迅速的分解而使肌肉收缩形成僵直的现象，称为解冻僵直。解冻时肌肉产生强烈的收缩，收缩的强度较正常的僵直剧烈得多，并有大量的肉汁流出，这种现象为解冻僵直收缩。

解冻僵直发生的收缩急剧有力，可缩短50%，且沿肌纤维方向的收缩不均匀。在尸僵发生的任何一时间节点进行冷冻，解冻时都会发生解冻僵直，但随着肌肉中ATP浓度的下降，肌肉收缩力也下降。在屠宰后立刻冷冻，解冻时这种现象最明显。因此为了避免这种现象的发生，要在形成最大僵直之后再进行冷冻。

二、肉的成熟

肌肉完成僵直之后，在适当的温度下放置一段时间，僵直会逐渐解除，肉的结构也逐渐变得柔软，风味得到改善，该过程称为肉的成熟。

（一）肉成熟的条件及机制

1. 死后僵直的解除　肌肉在死后僵直达到顶点并保持一定时间之后，质地又逐渐变软，解除僵直状态。解除僵直所需时间因动物的种类、肌肉的部位及其他外界条件的不同而异。在2～4℃条件下贮存的肉类，鸡肉需3～4h达到僵直的顶点，解除僵直需48h；其他牲畜完成僵直的时间较长，需1～2d，而解除僵直时，猪肉、马肉需3～5d，牛肉需7～10d。关于解僵的实质，目前相关论述主要有以下几个方面。

1）肌原纤维小片化　刚宰后的肌原纤维和活体肌肉一样，是由数十到数百个肌节沿长轴方向构成的纤维，而在肉成熟时则断裂成1～4个肌节相连的小片状。断裂成小片的原因，一方面是死后僵直肌原纤维产生的收缩张力使Z线发生断裂，且张力的作用越大，小片化的程度越大；另一方面是由Ca^{2+}作用引起的，死后肌质网功能被破坏，Ca^{2+}从网内释放，使肌质中的Ca^{2+}浓度增高，高浓度的Ca^{2+}长时间作用于Z线，使Z线蛋白变性而脆弱，引发断裂。

2）死后肌肉中肌动蛋白和肌球蛋白纤维之间结合变弱　随着死后时间的延长，肌原纤维的分解量逐渐增加，如家兔肌肉在10℃条件下成熟2d，肌原纤维只分解5%，而到6d时近50%的肌原纤维被分解，当加入ATP时分解量更大。肌原纤维的分解与肌原纤维小片化是一致的，表明肌球蛋白和肌动蛋白之间的结合变弱。

3）肌肉中结构弹性网状蛋白的变化　结构弹性网状蛋白是肌原纤维中除去粗丝、细丝及Z线等蛋白质后，不溶性的并具有较高弹性的蛋白质，贯穿肌原纤维的整个长度区域。结构弹性网状蛋白在死后鸡肉的肌原纤维中约占5.5%，兔肉中占7.2%，它随着死后时间的延长和肌肉弹性的消失而减少，当弹性达到最低值时，结构弹性网状蛋白的含量也达到最低值。

4）蛋白酶　成熟肉中的肌原纤维，由于蛋白酶即肽链内切酶的作用，发生了分解。在肌肉中，肽链内切酶有许多种，如胃促激酶、钙激活酶、组织蛋白酶B、组织蛋白酶L和组织蛋白酶D，但在肉成熟时，主要起分解蛋白质作用的为钙激活酶、组织蛋白酶B和组织蛋白酶L三种酶。

动物死后成熟的全过程目前还不十分清楚，但经过成熟之后，特别是在牛、羊肉中，游离氨基酸和10个以下氨基酸的缩合物增加，游离的低分子多肽形成，提高了肉的风味。

2. 钙激活酶与肉的成熟嫩化

1）钙激活酶的基本特性　钙激活酶（calpain）系统由几种同型异构的蛋白水解酶组成，包括钙激活酶和其内在抑制物钙激活酶抑制蛋白（calpastatin）。钙激活酶是一种中性蛋白酶，它存在于肌纤维Z线附近及肌质网膜上，可被一定浓度的钙离子活化，在肌肉成长、蛋白质转化及嫩化过程中起着非常复杂的作用。

2）钙激活酶促进肌肉成熟嫩化的作用机制　在动物被屠宰后，随着ATP的消耗，肌质网小泡体内积蓄的钙离子被释放出来，激活了钙激活酶，使Z线崩解和肌原纤维小片化，促进了肉的嫩化。已经有研究结果证明，可以通过外源增加细胞内钙离子浓度的方法激活钙激活酶，从而达到肉嫩化的目的。钙激活酶在肉嫩化中的主要作用表现在以下三个方面。

（1）肌原纤维I带和Z线结合变弱或断裂。这主要是因为钙激活酶对肌连蛋白（titin）和伴肌动蛋白（nebulin）两种蛋白质的降解，弱化了细丝和Z线的相互作用，促进了肌原纤维小片化指数（MFI）的增加，从而有助于提高肉的嫩度。

（2）连接蛋白（costameres）的降解。连接蛋白是一种弹性蛋白，起着固定和保持整个肌细胞内肌原纤维排列有序性的作用，被钙激活酶降解后，肌原纤维的有序结构受到破坏。

（3）肌钙蛋白（troponin）的降解。肌钙蛋白由三个亚基构成，即钙结合亚基（TnC）、钙抑制亚基（TnI）和原肌球蛋白结合亚基（TnT），其中TnT的相对分子质量为30 500～37 000，能结合原肌球蛋白，起连接作用。TnT的降解弱化了细丝结构，有利于肉嫩度的提高。

（二）成熟肉的物理变化

肉在成熟过程中发生了一系列的物理、化学变化，如肉的pH、保水性、嫩度和风味等。

1. pH的变化　肉在成熟过程中，其pH会发生显著的变化。刚屠宰后肉的pH为6～7，约经1h后开始下降，尸僵时达到5.4～5.6，而后随着成熟时间的延长开始慢慢地上升。

2. 保水性的变化　肉在成熟时，其保水性有所回升。保水性的回升和pH变化有关，在解僵过程中，pH逐渐增高，偏离了等电点，蛋白质的静电荷增加，使结构疏松，因而肉的保水性增高。此外，随着成熟的进行，蛋白质分解成较小的单位，从而引起肌肉纤维渗透压增高。因肌纤维蛋白结构在成熟时发生了变化，故保水性只能部分恢复，不可能恢复到原来的状态。

3. 嫩度的变化 嫩度，即柔软性。随着肉的成熟，肉的柔软性发生显著的变化。例如，刚屠宰之后肉的柔软性最好，而在2昼夜之后柔软性达到最低，保藏6昼夜之后又重新增加，平均可达鲜肉时的83%。测定肌纤维的剪切力与成熟的关系表明，以8～10℃条件成熟，2昼夜内随着成熟的进行，切断力增加，嫩度逐渐降低，而后切断力则逐渐减小，嫩度有所改善。

4. 风味的变化 肉在成熟过程中，一方面，ATP分解会产生肌苷酸（IMP），它是风味增强剂；另一方面，由于蛋白质受组织蛋白酶的作用，游离氨基酸的含量有所增加，主要表现在浸出物中。新鲜肉中酪氨酸和苯丙氨酸等氨基酸很少，而成熟后的浸出物中酪氨酸、苯丙氨酸、苏氨酸、色氨酸等含量增多，其中最多的是谷氨酸、精氨酸、亮氨酸、缬氨酸、甘氨酸，这些氨基酸都具有增强肉的滋味和香气的作用。所以成熟后肉类风味的提高，与这些氨基酸成分和肌苷酸有一定的关系。

（三）成熟肉的化学变化

1. 蛋白质水解 肉中水溶性非蛋白氮的含量逐渐增加。例如，牛的背长肌在2℃储藏30d，每克肉中非蛋白氮增加了0.045mg，相当于肉中蛋白质降解了32.3%。肉由中性变为酸性，显著地影响了肉中蛋白质的胶体结构。例如，钙在酸性介质作用下可以从蛋白质内脱出，并引起部分肌球蛋白凝结，形成不溶于基质稀盐溶液的状态。这解释了为什么在动物放血后的第一小时内几乎不能从肉内榨出液体，而经过2～3d后，肉的横断面会自行流出肉汁，使断面湿润。

2. IMP的形成 死后肌肉的ATP在肌质中ATP酶作用下迅速转变为ADP，而ADP又进一步水解为AMP，再由脱氢酶的作用形成IMP。ATP转化成IMP的反应，在肌肉达到极限pH之前一直进行着，当达到极限pH以后，肌苷酸开始裂解，IMP脱去一个磷酸变成次黄苷，而次黄苷再分解生成游离状态的核苷和次黄嘌呤。成熟的新鲜肉中，IMP约为31.28mg/100g嘌呤氮，肌苷为25.69mg/100g嘌呤氮。不同动物肉IMP的蓄积也不同，鸡肉在宰后8d达到的最高值为8μmol/g，而猪肉在宰后3d最高值达3μmol/g，同时肌苷和次黄嘌呤均相应增高。表2-4为成熟过程中牛背最长肌IMP含量变化。

表2-4 成熟过程中牛背最长肌IMP含量变化

死后时间	含量/（μmol/g）	死后时间	含量/（μmol/g）
0h	4.71	7d	4.20
12h	5.44	14d	2.17
24h	4.86	24d	0.75
4d	4.47		

3. 肌质蛋白溶解性的变化 屠宰后接近24h，肌质蛋白的溶解度降到最低。表2-5是在4℃条件下随着成熟时间的延续，肌质蛋白溶解性的变化。从表2-5中的数据可知，刚屠宰之后的热鲜肉，转入到浸出物中的肌质蛋白最多，6h以后肌质蛋白的溶解性就显著降低，直

到第一昼夜结束，达到最低限度，只是最初热鲜肉的19.0%，到第四昼夜可增加到开始数量的36.2%，约相当于第一昼夜的2倍，以后仍然继续增加。对盐的溶解性也是新鲜肉最高，经1～2昼夜后溶解性开始降低，为鲜肉的65%，此后又继续增加，4昼夜时达到73%。

表2-5　屠宰后肌质蛋白溶解性的变化

成熟时间/d	蛋白质溶解数量		成熟时间/d	蛋白质溶解数量	
	g/100g肉	占最初量的比例/%		g/100g肉	占最初量的比例/%
0（热鲜肉）	3.43	100.0	3	1.18	34.4
1/4	1.39	40.5	4	1.24	36.2
1/2	1.01	29.4	6	1.22	35.6
1	0.65	19.0	10	1.29	37.6
2	0.92	26.8	14	1.33	38.4

4. 构成肌质蛋白的游离N端基的数量增加　　随着肉的成熟，蛋白质结构发生变化，使肌质蛋白氨基酸，如二羧酸、谷氨酸、甘氨酸、亮氨酸等和肽链的数量增多。显然伴随着肉的成熟，构成肌质蛋白的肽链被打开，形成的游离N端基增多，所以成熟后肉类的柔软性增加，水化程度增加，热加工时保水能力增强。

5. 金属离子的增减　　在成熟肉中水提取的金属离子增减情况为Na^+和Ca^{2+}增加，K^+减少。在活体肌肉中，Na^+和K^+大部分以游离态存在于细胞内，一部分与蛋白质等结合；Mg^{2+}几乎全部处于游离态；Ca^{2+}基本不以游离态存在，而与肌质网、线粒体、肌动蛋白等结合。

（四）促进肉成熟的方法

不少国家如新西兰、澳大利亚、法国等采用一定的条件加快肉的成熟过程，以此提高肉的嫩度。通常从两个方面来控制，即加快成熟速度和抑制尸僵硬度的形成。

1. 物理因素

1）温度　　温度高成熟得快。0～40℃内适当提高温度有助于缩短成熟期，在较高的温度和较低的pH环境中，不易形成僵直肌动球蛋白。在适中的温度条件下成熟时，尸僵硬度变化较快，此时肌肉缩短度小，因而成熟的时间短。为了防止尸僵时短缩，可把不剔骨肉放在适中的温度环境中进入尸僵过程。

2）电刺激　　电刺激主要用于牛、羊肉中，这个方法可以防止冷收缩。所谓电刺激是指家畜屠宰放血后，在一定的电压、电流下，对胴体进行通电，从而达到改善肉质的目的。可以采用的电压为30～600V。习惯上按照刺激电压的大小将电刺激分为高压电刺激、中压电刺激和低压电刺激，但目前尚无严格的划分标准。

电刺激可促进肌肉嫩化的机制基本可以概括为三条理论：①电刺激加快尸僵过程，减少了冷收缩。这是由于电刺激加快了肌肉中ATP的降解，提高了糖原的分解速度，使胴体pH很快下降到6以下，提高了肉的嫩度。②电刺激激发强烈的收缩，使肌原纤维断裂，肌原纤维间的结构松弛，可以容纳更多的水分，使肉的嫩度增加。③电刺激使肉的pH下降，还会提高酸性蛋白酶的活性，进而分解蛋白质，使嫩度增加。

3）力学因素　尸僵时带骨肌肉收缩，这时以相反的方向牵引，可使僵硬复合体形成最少。通常成熟时，将跟腱用钩挂起，此时主要是腰大肌受牵引。如果将臀部用钩挂起，不但腰大肌缩短被抑制，半腱肌、半膜肌、背最长肌也因受到拉伸作用而被更好地嫩化。

2. 化学因素　屠宰前通过注射胰岛素、肾上腺素等无毒、无害、安全可靠的激素的方式可以起到促进肌肉成熟的效果，但注射量和注射时间不易把握，促进效果也不好控制，因此宰前注射化学物质的方法相对较少。屠宰后，在最大尸僵期时，往肉中注入 Ca^{2+} 可以促进软化，此外宰后注入各种化学物质，如磷酸盐、氯化镁等可减少尸僵的形成。

3. 生物因素　基于肉内蛋白酶活性可以促进肉质软化，也可通过外部添加蛋白酶强制其软化。用微生物和植物酶，可使肌肉的固有硬度和尸僵硬度都减少，常用的有木瓜蛋白酶。目前主要采用的方法为宰后肌肉注射或浸渍处理。经外源酶处理后，肌肉变得易于咀嚼，鲜嫩多汁，品质显著提高。

（五）影响宰后变化的因素

肉的色泽、嫩度、风味、多汁性等食用品质的形成和乳化力、系水力、蒸煮损失等加工特性的变化受宰前宰后许多因素的影响，因此合理控制和利用宰前宰后各因素，对提高肉的品质具有重要意义。

1. 宰前因素

1）应激

（1）应激的调节和机制。应激是指动物在不良环境中的生理调节，如心率、呼吸频率、体温和血压的改变。应激中的代谢调节是通过释放某些激素，如肾上腺素、去甲肾上腺素、类固醇和甲状腺素来完成的。这些激素调控许多化学反应，有的在所有应激反应中都起作用。当激素释放后，肌肉开始为意外情况下收缩做准备，因为氧气的不足，形成乳酸的无氧代谢途径由肾上腺素激发，所以动物体内的代谢类型发生改变，与通常所说的快肌的代谢途径相同。

（2）应激与异常肉。不同动物具有不同程度的应激敏感性或称作应激抵抗力。敏感的动物在应激环境中会发生中毒、休克和循环系统衰竭，即使是中等程度、不伴随温度升高的应激也可能导致动物死亡。通常应激敏感的动物体温高于正常动物，糖酵解速度快，宰后尸僵发生得早。除此以外，宰前也会出现一定程度的肌肉温度升高、乳酸积累和ATP的消耗。有些动物在受到应激后，其肌肉会变得苍白、柔软、有汁液渗出，即PSE肉。PSE肉的熟肉率低，蒸煮损失高，多汁性差，它通常发生在猪的腰肉和腿肉中，有时也会发生在颜色较深的肩肉中，牛、羊、禽等的某些部位也会发生PSE肉。

有一定的应激耐受性、度过了应激反应但耗尽了糖原的动物还会产生黑硬干肉（dark firm dry meat，DFD肉）。应激耐受性动物能够保持肌肉正常的温度和激素水平，但却要消耗大量的肌糖原，因此在糖原得到补充之前屠宰这些动物，往往会出现肌糖原缺乏的现象，导致宰后糖酵解的速度和程度降低，pH较高，进而使肌肉颜色较深、切面干燥、质地粗硬，即所谓的DFD肉。DFD肉常发生于牛肉、猪肉和羊肉中，其感官较差、货架期短。

2）遗传因素　肉品质受遗传因素显著影响，因此可以通过选择肌肉颜色正常、肌内脂肪丰富、嫩度好的个体来用作种畜，以提高肌肉的食用品质。肌肉的某些物理特性还与动物的品种或品系有关，宰后肌肉的代谢速率和肌内脂肪的含量也因品种或品系而异。

3）致昏方式　肉用动物的致昏方式主要包括电致昏和气体致昏两种。尽管致昏过程不可避免引起畜禽的紧张，但与不致昏就直接宰杀相比，它可以减少应激反应，其综合影响与良好的设备和操作有关。大多数致昏方式都要求使动物平静晕厥，这样心脏不会停止跳动，可以帮助充分放血。"深度致昏"使心脏停止跳动，也使反射性的挣扎降到最低限度，会导致肌肉组织充血。

肌肉的特性和组成受致昏方式和致昏程度的影响，通常由肌糖原的消耗程度来反映。良好的致昏可获得较低的极限pH和较好的品质。动物致昏后要尽可能快地放血以降低血压，防止动物恢复知觉，否则肉就会出现淤血斑点。有的致昏方式尤其是电致昏会使血压升高以致肌肉组织充血，可以通过选择合适的电压和致昏部位来避免该现象。

2. 宰后因素

1）冷却温度　冷却温度对宰后肌肉生化反应速度有很大影响。肌肉中受酶催化的反应对温度格外敏感，因此通过控制冷却温度，尽可能地在短时间内将胴体温度降下来，有助于宰后僵直的形成和解僵成熟，同时也能防止微生物的生长。如果肌肉温度降得过快也会带来不良影响。热收缩、冷收缩和解冻僵直收缩都与冷却温度有关。

2）快速预加工　快速预加工是指宰后僵直前对胴体进行剔骨、分割或斩拌等工序。宰后肉的食用品质和加工特性的变化与其pH的变化有关。在屠宰与斩拌之间的间隔延长会影响其最终产品的理化性质。通常来说，尸僵前经过斩拌、加上调料如盐腌制的肉，其系水力和多汁性都比较好。因为该处理可使肌球蛋白等盐溶性蛋白更好地溶出，也可有效地抑制糖酵解和pH下降，还可改善肉制品的风味。

3）电刺激　肉牛、肉羊屠宰加工业会采用电刺激技术改善肉的品质。电刺激最早是用来预防牛、羊肉冷收缩所致的韧化作用，现在人们发现，电刺激可以加快牛肉的死后嫩化过程，减少肉的成熟时间，是一种肉类的快速成熟技术。同时，电刺激还具有改善肉的颜色和外观，避免热环（heat-ring）的产生等作用。

第三节　畜禽屠宰与分级

畜禽屠宰与分割加工是典型的劳动密集型加工行业，通常采用人工辅助流水线的作业方式，存在肉品卫生可控性差，工人工作环境恶劣、劳动强度大等问题，且有较高的安全隐患和职业病发生率。随着传感、计算机视觉与机器人等先进技术的发展，特别是"十四五"规划纲要的提出，我国需改良升级屠宰加工设备，将机器视觉、智能控制等技术应用其中，大力推进畜禽屠宰分割加工的智能化。智能化屠宰加工既能规范生产管理、保持产品质量一致性、降低劳动强度、提高生产效率，又顺应了从"运活畜活禽"到"运肉"这一趋势的转变，符合世界上畜禽屠宰加工产业智能化升级的要求。

一、畜禽屠宰技术与智能化装备

屠宰是指宰杀畜禽以生产畜禽肉及副产品的过程。畜禽经宰杀、放血后除去毛、内脏、头、尾及四肢（腕及关节以下）后的躯体部分称为胴体。目前，发达国家已基本实现了畜禽屠宰分割加工的机械化，并逐渐向自动化与智能化迈进。我国畜禽屠宰水平相对发达国家较落后，仍以半机械化为主。

（一）家畜屠宰技术及智能化装备

1. 家畜屠宰工艺流程 　家畜屠宰工艺流程如图2-9所示。

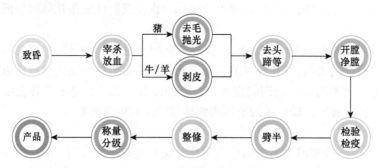

图2-9 　家畜屠宰工艺流程

2. 致昏 　应用物理或化学方法，使牲畜在宰杀前短时间内处于昏迷状态，称为致昏，也称击晕。致昏可使动物失去知觉，以减轻其在屠宰过程中的痛苦，避免应激反应。此举既符合动物福利要求，又有助于提升肉品质。目前常用的致昏方法有电致昏和气体致昏两种。

1）电致昏 　三点式电致昏法目前已被广泛应用于生猪屠宰，可有效减少由猪体应激反应造成的断骨、淤血、PSE肉等缺陷，提高肉品质量。目前国内已自主研发生产全自动托腹三点式电致昏机，它集冲淋、输送、麻电于一体，采用PLC（可编程控制器）自动控制系统，

生猪屠宰
致昏视频

自动检测猪体的大小，进而调整高频麻电系统，提供合适的致昏电流，实现生猪致昏的连续性和有序性，提高生产效率。在牛致昏方面，目前已开发出一种可旋转的箱式电致昏设备，采用三点式全自动电致昏机，将牛只固定于电击箱后，牛只被稍微抬起，胸部连接心脏电极，颈部区域连接另外两个电极，进行电致昏。电击完成后可通过旋转电击箱，将牛体温和地转移出来并进行后续操作。

2）气体致昏 　气体致昏是利用二氧化碳（CO_2）、氩气及其混合气体使动物失去知觉。

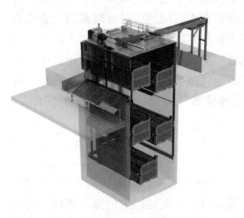

图2-10 　Banss Somnia CO_2 致昏系统（https://jwebanss.de/en/pig-industry-stunning/）

从动物福利角度，该方法是生猪致昏技术的发展方向，目前在欧洲更为普及。动物在80%以上二氧化碳密闭室中静置15～45s，可以失去知觉，并昏迷2～3min。由于该成套设备比较昂贵，在国内仅少数大型屠宰场有应用。CO_2 致昏设备通常设有5个升降室，将猪只按批次（4～6只）赶入升降室，随后下沉到 CO_2 室，使生猪快速失去意识，再提升后转移。目前福瑞珂（Frontmatec）和伴斯（Banss）等公司开发的智能化 CO_2 致昏系统（图2-10），可以减少应激，提高猪肉品质，并且可根据生产需求灵活调整系统配置，所需的操作员较少。

3. 烫毛 　烫毛的目的是在热水或蒸汽作用下，使毛根及周围毛囊的蛋白质受热变性，毛根和

毛囊易于分离，方便燎毛。常见的猪胴体烫毛方法包括喷淋式、蒸汽式和运河式。目前国内较多采用运河式浸烫设备。蒸汽式浸烫设备使用带导流板的隧道结构，实现了多点温度在线监控及蒸汽流速、流向和温度的自动调节。胴体通过一条后腿悬吊后进入烫毛隧道，以饱和水蒸气浸烫，蒸汽中不需添加化学药剂，烫毛时无脏水流入放血刀口，避免了交叉污染。喷淋式浸烫设备将猪的头部和前腿浸入滚烫的热水，其余部分则由浸烫系统不断喷淋热水实现烫毛（图2-11）。合理地控制水流分布，可显著减少水的浪费。

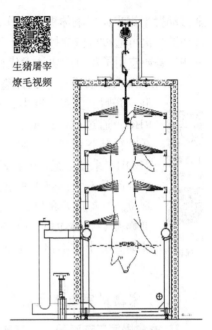

生猪屠宰
燎毛视频

4. 去毛 去毛分为滚筒式打毛和齿轮式刮毛两种方式。滚筒式打毛是利用两组带有钝齿的滚筒通过相反运动实现煺毛，齿轮式刮毛则是通过装有弹簧的刮刀刮除猪毛。目前，为了提高打毛效率和效果，部分企业采用新型的连续隧道式打毛机，通过串联使用多台仪器，打毛率可达95%以上，破损率不足1%。Frontmatec公司开发的双螺旋打毛机使用带打毛爪的打毛板，通过增加打毛板排数可提高打毛效率，最高可安装2×30排打毛板，使打毛效率达1000头猪/h。Banss公司生产的

图2-11 垂直喷淋浸烫示意图（https:/www.frontmatec.com/media/4010/frontmatec-vertical-spray-scalding-en.pdf）

SDM 82-160脱毛装置是由脱毛机DM 82和过料烫槽SM 160组成的一种双辊脱毛机，可以实现生猪的自动化烫毛和打毛（图2-12）。打毛之后为了确保胴体的品质，经常会实施燎毛工序，以去除胴体的残留绒毛。

图2-12 Banss SDM 82-160脱毛装置（https://jwebanss.de/en/pig-industry-scalding-dehairing/）

5. 开膛、劈半 开膛是指沿腹中线切开腹壁，用刀劈开耻骨联合，锯开胸骨，取出白脏（胃肠等）和红脏（心肝肺等）的过程。开膛之前，一般需要进行雕圈（即肛门的剥离，俗称雕肛，防止粪便流出污染胴体）。劈半是指沿脊柱正中线将胴体锯开成两半，剥离脊髓，用水冲洗胴体，去掉血迹及附着的污物。传统劈半采用手工电动锯，目前国内已自主生产出

全自动劈半锯来完成胴体劈半工作，不仅省时省力，也可降低人工污染。例如，机械手式猪自动劈半机可通过机械臂控制劈半刀具完成自动化劈半。此外，在实现自动化劈半的基础上，一些设备还应用了双刀劈切技术代替锯切，降低了切割损耗。

生猪屠宰
劈半视频

肉羊屠宰
视频

Frontmatec AiRA系列猪胴体整理线机器人囊括了完整的胴体处理环节，如开耻骨、雕肛、开膛、剪头、劈半、撕板油、检疫检验、打标签等。其中开胸腹机器人（AiRA RBO）通过机器视觉定位，在圆形切刀基础上增加可伸入胴体腹部的限位器，可在获得整齐切口的同时，避免对猪内脏的损伤；开肛和开耻骨复合机器人（AiRA-RBDH）采用了组合式技术，在开肛刀切除肛门时，圆形刀片可同时打开耻骨，节约了空间及人力；剪头机器人（AiRA-RNC）应用视觉扫描仪检测每个胴体的最佳切割位置、深度及角度；在劈半方面有劈半锯机器人、劈半斧机器人和双臂式劈半锯机器人（AiRA-RPS-D）三种设备，AiRA-RPS-D由两个同步的机器人组成，可以精准垂直劈半，不损伤尾部及颈椎末端，且可根据客户需求继续向下直至头部完全劈半。

（二）家禽屠宰技术及智能化装备

1. 家禽屠宰工艺流程　　家禽屠宰工艺流程如图2-13所示。

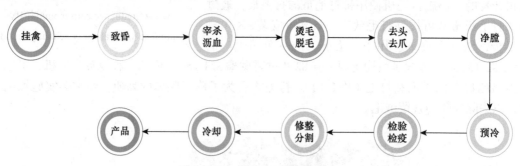

图2-13　家禽屠宰工艺流程

2. 致昏　　在禽类致昏方面，可采用水浴式电致昏和气体致昏两种方法。水浴式电致昏装置通常将禽类倒挂，使头部浸入一种能导电的盐溶液中（通常为1% NaCl溶液），在水浴中放置一个电极，电极与控制单元相连接。另一个电极由不锈钢挂钩导杆构成，该导杆与置于浴槽上方的挂钩接触。电流通过溶液在禽类与固定禽类的挂钩之间传导。恰当的电致昏能使禽类在60～90s的时间内丧失知觉，有利于充分放血，提高切割效率。冰岛Marel公司的水浴电致昏机配有无级变频和电流调节的控制箱，并且可根据生产要求调整传送速度和致昏条件，适用于所有类型的家禽。

相比水浴式电致昏，气体致昏法更符合动物福利要求。通常采用低浓度二氧化碳（10%～40%）气体处理30～45s，可使禽类短暂失去知觉；或使用高浓度二氧化碳（40%～80%）气体处理2～3min，使禽类在放血前晕厥。例如，百安德（Baader）公司研发的可控式气体致昏（controlled atmosphere stunning，CAS）系统（图2-14），禽类由输送箱批量进入CAS隧道，依次暴露在5个二氧化碳浓度递增的腔室中，形成一个温和、可控的致昏过程。设备各阶段的

图2-14 Baader可控式气体致昏系统（https://poultry.
baader.com/live-bird-handling/above-ground-cas）

长度和气体浓度水平可随生产需要而调整。

3．烫毛 家禽的烫毛原理与家畜类似，可分为空气浸烫式和水浴浸烫式两种。空气浸烫机由空调室产生潮湿的热空气，输送至浸烫室对家禽进行烫毛。Marel Aero Scalder空气浸烫机优化了热空气的分布，将其集中于家禽关键的烫毛部位，防止对相对脆弱的部位过度浸烫。在此基础上，还增加了热空气回收功能，经处理后热空气可重新进入循环。水浴浸烫机工作时，通常采用空气搅拌法来控制水流的搅动，进而提升烫毛效果。荷兰Meyn射流式水浴浸烫机在普通浸烫池的基础上使用了独特的水流系统代替空气搅拌，降低了能耗和水耗。

肉鸡屠宰（致昏-浸烫-脱毛）视频

肉鸡屠宰（自动净膛）视频

4．净膛 净膛是指去除胴体中可食用和不可食用的内脏，包括打开体腔和取出内脏两个关键步骤。智能化净膛设备常采用机器视觉技术定位，并结合机械手来实现净膛，实现了开膛与开肛或掏膛等操作的同步进行，大大提高了生产效率。Marel VOC开肛开膛一体机利用旋转式产品分选装置，兼具对白羽鸡胴体切肛和开膛的功能，还可与Nuova Core Tech核心掏膛设备搭配。Nuova Core Tech采用机器视觉技术定位，实现了自动化的内脏拾取。掏出的内脏悬挂在胴体背部，方便检疫员直观评估及后续的分离操作。此外，完成掏膛后的内脏可进行自动逐步分离，收集可进一步加工的内脏。例如，Meyn Maestro Plus新式掏膛机（图2-15）搭配了全自动内脏在线分拣系统，掏膛后的内脏经兽医同步检验平台检验，随后依次通过肠胆分离机、肝脏摘取机、心胗分离机、心肺分离机，最终获得已分离的肠、肝、心和胗。

图2-15 Meyn Maestro Plus新式掏膛机（https://www.meyn-cn.com/html/web/157/180/353.html）

二、畜禽胴体分割技术与智能化装备

胴体分割是指将半胴体根据市场需要分割成若干个产品，是屠宰加工企业实现产品增值的重要环节。实际生产中，分割线通常包括胴体初分割和精细分割两个环节，其中初分割相对简单，不包含太多复杂的环节，通过简单有效的方式即可完成。而精细分割相对复杂，具有更大的人力和空间需求。目前胴体精细分割的智能化装备开发存在几个主要难点。

（1）肉块形状多变。胴体是柔软的、非刚性的材料，还有关节和表皮等可相对移动的部位，因此在外力作用下容易发生移动和旋转，改变形状。这些特性增加了胴体在分割加工中固定、移动和切割的难度，无法按照相同的模式进行，同时难以借鉴现有其他工业中的解决方案。

（2）肉块具有异质性。胴体是由肌肉、脂肪、筋膜、骨骼和皮肤等组成的，这意味着不同的组织会使肉块具有不同的形状和弹性属性，使切割过程复杂化，并对刀具的材料质量和锋利程度提出了额外的要求。

（3）畜禽分割的特殊环境和卫生要求。畜禽分割通常是在低温高湿条件下进行的，且设备与胴体接触过程中会沾染骨肉碎末和油渍等，加速设备的磨损。同时，分割过程需严格控制卫生条件，与食品接触的部位需要经常消毒，其余部位应通过隔离或包裹避免接触。

（一）家畜胴体分割方法与智能化装备

猪胴体
自动分
割视频

猪胴体
人工分
割视频

1．家畜胴体分割方法

1）猪胴体分割　　按照我国标准，猪胴体可分割为带骨猪肉和去骨猪肉。其中带骨猪肉包括后腿肉、中段、胸腹肉、通脊、背腰脊排、带骨臀腰肉、全肋排、仔排、方切肩肉、前/后蹄等。去骨猪肉包括黄瓜条、膝圆、米龙、臀腰肉、里脊、背腰脊、外脊、五花肉等（图2-16）。

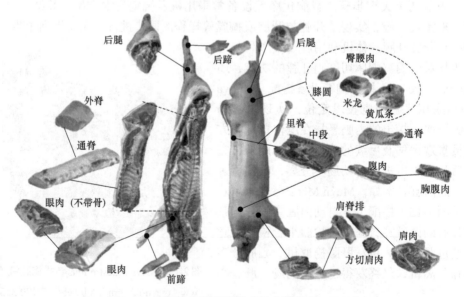

彩图

图2-16　猪胴体分割示意图（引自周光宏，2019）

2）牛胴体分割　　按照我国标准，牛胴体可分割为带骨牛肉和去骨牛肉。带骨牛肉包括肩胛部肉、前腿部肉、肋脊部肉、腰脊部肉、胸腹部肉、胸腩连体、后腿部肉、牛小排、带骨胸肋排等；去骨牛肉包括脖肉、上脑、眼肉、肩肉、板腱、辣椒条、牛前腱、胸肉、腹肉、肋条肉、牛腩、里脊、外脊、米龙、臀肉、大黄瓜条、小黄瓜条、三角尾扒、牛霖、牛后腱等（图2-17）。

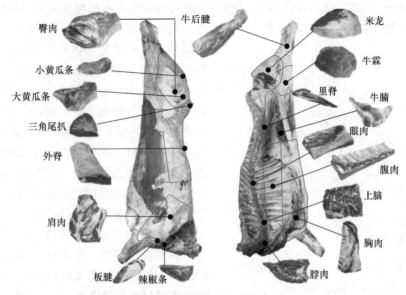

图2-17　牛胴体分割示意图（引自周光宏，2019）　　彩图

3）羊胴体分割　　按照我国标准，羊胴体可分割为带骨羊肉和去骨羊肉。其中带骨羊肉包括后腿肉、带骨臀腰肉、背腰肉、方切肩肉、肩脊排、前腿肉、胸腹肉、全肋排、仔排、羊颈、前腱子、后腱子等；去骨羊肉包括黄瓜条、膝圆、米龙、臀腰肉、里脊、通脊等（图2-18）。

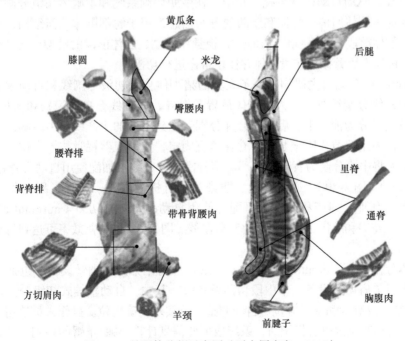

图2-18　羊胴体分割示意图（引自周光宏，2019）　　彩图

2. 家畜胴体分割智能化装备

1）猪胴体分割智能化装备　　猪胴体分割包括初分割和精细分割。初分割通常指三段分割，将猪半胴体分割为前段、中段和后段。随后再对各段胴体进行精细分割获得相应的分割产品。三段分割在传统生产中采用人工辅助圆盘锯方法，需要由分割工人确定三段分割位点后送入圆盘锯进行分割。智能化猪胴体三段分割装置通常借助机器视觉技术进行定位。例如，我国浙江瑞邦智能装备股份有限公司自主开发的在线智能分割工作站（图2-19），采用视觉识别系统，实现了猪胴体的在线自动分割，并兼具了数据自动采集和智能化控制等功能。分割获得的前、中、后段胴体通过相应位置的传送带运送，进行精细分割。猪胴体精细分割方法通常因饮食习惯和生产需求等因素而存在差异，且由于剔骨操作的定位和切割难度大，因此研发相应的智能设备具有一定的挑战性。目前已开发出猪前段和后段的自动脱骨设备，可通过测量胴体总长度计算分隔位置，或借助X射线实现精确定位，并配合机械手剥离肩骨、前腿骨或后腿骨。例如，日本Mayekawa WANDAS-RX猪肩自动脱骨机和HAMDAS-RX猪腿自动脱骨机通过X射线实现了高品质脱骨处理。

图2-19　瑞邦在线智能分割工作站（http://www.ribon.cn/product/205.html）

2）牛、羊胴体分割智能化装备　　牛、羊胴体的分割标准在各国间具有较大差异，因此牛、羊胴体分割设备的研发进度相比猪胴体落后。目前，斯科特（Scott）公司开发的牛、羊胴体分割系统采用X射线、3D扫描仪、RGB（三原色红、绿、蓝）相机等多种机器视觉技术确定切割路径，驱动自动切割系统。其中，在牛肋切割系统和羊胴体初级分割系统中，应用X射线技术提供胴体肌肉、骨骼和脂肪的分布信息，用于解剖胴体几何结构，规划相应切割路径；在羊胴体前段分割系统中，通过3D视觉相机创建胴体前段的模型，自动计算最佳切割位置，引导机器人手臂抓住前段胴体并使用带锯进行切割。

丹麦Frontmatec公司自主研制出一条完整的猪胴体自动初级分割线和自动剔骨修整分割线。使用自动初级分割线时，工人将胴体放置并对齐，分割线会自动识别和测量每个胴体，进而将胴体精确切分为前、中、后三段，并分别运送到不同的生产线。中段胴体进入自动剔骨修整分割线，采用关节式固定装置将脊柱笔直固定，应用机器视觉技术定位，提高分割精度，引导机器人将中段分割为背部和腹部。剔骨修整分割线可加配使用自动脊骨锯（autoline chine bone saw）（图2-20），通过脊骨、肋排等进行机械限位，实现了剔龙骨、里脊肉和细分割的自动化作业。对于猪腹部，可配合使用自动肋骨分割切刀（automatic rib puller）（图2-21）分离五花肉和肋排。自动剔骨修整分割线（图2-22）的分割效率可达到每小时1000个中段。

在羊胴体分割方面，Frontmatec开发了一系列自动化分割和剔骨设备，包括自动垂挂式初级分割设备、羊肩切割设备、羊中段切割设备等。其中，自动垂挂式初级分割设备采用了4夹具夹持系统，且高度和水平方位可自动调整，以实现精确定位。操作人员使用激光标记设备对羊肩切口的切割位置进行标记后，系统根据此信息计算羊腿/羊臂的切割位置，并自动调

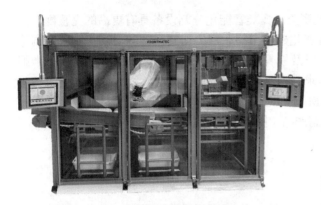

图2-20　Frontmatec自动脊骨锯（https://www.frontmatec.com/media/7090/cbcl-100-automatic-chine-bone-saw-v1-1-gb_spread.pdf）

图2-21　Frontmatec自动肋骨分割切刀（https://www.frontmatec.com/media/3232/frontmatec-automatic-rib-puller-arp15_en.pdf）

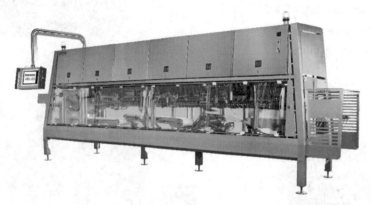

图2-22　Frontmatec自动剔骨修整分割线（https://www.frontmatec.com/media/6494/amb1-1100-frontmatec-fully-automatic-cutting-line-for-pork-middles-gb-v2-3_spread.pdf）

整刀具高度。羊肩切割设备工作时，将羊肩在机器中摆放到位，机器会通过可自动调节高度的圆形切刀切下两条前小腿，手动调整角度后，机器会使用另一把圆形切刀切断颈部，最后将羊肩劈半。机器由PLC在不锈钢控制柜内操作，并配有触摸屏以选择方案和定义切割。

（二）家禽胴体分割方法与智能化装备

1. 家禽胴体分割方法

1）鸡胴体分割　　按照我国标准，鸡胴体可以分割为：翅肉类，包括整翅、翅根（第一节翅）、翅中（第二节翅）、翅尖（第三节翅）、上半翅（V形翅）、下半翅；胸肉类，包括带皮大胸肉、去皮大胸肉、小胸肉（胸里脊）、带里脊大胸肉；腿肉类，包括全腿、大腿、小腿、去骨带皮鸡腿、去骨去皮鸡腿。

2）鸭胴体分割　　按照我国标准，鸭胴体可以分割为带皮鸭胸肉、鸭小胸、鸭腿、鸭全翅、鸭二节翅、鸭翅根、鸭脖、鸭掌、鸭舌。

2. 家禽胴体分割智能化装备　相比畜类，禽类智能化分割设备具有更高的完整度，目前已基本覆盖了完整的分割流程，包括智能化翅中切割、翅尖切割、禽胸切割、前后半胴体切割、脊柱切割、琵琶腿切割、撕板油，以及剔骨方面的琵琶腿剔骨、上腿肉剔骨、前半胴体剔骨、胸盖剔骨等设备，可以按生产需求自由组合，进行禽胴体分割。在此基础上，一些设备还满足了更丰富的分割需求。例如，Mayekawa新式禽胸、腿肉剔骨机可以在剔骨的同时进行去皮，还可直接将禽胸分割为胸排及副产品（图2-23～图2-25）。

图2-23　Mayekawa LEGDAS-自动鸡全腿剔骨机（https://www.mayekawa.com/products/deboning_machines/）

图2-25　Mayekawa YIELDAS 3000-E1-自动前半剔骨机（https://www.mayekawa.com/products/deboning_machines/）

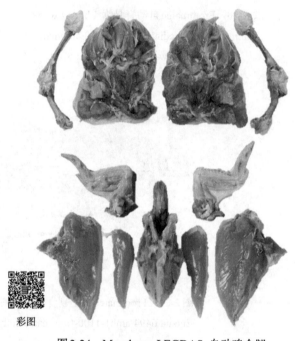

彩图

图2-24　Mayekawa LEGDAS-自动鸡全腿剔骨机剔骨产品（https://www.mayekawa.com/products/deboning_machines/）

三、畜禽胴体分级技术与智能化装备

（一）畜禽胴体分级标准

分级的目的是对畜禽的产肉性能及肉品质量进行评价，一般在胴体层面进行，所以称为胴体分级。分级对于肉品生产和消费具有规范与导向作用，有利于形成优质优价的市场规律，有助于产业向高品质可持续方向发展。

1. 猪胴体分级　猪胴体分级标准详见表2-6。

表2-6　猪胴体分级标准［引自《猪肉等级规格》（NY/T 1759—2009）］

指标	I级	II级	III级
胴体外观	整体形态美观、匀称，肌肉丰满，脂肪覆盖情况好。每片猪肉允许表皮修割面积不超过1/4，内伤修割面积不超过150cm²	整体形态较美观、较匀称，肌肉较丰满，脂肪覆盖情况较好。每片猪肉允许表皮修割面积不超过1/3，内伤修割面积不超过200cm²	整体形态、匀称性一般，肌肉不丰满，脂肪覆盖一般。每片猪肉允许表皮修割面积不超过1/3，内伤修割面积不超过250cm²
肉色	鲜红色，光泽好	深红色，光泽一般	暗红色，光泽较差
肌肉质地	坚实，纹理致密	较为坚实，纹理致密度一般	坚实度较差，纹理致密度较差
脂肪色	白色，光泽好	较白略带黄色，光泽一般	淡黄色，光泽较差

2. 牛胴体分级　牛胴体分级标准详见表2-7。

表2-7　牛胴体分级标准［引自《畜禽肉质量分级　牛肉》（GB/T 29392—2022）］

大理石花纹等级	肉色、脂肪颜色、生理成熟度等级	
	肉色等级：3~7级 脂肪颜色等级：1~4级 生理成熟度等级：A~B级	肉色等级：1级、2级或8级 脂肪颜色等级：5~8级 生理成熟度等级：C~E级
5级（极丰富）	特级	优级
4级（丰富）	特级	优级
3级（较丰富）	优级	良好级
2级（少量）	优级	良好级
1级（几乎没有）	良好级	普通级

3. 鸡胴体分级　鸡胴体分级等级及要求详见表2-8。

表2-8　鸡胴体分级等级及要求［引自《畜禽肉质量分级　鸡肉》（GB/T 19676—2022）］

分级指标		等级及要求		
		一级	二级	三级
胴体完整程度	皮肤	皮肤无伤斑和破损	皮肤修割伤斑和破损不影响外观	皮肤修割伤斑和破损不影响外观
	外形	胴体完整，无脱臼、骨折，无断颈，胸背骨无弯曲变形	胴体较完整，无腿、爪、翅骨折和断颈，其余处的骨折与脱臼均不超过1处，无断骨突出，允许存在轻微弯曲或凹陷的胸骨和轻微弯曲的背骨	脚骨、翅骨有断裂或存在断颈
	易损部位	带头带爪胴体的鸡爪外形完整，无红头，无红翅尖	带头带爪胴体的鸡爪外形较完整，无红头，无红翅尖	带头带爪胴体的鸡爪有折断，红头、红翅尖不影响产品质量
胴体肤色	黄皮	无	总面积不超过3cm²	总面积不超过5cm²
	异常色斑	无	胴体不超过6处，总面积不超过2cm²。胸腿不超过3处，总面积不超过1cm²	胴体不超过10处，总面积不超过4cm²。胸腿不超过5处，总面积不超过2cm²

续表

分级指标		等级及要求		
		一级	二级	三级
胴体肤色	淤血	无	淤血总面积不超过1cm²	淤血总面积不超过2cm²，且0.5cm²＜面积≤1cm²的淤血不超过1处
羽毛残留状态	直径小于2mm的可见毛根	无	≤4根/只	≤8根/只
	绒毛	无	≤20根/只	≤30根/只

（二）畜禽胴体智能化分级

1. 畜禽胴体分级技术

1）机器视觉技术　　机器视觉技术主要应用计算机来模拟人的视觉功能，从客观事物的图像中提取信息，进行处理并加以理解，最终用于实际检测、测量和控制。在肉品分级中，机器视觉技术已被成功应用于大理石花纹、脂肪含量、肉色等关键指标的检测。随着科技的进步，X射线技术、计算机断层扫描技术和3D图像技术已被广泛应用于畜禽胴体分级中，以提供更全面的胴体肌肉、骨骼和脂肪等分布信息。

2）超声波技术　　动物肌肉组织和脂肪组织对超声波的响应存在差异，产生的信号不同，据此可测定胴体背膘厚度、背腰肉厚度及眼肌面积等，进而预测胴体的瘦肉率，对胴体进行分级。超声波检测属于无损检测技术，可以在不破坏胴体的情况下获取胴体信息。

3）光电探针技术　　光电探针技术主要由感应探头根据不同物质反射的光强或电信号差异，对其进行判断识别。胴体肥肉和瘦肉的光反射强度具有差异，因此可以运用光电探针技术探测胴体特定位置背膘或眼肌厚度，在此基础上估测胴体瘦肉率。此类技术设备的价格较低、精确性高，而且能够适应屠宰场恶劣的环境，被广泛地应用于胴体分级。

2. 家畜胴体分级智能化装备　　光电探针设备是最早开发的一类分级设备，具有体积小、检测速度快等优势，在胴体分级中主要用于背膘厚度的检测。例如，丹麦Frontmatec肉脂测定仪（Fat-o-Meater，FOM）（图2-26）、新西兰Hennessy分级测定仪（Hennessy grading probe，HGP）等。此外，FOM设备还增加了颜色识别功能，用于检出PSE肉。

近年来，机器视觉技术在食品无损检测、无损分级领域的应用逐渐增多。德国CSB Image Meater分级系统是一款基于机器视觉技术的分级设备。通过在生产线上采集胴体图像，并识别与分析肌肉和脂肪的分布，计算高值部位（如腿、肩、腹和肋骨）的百分比，提供胴体的等级信息。丹麦Frontmatec公司设计生产的BCC-3牛胴体分级设备（图2-27）成功应用了3D图像技术。

图2-26　Frontmatec肉脂测定仪（https://www.frontmatec.com/en/other/instruments/carcass-grading-traceability/fat-o-meater-ii）

BCC-3设备在牛胴体输送途中设置了8根不锈钢柱，每根钢柱都装有5个数码相机和发光二极管（LED）灯板，通过多视角立体成像技术，构建了牛胴体的完整3D图像。通过分析胴体3D图像获取形态和实现脂肪覆盖类别的分级。Scott公司在其X射线扫描技术的基础上，还开发了一套DEXA牛、羊胴体的分级系统，可在生产中将胴体与Dexa Ocm系统的数据库进行匹配分级，还可以与动物识别和跟踪系统相联系。该系统每小时可处理520头牛胴体或1800头羊胴体，不需人工操作。

丹麦Frontmatec公司开发的自动分级系统AutoFom Ⅲ（图2-28，图2-29）运用了超声图像分析技术，可通过超声图像自动计算胴体分级信息，并提供总体和初分割部位的瘦肉百分比、质量（带骨和不带骨）和脂肪厚度。日本的Tokyo KeiKi公司研制的LS-1000、CS-3000设

图2-27 Frontmatec BCC-3牛胴体分级设备（https://www.frontmatec.com/en/other/instruments/carcass-grading-traceability/beef-classification-center-bcc-3）

备，利用超声波技术在线对胴体脂肪含量进行测量，并且可以分析胴体的大理石花纹。

图2-28 Frontmatec AutoFom Ⅲ分级系统（https://www.frontmatec.com/en/other/instruments/carcass-grading-traceability/autofom-iii）

彩图

图2-29 Frontmatec AutoFom Ⅲ分级系统实物图（https://www.frontmatec.com/en/other/instruments/carcass-grading-traceability/autofom-iii）

3. 家禽胴体分级智能化装备 禽类分级方面，冰岛Marel IRIS（智能报告、检查和分选）系列视觉系统（图2-30）是一款基于称重及影像技术的白羽鸡自动分级设备，通过图像处理软件处理来自摄像机的图片，识别整鸡形状、色泽和质地，检测断翅、淤青、排泄物残留、羽毛残留和外观损伤等，确定整只产品或各个部位的质量等级，并生成全面综合报告。该系统可以在最高的加工速度下对产品进行分级，并将所有组织部位准确分配到相应的分割线。此外，Baader公司开发的禽胴体分级系统，设计了4个方位的图像采集装置对禽胴体进行检测分级，同时监测品质缺陷样本，将其输送入不同的加工通道。

彩图

图2-30　Marel IRIS 系列视觉系统（https://marel.cn/%E4%BA%A7%E5%93%81/
iris-ev%E8%A7%86%E8%A7%89%E7%B3%BB%E7%BB%9F）

思 考 题

1. 肉（胴体）主要由哪几大组织构成？
2. 简述肌肉中水分的存在形式。
3. 肌肉中蛋白质分为哪几类？并简述各类蛋白质的组成蛋白。
4. 何谓肉的成熟？简述它对肉品质的影响。
5. 简述促进肉成熟的方法。
6. 简述胴体分割智能化装备开发的主要难点。
7. 目前主要的胴体分级技术有哪些？并简述各自有何优势。

第三章 肉类食用品质与营养安全

本章内容提要：食用品质与营养安全属性是影响肉品销售的关键因素，本章主要介绍了肉品的常见食用品质及其影响因素、肉品新鲜度及其评估技术、肉品营养素的种类及主要功能，并从生物性安全和化学性安全角度介绍了肉品的安全风险与控制。

第一节 食 用 品 质

一、颜色

颜色是肉品食用品质的重要评价指标，颜色本身对肉的营养价值和风味影响有限，它是肌肉的生理学、生物化学和微生物学变化的外部表现，并通过感官给消费者以好或坏的影响。肉一般呈现深浅不一的红色，主要取决于肌肉中的肌红蛋白和残余血液中的血红蛋白。如果放血充分，肌红蛋白占肉中色素的80%～90%，是决定肉色的关键物质。肌肉中肌红蛋白的含量和化学状态决定了肉的色泽，受多种因素的影响，肌肉颜色可从紫色到鲜红色、从褐色到灰色，甚至出现绿色。

（一）肌红蛋白和血红蛋白的化学结构与特性

影响肌肉颜色的主要色素物质是肌红蛋白和血红蛋白。肌红蛋白（myoglobin，Mb）是一种复合蛋白质，相对分子质量在17 000左右，由一条多肽链构成的珠蛋白和一个血红素组成。珠蛋白的结构有利于肌红蛋白生理功能的实现，而血红素是决定肉色的核心部分，它是一种由4个吡咯形成的环上加上铁离子组成的铁卟啉，其中铁离子可处于还原态（Fe^{2+}）或氧化态（Fe^{3+}），氧化和还原是可逆的，肌红蛋白在动物活体肌肉中起着载氧的功能。血红素中心铁离子的氧化还原状态及与O_2结合情况是造成肉色变化的直接原因。

肌红蛋白本身呈紫红色，血红素中心铁离子处于还原态，与氧结合生成氧合肌红蛋白，呈鲜红色，是新鲜肉的象征；肌红蛋白和氧合肌红蛋白均可以被氧化生成高铁肌红蛋白（Met-Mb），呈褐色，使肉色变暗，此时血红素中心铁离子处于氧化态；有硫化物存在时，肌红蛋白可被氧化生成硫代肌红蛋白，呈绿色，是一种异色；肌红蛋白与亚硝酸盐反应可生成亚硝基肌红蛋白，呈粉红色，是腌肉的典型色泽；肌红蛋白加热后变性形成珠蛋白与高铁血色素原复合物，呈灰褐色，是熟肉的典型色泽。

色素的形成方式

在肉贮存过程中，肉颜色的变化主要是高铁肌红蛋白在肉表面蓄积所致，高铁肌红蛋白的蓄积速度取决于还原态肌红蛋白的自动氧化速度和肌肉中存在的高铁肌红蛋白还原酶系的效用。一般情况下，当高铁肌红蛋白<20%时，肉仍然呈鲜红色；高铁肌红蛋白达30%时，肉显示出稍暗的颜色；高铁肌红蛋白达50%时，肉呈红褐色；高铁肌红蛋白达到70%时，肉变成褐色。因此，防止和减少高铁肌红蛋白的形成是保持肉色的关键。

肌红蛋白各种化学状态的相互转化

体内血红蛋白的主要功能是在肺部结合氧气并将其分配到全身，血红蛋白是由4分子亚铁血红素与1分子珠蛋白结合而成的。血液在肉中残留的多则血红蛋白含量也多，肉色深。

放血充分时肉色正常，放血不充分或不放血（冷宰）的肉色深且暗。

（二）肌红蛋白和血红蛋白含量的差异与原因

肉颜色强度由动物的种类、性别、年龄和肉最终pH等因素决定。物种间的颜色强度差异主要是由肌红蛋白浓度引起的；与性别相关的颜色强度也是由肌红蛋白含量引起的，雄性动物肉中肌红蛋白浓度较高，因此其肉的颜色通常比雌性动物更深。一个物种内动物的年龄也会对肉颜色强度产生影响，肌肉中肌红蛋白含量随着动物年龄的增长而增多，如5月龄、6月龄、7月龄猪背最长肌肌红蛋白含量分别为0.3mg/g、0.38mg/g和0.44mg/g。一般来说，由于产生能量所需的氧气量增加，所以用于运动的肌肉通常比支撑肌肉含有更高浓度的肌红蛋白。不活跃的动物，如饲养场中的动物，其肉中肌红蛋白浓度较低，肉的颜色较浅。同种动物不同部位肌肉肌红蛋白含量的差异也很大，这与肌纤维组成有关，红肌纤维富含肌红蛋白，而白肌纤维则不然。虽然肌肉纤维组成大都为混合型，但红、白纤维比例在不同的肌肉中差异很大，最典型的是鸡腿肉和胸脯肉。鸡腿肉主要由红肌纤维组成，而鸡胸肉则大都由白肌纤维组成，前者红肌纤维含量是后者的5～10倍，所以前者肉色红，后者肉色白。红肌纤维通常比白肌纤维具有更高的肌红蛋白浓度，因为红肌纤维主要是有氧代谢，需要更多的氧气，而氧气是由肌红蛋白携带的。此外，动物的生活环境对肌肉肌红蛋白含量的影响也很大。生活在高海拔地区的动物，其肌肉中肌红蛋白含量高于低海拔地区的动物，宁夏等地的羊肉随年龄增长，其肉色明显加深，而东北地区生产的羊肉，即使是老羊肉，肉色也较浅。

（三）生鲜肉颜色变化的影响因素

1. 氧气压　　氧气和肉的相互作用取决于氧张力、肌红蛋白含量和肌肉中呼吸系统活动，在氧气存在的情况下，肌红蛋白可能以鲜红色的氧合肌红蛋白状态或氧化的棕色高铁肌红蛋白形式存在，这取决于氧气浓度。高氧分压有利于鲜红色氧合肌红蛋白的形成，而低氧

异质肉色

分压有助于高铁肌红蛋白的形成，当没有氧气时，肌红蛋白是主要形式。氧气分压在666.7～933.3Pa时，氧合肌红蛋白被氧化成高铁肌红蛋白的氧化速度最快，当氧分压高于13.3kPa时，高铁肌红蛋白就很难形成。但放置在空气中的肉，即使氧分压高于13.3kPa，由于细菌繁殖消耗了肉表面大量的O_2，仍能形成高铁肌红蛋白。

2. 微生物　　微生物生长会导致肉类变色，这是因为微生物消耗了氧气，使肉表面氧分压下降，有利于高铁肌红蛋白的生成。微生物的繁殖速度随温度的升高而加快，所以温度升高也是加速肉色变化的因素。当微生物繁殖到一定程度时（$>10^7$CFU/g），可以通过降低肉表面氧张力而导致肌红蛋白形成，此时只有很少的高铁肌红蛋白。另外，一些细菌还产生副产物，使铁分子氧化并附着于血红素的自由结合位点。最常见的细菌副产物是硫化氢（H_2S）和过氧化氢（H_2O_2），它们与不稳定的肌红蛋白反应生成硫代肌红蛋白和胆绿蛋白，使肉变绿。

3. pH　　pH对肌红蛋白氧化有重要影响，动物放血后氧气耗尽，肌肉代谢从有氧转向无氧，糖酵解代谢占主导地位，导致死后肌肉酸化，pH从生理7.2下降到5.6，此时肉色正常。低pH（pH<5.4）肉中肌红蛋白易受热变性，这是由于低pH可减弱肌红蛋白中血红素与珠蛋白的结合能力，从而加快肌红蛋白氧化。肌肉pH对血红蛋白的亲氧性有较大影响，低pH有

利于氧合血红蛋白释放 O_2。大于正常的肌肉 pH 会增加肌肉基质上的负电荷，增加肌原纤维内部及其之间的空间，从而导致肿胀和容纳更多水分，综合减少了纤维间空间，增加了光的吸收，降低了反射率，从而影响肉色。另外，高 pH 会造成 DFD 肉，最终 pH 高的肉外观非常暗，因为高 pH 会限制氧气与肌红蛋白结合形成氧合肌红蛋白。

4. 温度　贮藏温度可通过影响氧化还原酶活性和表面氧分压而改变肉色。研究表明，纯化的高铁肌红蛋白还原酶的最适温度为 25℃，此时其还原高铁肌红蛋白为氧合肌红蛋白的能力最强，有助于肌肉保持鲜红色。此外，温度还会影响鲜肉表面细菌的生长繁殖，如热死环丝菌、小芽孢杆菌和大肠杆菌等，较高温度可导致肉表面氧分压下降，促进高铁肌红蛋白的形成，肉色变暗。低温几乎抑制了大部分微生物的生长，从而抑制了高铁肌红蛋白的形成。

5. 湿度　肉色变化与肌肉内部水分渗出、表面对光的反射能力有关；表面自由水多，其亮度增加和红度下降。此外，环境中湿度大，肌肉表面自由水增多，形成水汽层，影响氧扩散，导致肌红蛋白氧化速度慢。如果湿度低且空气流速快，会加速高铁肌红蛋白的形成，使肉色褐变加快。例如，牛肉在 8℃ 冷藏时，当相对湿度为 70% 时，2d 变褐色，当相对湿度为 100% 时，4d 变褐色。

6. 其他因素

1）光线　光线是肌红蛋白氧化的强催化剂，紫外线及短波长可见光能够引起鲜肉明显褪色。长期光线照射一方面可使肉表面温度升高，细菌繁殖加快，从而促进高铁肌红蛋白的形成，使肉色变暗；另一方面可加速脂质氧化，生成的自由基使肌红蛋白的血红素辅基中心的 Fe^{2+} 氧化成 Fe^{3+}（即肌红蛋白或氧合肌红蛋白变为高铁肌红蛋白），还可破坏高铁肌红蛋白还原酶的活性，使得冷鲜肉在贮存过程中产生的高铁肌红蛋白不能及时被还原，肉色逐渐由鲜红色变为棕褐色。

2）电刺激和辐照　用电刺激对牛、羊肉进行嫩化处理可改善肉色泽，使肉色更加鲜艳，这主要是由于电刺激破坏了肌纤维结构，水分渗出堆积在表面，增强光线反射。此外，辐照可加速脂质氧化，其引发剂是电离能量与肌肉组织或肉制品中水分子相互作用产生的羟基自由基，颜色变化程度通常与肉在辐照时和贮藏期间的氧气有关。

3）包装　目前我国冷却肉消费市场上常见的是聚苯乙烯托盘包装，覆盖薄膜为聚氯乙烯，包装膜的透氧率比较高，使肉处于有氧环境中，肌红蛋白氧化生成褐色的高铁肌红蛋白。真空包装形成的内部空气负压使肌红蛋白保持在还原状态，呈紫红色，在打开包装后能像新鲜肉一样在表面形成氧合肌红蛋白，呈鲜红色。此外，高氧气调包装已在肉类行业中被广泛使用，以保持肉表面的鲜红色。

4）抗氧化剂　维生素 E、维生素 C 是常见的抗氧化剂，两者既能降低氧合肌红蛋白的氧化速度，又能促进高铁肌红蛋白向氧合肌红蛋白转变，从而有效地延长肉色保持时间。

（四）肉色评定方法

1. 比色板法　比色板法评定肉色属于主观评定法，用标准肉色比色板与肉样对照，目测肉样评分。猪宰后 2～3h 内取最后一个胸椎背最长肌的新鲜切面，在室内正常光度下目测评定，应避免在阳光直射或阴暗处评定。

2. 色差计法　将肉样放在案板上压平，水平切去表层使表面平整，然后平行于肉的表面将肉切成厚度3mm左右的肉片。将色差计调整到L^*（亮度）、a^*（红度）、b^*（黄度）表色系统，用标准色度标板校准后进行测定，用L^*值、a^*值和b^*值及ΔE^*（总色差变化）表示肉的颜色。其中ΔE^*计算公式如下。

$$\Delta E^* = \sqrt{(\Delta L^*)^2 + (\Delta a^*)^2 + (\Delta b^*)^2}$$

3. 化学测定法 肉样色素化学定量方法有Hornsey法、Krzywicki法、Karlsson法、Trout法等，其原理均是先提取后比色。目前国际最流行的方法是Hornsey法，采用丙酮提取色素在640nm下记录吸光度值。肉中总色素含量＝吸光度值×680（单位：μg/g），总色素含量乘以系数0.67即肉样肌红蛋白含量的估计值。

二、嫩度

肉嫩度又称为肉柔软性，是指肉在食用时口感的老嫩，反映了肉的质地，由肌肉中各种蛋白质的结构特性决定。肉嫩度与肉硬度相对应，是硬度的倒数。评定肉嫩度的指标有切断力（或剪切力）、穿透力、咬力、压缩力、弹力和拉力等，最常用的指标为切断力，一般用切断一定肉断面所需要的最大剪切力表示，以kg为单位，一般为2.5～6.0kg，低于3.2kg时较为理想。肉嫩度是评价肉食用品质的指标之一，它是消费者评判肉质最常用的指标，在评价牛肉和羊肉的食用品质时，嫩度指标最为重要。

（一）嫩度本质与决定因素

肉嫩度本质上反映的是切断一定厚度的肉块所需的力量。肉在切割过程中会受到肌纤维、结缔组织、脂肪等肌肉结构的阻力，因此，肉嫩度在本质上取决于肌纤维直径、肌纤维密度、肌纤维类型、肌纤维完整性、结缔组织含量、结缔组织类型及交联状况、肌内脂肪含量及脂肪沉积等因素，这些因素都会直接或间接地影响肉嫩度。

1. 肌纤维 不同种类和不同部位的肉，其肌纤维在类型、直径、密度等方面的差异很大；对同一品种、同一部位的肌肉而言，肌纤维直径越粗，单位面积内肌纤维数量越多，切断一定肌肉块所需要的力量越大，肉嫩度也就越差；红肌纤维的肌原纤维数量少且细，比白肌纤维易于切割，因此，当不考虑结缔组织的影响时，红肌纤维比例越大，肉嫩度往往越好。此外，经过成熟或嫩化处理的肉，肌纤维完整性受到一定程度的破坏，表现为易于断裂，嫩度也相应提高。

2. 结缔组织 结缔组织主要由结缔组织纤维构成，包括胶原纤维、弹性纤维和网状纤维等，都具有较大的韧性和弹性，难以咀嚼或切割，因此，肌肉中结缔组织含量越高，肉嫩度就越差。结缔组织纤维的主要成分是由胶原蛋白构成的胶原纤维。

随着动物年龄的增长，胶原纤维内部交联增多，溶解性下降，强度也增大。交联是导致胶原纤维溶解性下降和强度增大的主要原因，如果没有交联，胶原蛋白将失去力学强度。因此，肌肉中含不溶性胶原纤维的结缔组织越多，肉就越老。

3. 肌内脂肪 肌内脂肪含量和脂肪沉积共同影响着肉嫩度。肌内脂肪与肉嫩度的关系中，脂肪沉积决定着肌内脂肪含量进而影响肉嫩度。

1）肌内脂肪含量对肉嫩度的影响 肌内脂肪含量是由脂肪细胞生长、发育所决定的。脂肪细胞生长发育包括细胞体积增大和数目增多的过程。脂肪细胞增殖使脂肪细胞数目增加，脂肪细胞凋亡导致细胞数目减少。有研究表明，牛肉肌内脂肪含量增加，牛肉嫩度评分增加，特别是当肌内脂肪含量达到15%～17%时，这种现象更明显。当肌内脂肪含量超过200mg/g时，由于软脂肪对纤维蛋白的稀释，可有效降低肉质剪切力。

2）肌内脂肪沉积与肉嫩度的关系　　肌内脂肪含量受日粮调控的影响，其中蛋白质水平、能量水平决定着动物体内的脂肪沉积量。一般来说，能量水平越高，畜禽日增重越快，肌内脂肪沉积的也越多。当能量达到需要水平时，肌肉中蛋白质含量增加而脂肪含量降低，但当能量采食量达到一定数量时，肌肉中蛋白质含量将不再增加。有研究表明，当饲喂高能量日粮时，猪脂肪含量和背膘厚度显著高于低能量组，说明提高日粮能量水平有利于肌内脂肪沉积。日粮蛋白质水平对肌肉大理石花纹、滴水损失、肉色和肌内脂肪含量等也有影响。随着日粮蛋白质水平降低，大理石花纹评分逐渐增加，肉色呈线性增加，脂肪含量增多，肉质变嫩。

4. 其他因素　　经过成熟处理的肉嫩度与肌肉中钙激活酶活性有关。钙激活酶是肌肉成熟过程导致肉嫩度提高的关键酶，该酶活性越高，成熟后肉嫩度越大。钙激活酶抑制剂（calpastatin）是钙激活酶的专一性抑制剂，其活性越高，则钙激活酶的作用就越难以发挥出来，肉嫩度也将大受影响。在动物生长中，通常肌肉中钙激活酶抑制剂的活性越强，动物生长得越快，因此，快速生长的动物品种的肉质往往嫩度较差。肌肉中盐类浓度对肉嫩度也有重要影响。Ca^{2+}是钙激活酶的激活剂，肌肉中Ca^{2+}浓度越高，则肉嫩度越大；相反，Zn^{2+}会抑制钙激活酶活性，Zn^{2+}浓度升高则肉嫩度下降。

此外，肌糖原含量决定着肉终pH，肌糖原含量高则终pH低，易形成PSE肉，嫩度和颜色差；相反，则易形成DFD肉，肉嫩度较差且肉色深暗。

（二）影响肉嫩度的因素

1. 宰前因素

1）物种、品种及性别　　不同种类或品种的动物，其体格大小、肌肉组成和钙激活酶系统活性等都有一定的差异，肉嫩度也不同。一般来说，畜禽体格越大，其肌纤维越粗大，肉也越老，猪和鸡肉一般比牛肉的嫩度大，而携带*callipyge*基因的羊肉比普通羊肉嫩度差。

2）饲养管理　　肉中结缔组织较少的动物，放牧比舍饲获得的肉嫩度和风味好，而肌肉中结缔组织较多的动物，如牛，放牧比舍饲获得的肉嫩度差，此时需要宰前集中育肥。

3）年龄　　动物年龄越小，肌纤维越细，结缔组织的成熟交联越少，肉也越嫩。随着年龄增长，结缔组织的成熟交联增加，肌纤维变粗，胶原蛋白溶解度下降并对酶的敏感性下降，同时钙激活酶活性下降，而其抑制剂活性增强，因此肉嫩度下降。

4）肌肉部位　　不同部位肌肉因生理功能不同，其肌纤维类型构成、活动量、结缔组织和脂肪含量、蛋白酶活性等均不相同，嫩度也存在很大的差别。一般来说，运动越多、负荷越大的肌肉，因其有强壮致密的结缔组织支持，这些部位肌肉的嫩度差，如腿部肌肉就比腰部肌肉的嫩度差。

不同部位牛肉烹调后的剪切力值和嫩度

2. 宰后因素

1）温度　　动物屠宰后肌肉收缩程度与温度的关系密切。不同种类的肉对温度的收缩反应不同，猪肉在4℃左右和牛肉在16℃左右时肌肉收缩较少，温度过高或过低都可能发生收缩。温度过低发生冷收缩，嫩度下降；温度高有利于成熟，但过高可能发生热收缩或因蛋白质变性而形成PSE肉。

2）成熟　　尸僵期的肌肉处于收缩状态，嫩度较差，因此一般肉都要经过成熟处理。成熟是指尸僵完全的肉在冰点以上温度条件下放置一定时间，使其僵直解除、肌肉变软、系水力和风味得到很大改善的过程。肉在成熟过程中，其食用品质（特别是嫩度）得到明显改善。

3）烹调加热　　在烹调加热过程中，随着温度升高，蛋白质变性，变性蛋白质的特性决定了肉质地。在40～50℃条件下，肉硬度增加，这是肌原纤维蛋白变性所致，主要为肌动球蛋白凝聚。在60～75℃，由胶原蛋白组成的肌内膜和肌束膜变性而引起的收缩导致硬度再次增加。第二次收缩所产生的张力大小取决于肌束膜的热稳定性，后者是由交联的质和量所决定的。动物越老，其热稳定交联越多，在收缩时产生的张力越大。随着温度继续升高，硬度下降，这是由于胶原蛋白交联的破裂、肌原纤维蛋白的降解及胶原蛋白纤维部分转化为明胶，肉嫩度得到改善。烹调加热方式会影响肉嫩度，一般烤肉嫩度较好，而煮制肉的嫩度取决于煮制温度。煮肉时达到中心温度60～80℃，肉嫩度保持得较好，随温度升高嫩度下降，但高温高压煮制时，由于完全破坏了肌肉纤维和结缔组织结构，肉嫩度反而会大大提高。

肉的人工
嫩化措施

（三）嫩度评价方式

1. 主观评价　　对肉嫩度的主观评价主要根据其柔软性、易碎性和可吞咽性来判定。柔软性即舌头接触肉时产生的触觉，嫩肉感觉软，而剪切力高的肉则有木质化感觉；易碎性是指牙齿咬断肌纤维的容易程度，嫩度高的肉对牙齿无多大的抵抗力，很容易被嚼碎；可吞咽性可用咀嚼后肉渣剩余的多少及吞咽的容易程度来衡量。对肉嫩度进行主观评价需要经过培训并且有经验的专业评审人员，因评价结果受多种因素的影响，往往存在较大的误差。

2. 客观评价　　与主观评价方法相比，客观评价方法通常在表征食物质地的特性方面具有很大优势。因此，客观的仪器技术在食品工业中是首选甚至是必需的。基本的力学测量、半经验测定和模拟测量在用于分析食品质构特性时可以通过仪器完成。沃-布氏（Warner-Bratzler，WB）剪切仪和质构仪是评估肉嫩度较常见的通用设备。

1）剪切仪　　WB剪切仪是评估肉嫩度最常见的设备。首先将肌肉表面附着的脂肪剔除，置于80～85℃水浴中加热至中心温度达到70℃，取出后自然冷却至室温，随后采用直径1.27cm的圆形取样器取样。将准备好的肉样放入刀孔，至肉样被完全切断时记录最大剪切力数值。

2）质构仪　　全质构分析（texture profiles analysis，TPA）探头和V形探头是质构仪评估肉类嫩度的常用配件。在TPA模式下，根据两次挤压样品得到的TPA曲线计算出产品硬度、弹性、回复性和咀嚼性等品质信息。V形探头模式是类似WB剪切仪的一种替代方案，具体操作和数据记录与WB剪切仪类似。

三、风味

风味由滋味和香味组成，滋味呈味物质是非挥发性的，主要靠人的味觉器官感觉，经神经传导到大脑反映出感。香味呈香物质主要是挥发性的芳香物质，主要靠人的嗅觉细胞感受，经神经传导到大脑产生芳香感觉，如果是异味物，则会产生厌恶感和臭味的感觉。风味是食品化学的一个重要领域，随着高灵敏度和高专一性分析技术的发展，如高分辨率气相色谱、质谱、气质联用和高效液相色谱等技术的应用，肉品风味研究正日趋活跃。

（一）滋味呈味物质

1. 滋味呈味物质的本质　滋味呈味物质主要由水溶性小分子和盐类组成，肉中滋味呈味物质主要来源于蛋白质和核酸的降解产物、糖、有机酸、矿物盐类离子等，包括游离氨基酸、小肽、核苷酸、单糖、乳酸、磷酸等，其中游离氨基酸和核苷酸是肉类中最主要的滋味呈味物质。肉的滋味很淡，略有甜味、咸味、酸味或苦味，在加热过程中会产生各种令人愉快的滋味。鲜肉经过发酵成熟或热加工处理后，风味前体物质降解产生大量滋味呈味物质，呈现出肉类特有的鲜味。从表3-1可看出肉中的部分非挥发性物质与肉滋味的关系。

表3-1　肉的滋味呈味物质

滋味	化合物
甜	葡萄糖、果糖、核糖、甘氨酸、丝氨酸、苏氨酸、赖氨酸、羟脯氨酸、D型缬氨酸、亮氨酸、色氨酸、苯丙氨酸、L-天冬氨酰-L-苯丙氨酰甲酯
咸	无机盐、谷氨酸钠、天冬氨酸钠
酸	天冬氨酸、谷氨酸、组氨酸、天冬酰胺、琥珀酸、乳酸、二氢吡咯羧酸、磷酸、谷氨酸的二肽、甘氨酸-天冬氨酸-丝氨酸-甘氨酸、脯氨酸-甘氨酸-甘氨酸-谷氨酸、缬氨酸-缬氨酸-谷氨酸
苦	肌酸、肌酐酸、次黄嘌呤、鹅肌肽、肌肽、其他肽类、组氨酸、精氨酸、甲硫氨酸、亮氨酸、异亮氨酸、苯丙氨酸、色氨酸、酪氨酸、缬氨酸
鲜	5′-肌苷酸（5′-IMP）、5′-鸟苷酸（5′-GMP）、5′-腺苷酸（5′-AMP）、5′-尿苷酸（5′-UMP）、5′-胞苷酸（5′-CMP）

滋味通过舌头上的感受器感受，当滋味分子溶于唾液时，滋味成分与舌头上的受体蛋白结合，根据化学结构可诱导5种呈味（酸、甜、苦、咸、鲜）中的一种或者几种应答。

2. 滋味呈味物质形成路径

1）**氨基酸与滋味**　畜禽肌肉中游离氨基酸主要来源于饲料的摄入及体内蛋白酶的降解。在肉制品加工领域，蛋白酶对肌肉降解的作用更为重要。研究较多的是组织蛋白酶类及钙蛋白酶类，包括组织蛋白酶B、组织蛋白酶D、组织蛋白酶H和组织蛋白酶L，其分布在细胞溶酶体内。肌肉中蛋白酶解产生游离氨基酸的主要路径是：肌原纤维蛋白先被组织蛋白酶和钙蛋白酶水解成多聚肽，其进一步被肽酶水解成小肽，小肽在氨基肽酶的作用下产生游离氨基酸。

肌肉中大部分游离氨基酸对呈味具有一定的贡献。天冬氨酸和谷氨酸的游离态具有酸性特征，在钠盐状态下具有鲜味。谷氨酸钠是典型的鲜味物质，其与核苷酸的混合物能提高单独使用时的鲜度。将甘氨酸添加到谷氨酸钠、5′-核苷酸的混合物中时，能提高其鲜度。此外，甘氨酸、L-丙氨酸呈强甜味。大多数疏水性L型氨基酸呈苦味，但是几乎所有的D型氨基酸呈甜味，尤其是D型缬氨酸、亮氨酸、色氨酸和苯丙氨酸会产生强烈的甜味。

氨基酸与滋味

2）**核苷酸与滋味**　核苷酸由核苷和磷酸组成，核苷又由一分子的五碳糖和一分子的含氮碱基组成。碱基连在五碳糖的1号位，磷酸连在五碳糖的5号位。畜禽虽然可以通过消化饲料获得核苷酸，但机体内却很少利用这些核苷酸，主要是利用氨基酸等原料在体内从头合成，其次是利用体内的游离碱基或者核苷进行补救合成。核苷酸中的 5′-肌苷酸（5′-IMP）、5′-鸟苷酸（5′-GMP）、5′-腺苷酸（5′-AMP）、5′-尿苷酸（5′-UMP）、5′-胞苷酸（5′-CMP）是肉中重要的鲜味物质。次黄嘌呤（Hx）具有一定的苦味，但是可增强腌腊肉制品的滋味强度。IMP 和 GMP 中磷酸与糖的连接可发生在 2′、3′ 或 5′ 位上，但只有 5′ 的连接具有滋味活性。畜禽屠宰后，体内 5′-IMP 主要来源于 ATP 降解。除本身具有鲜味特性外，5′-IMP 还可与丝氨酸、甘氨酸和丙氨酸一起增强鲜味。AMP 与 GMP 之间存在协同作用以增强体系鲜味。

3）矿物元素与滋味　　畜禽体内矿物元素不能在体内合成，主要依靠饲料和水摄入。这些元素的离子形态在保持生物组织和细胞一定的渗透压、离子平衡、细胞的电位中起重要作用。畜禽宰后加工过程中，常见的矿物元素如 K、Na、Cl、Mg、P，在呈味方面也起着重要作用，Na^+、K^+、Cl^- 呈现咸味特征。在牛肉汤中通过缺失试验发现，减少 Mg^{2+} 和 Ca^{2+} 含量可降低肉汤咸味；PO_4^{3-} 可降低苦味，增加鲜味和酸味。此外，NaCl 可与鲜味核苷酸或鲜味氨基酸协同以增强体系鲜味。

4）呈味肽与滋味　　1978年，日本科学家首次从木瓜蛋白酶水解的牛肉水解液中分离纯化出氨基酸，并获得氨基酸序列为 Lys-Gly-Asp-Glu-Glu-Ser-Leu-Ala 的辛基肽，即鲜味肽。这为鲜味肽的研究和利用开辟了道路。鲜味肽是分子质量为 150~3000Da 的小分子肽，是重要的鲜味物质，可以补充和增强食物的整体味道。与其他肽相比，鲜味肽分子通常含有谷氨酸残基或天冬氨酸残基。鲜味肽不仅可以直接增强食物的美味，还可以作为挥发性物质的前体物质参与美拉德反应，进一步增强食物的特色风味。此外，甜味肽、苦味肽、酸味肽和咸味肽也越来越受到重视。

呈味肽与
滋味

（二）香味呈香物质

肉品特征香味是由挥发性小分子引起的人体嗅闻神经响应的感受，这些小分子物质主要来源于加工过程中肌肉蛋白、脂类和维生素等物质降解产物的次级氧化及美拉德反应等，种类极其复杂，包括醛、酮、醇、酸、烃、酯、内酯及吡嗪、呋喃、含硫化合物等。到目前为止，在牛肉、鸡肉、猪肉、羊肉及海产品的挥发性成分中已经鉴定出近 1000 种化合物。表 3-2 列举了常见肉制品中的香味物质。这些化合物可以产生某一种气味，比如肉味或者烤的味道，但是它们组合起来却可以产生典型的熟制鸡肉的香味。熟制鸡肉中产生芳香的主要化合物与熟制牛肉中不同，在牛肉中，2-甲基-3-呋喃二硫化物、甲硫基丙醛及苯乙醛的作用较小，而特定的脂质氧化副产物，如反式-2,4-癸二烯醛和反式-十一烯醛更加重要，这种差异与鸡肉中的亚油酸含量高于牛肉有关。值得注意的是，煮制方法会显著影响风味的形成。

与一般熟肉制品的风味不同，发酵肉制品和干腌肉制品都有明显的风味特征，其风味多以醛类、酮类和酯类等为主，而美拉德反应产物，如吡嗪类等所占比例偏小，这与其加工条件区别于高温加热的熟肉制品有关。熟肉制品在高温加热过程中，热降解、脂质氧化和美拉德反应强烈，而发酵肉制品或干腌肉制品的加工温度一般不超过 40℃，内部反应以内源酶或微生物外源酶引起的生物降解及氧化反应为主，其特征成分为支链醛、甲基酮或低级酯，不同产品的特征性风味物质与采用的原料、接种微生物类型及生产加工温度等条件密切相关。

表3-2　熟肉重要香味呈香物质代表及其气味特征

化合物	气味特征	化合物	气味特征
醛、酮及内酯类		2-甲基-3-呋喃硫醇	肉味，甜味
癸醛	生味，醛味	2,5-双甲基-3-呋喃硫醇	肉味
（E，E）-2,4-癸二烯醛	脂味	2-呋喃甲硫醇	焦味
反式-2-壬烯醛	哈喇味，脂肪味	2-甲基-3-（甲硫基）呋喃	肉味，甜味
2-烯醛	脂肪味	2-甲基-3-（乙硫基）呋喃	肉味
2-十一烯醛	哈喇味，甜味	2-甲基-3-甲基二硫呋喃	肉味，甜味
12-甲基十三醛	肉味	**其他的杂环化合物**	
14-甲基-十五醛	脂肪味，哈喇味	2-戊基吡啶	脂味
甲基-十六醛	脂肪味	2-己基噻吩	脂味
呋喃硫醇和二硫化合物		2-戊基-2（H）-噻喃	脂味
2-甲基-3-呋喃硫醇	肉味	2-乙酰基-2-噻唑啉	烤味
3,3-二硫代双（2-甲基）-呋喃	肉味，烤味	2,3-双甲基-吡嗪	肉味，烤味
2-糠基-2-甲基-3-糠基二硫化物	肉味，烤味	2-乙基-3,5-双甲基-吡嗪	焦味
双（2-甲基-3-呋喃基）二硫化物	肉味，烤味	3,5（2）-双乙基-2（6）-甲基-吡嗪	甜味，烤味
2-糠硫醇	肉味		

（三）风味物质产生途径

1. 美拉德反应　美拉德反应又称非酶褐变反应，是指还原糖中羰基与氨基酸、肽或者蛋白质中的氨基发生的羰氨反应。加热温度对美拉德反应产物有较大的影响，烤、煎、炸、高压烹饪肉会产生大量的杂环化合物，而水煮肉则没有，这表明肉制品中的美拉德反应产物需要在较高的温度下才能产生。例如，烹调鸡肉的过程中，核糖被认为是重要的鸡肉风味前体物质，它由核苷酸（如5′-肌苷酸）降解而成，参与一系列的二级反应，产生大量的风味物质，因此5′-肌苷酸被认为是肉中主要的产生肉风味的核苷酸。此外，半胱氨酸、胱氨酸、硫胺素或甲硫氨酸也是重要的香气前体物质，因其能提高含硫化合物含量。

2. 脂质氧化　畜禽肉皮下脂肪及其他沉积脂肪主要以甘油三酯和磷脂的形式存在，一般认为在肌肉香味的形成过程中，磷脂比甘油三酯所起到的作用更大。肌肉脂质氧化过程中，磷脂是主要的挥发性风味物质的前体物质。这主要是由于磷脂含有更多的不饱和脂肪酸，其中多聚不饱和脂肪酸也多，如花生四烯酸。肌肉加热过程中，脂肪热降解产生大量的挥发性风味物质，超过一半的物质来源于脂质氧化，主要包括脂肪族的烃类、醛类、醇类、酮类、酯类、羧酸、氧化的杂环化合物，如内酯、甲基呋喃。一般来说，常温氧化会产生酸败味，而加热氧化会产生风味物质。一些脂肪酸氧化后会继续参与美拉德反应生成更多的芳香物质，因为美拉德反应只需要羰基和胺，脂肪加热氧化产生的各种醛类为其提供了大量的底物。

加热对脂质氧化的影响

3. 脂质氧化与美拉德反应的交互作用　脂质氧化产物和美拉德反应产物之间的相互作用可改善产品品质，主要是因为美拉德反应产物具有一定的抗氧化活性，避免体系产生过度

脂质氧化与
美拉德反应
的交互作用

氧化或者产生新的具有香气活性的物质。脂质氧化和美拉德反应的交互产物一般含有一个或者多个氮或硫原子的杂环化合物，同时含有4个或者更多碳原子的烷基取代基。烷基通常是由脂肪醛衍生而来，从脂质氧化而获得，而氨基酸则是氮和硫的来源。两者的交互反应多发生于斯特勒克（Strecker）降解产物、氨基酸与羰基化合物之间，以及糖降解产物、糖与羰基化合物之间。

Strecker醛对
风味的影响

4. 硫胺素降解　　硫胺素（维生素B_1）是一种含有硫和氮的二环化合物，加热可降解成多种含S或N的挥发性物质，其中大多具有香气。硫胺素热降解的初级产物中主要成分为4-甲基-5-（2-羟基乙基）噻唑，它可以进一步降解形成各种噻唑。此外，硫胺素热降解过程中5-羟基-3-巯基-2-戊酮是一种重要的中间产物，它能进一步反应生成呋喃、噻吩和其他含硫化合物。部分硫胺素热降解产物与美拉德反应产物相同，如上文所提到的在鸡肉风味中呈现肉香味物质的2-甲基-3-呋喃硫醇，除来源于硫胺素热降解外，还可由H_2S和4-羟基-5-甲基-3（H）-呋喃酮的美拉德反应而来。

5. 氨基酸降解　　氨基酸作为肉制品中重要的水溶性前体物质，当加热到较高的温度（180℃）时，氨基酸脱氨基或者脱酰胺基，形成氨。不同的游离氨基酸加热释放氨的情况各不相同，氨基酸在pH 8、180℃加热2h后，非极性氨基酸丙氨酸、亮氨酸、缬氨酸、甲硫氨酸释放氨小于5%；极性氨基酸除天冬酰胺和谷氨酰胺外，如丝氨酸和苏氨酸释放了5%～6%的氨；含有多个氮原子的氨基酸，如赖氨酸、精氨酸、组氨酸、色氨酸释放氨略高于其他氨基酸。带负电的天冬氨酸和谷氨酸与天冬酰胺和谷氨酰胺相比，前者释放氨的量远低于后者。氨基酸热降解形成的氨具有较高的活性，可后续与羰基发生美拉德反应，产生噻唑类、噻吩类、吡啶类、吡嗪类及一些含硫化合物，这些都是对肉香味形成具有重要作用的化合物。

6. 酶促反应　　在成熟、腌制、发酵等过程中，内源及外源蛋白酶和酯酶作用于肌肉蛋白、脂类，产生小肽、游离氨基酸、游离脂肪酶等小分子化合物，它们不仅本身是重要的滋味呈味物质，同时也是重要的风味前体物质，易于参与美拉德反应或被氧化产生香味呈香物质。因此，对于干腌和发酵类肉制品而言，酶促反应是重要的风味物质形成反应。发酵肉制品的独特风味主要是由于原料中微生物群的作用，主要包括乳酸菌、葡萄球菌和酵母菌等，这些微生物可促进产品风味的形成，将含有脂肪酶的菌株添加到发酵食品中，有助于产品风味、感官等品质的改善。例如，在中国传统酸肉中通过接种表皮葡萄球菌和解脂耶氏酵母菌，可有效提升酸肉中风味物质的生成，尤其是提高如丁酸乙酯、己酸乙酯、辛酸乙酯、癸酸乙酯、壬醛和1-辛烯-3-醇的含量，从而促进酸肉中果香、花香、酒香、蘑菇香和脂香等香气的产生。

7. 风味吸附　　肉制品中的香气成分是否可被人感官感知主要取决于其含量、阈值，以及与食品中基质的相互作用，如与蛋白质、脂肪、碳水化合物或氨基酸等的结合和释放。例如，肉汤制品中来源于脂质氧化的主要香气物质本身具有亲油疏水特性，在水相中溶解度较低，但是其在热加工中可大量产生，主要是因为这些风味物质与汤中主要成分如蛋白质和脂肪结合，使其溶解于水相中。挥发性风味物质与蛋白质的结合可归为可逆结合和不可逆结合。可逆结合包括离子作用、氢键及疏水相互作用；不可逆结合主要涉及共价键作用，如构成肉香重要香气成分的含硫化合物与蛋白质的结合，胺类与氨基酸残基上的羧基，以及对食品风味贡献较大的醛类物质与赖氨酸残基侧链

影响蛋白质
和脂肪风味
吸附的因素

的氨基的结合。脂肪与蛋白质最大的不同是，其和水一样大量溶解风味化合物，疏水性化合物对脂肪的亲和力显著高于对水的亲和力。即使少量的脂肪，如1%～2%的脂肪也足以影响基质中风味物质的含量，进而影响风味感官特性。亲水性风味物质，如乙醛、丙醛、丁二酮、戊醇、己烯醛在添加脂肪前后，其基质与风味物质的结合能力没有显著差异；但当添加1%脂肪后，基质与脂溶性风味物质，如乙硫醚、乙基苯、苯乙烯和柠檬烯的结合能力显著增加。

影响肉风味形成的因素

四、保水性与多汁性

（一）保水性

肉的保水性又称系水力或持水力，是指当肌肉受到外力作用时，其保持原有水分与添加水分的能力。所谓的外力是指压力、切碎、冷冻、解冻、贮存、加工等。衡量肌肉保水性的指标主要有持水力、失水力、贮存损失、滴水损失、蒸煮损失等，滴水损失是描述生鲜肉保水性最常用的指标，一般为0.5%～10%，平均在2%左右。

1. 块状肉保水机制　肌肉中水分含量在75%左右，占据肌肉组织80%的体积空间。绝大多数水存在于肌原纤维中，即在粗丝（肌球蛋白丝）和细丝（肌动蛋白丝）所处的空隙之间。这些水分以结合水、不易流动水和自由水三种状态存在。其中不易流动水占80%，存在于细胞内部，是决定肌肉保水性的关键部分；结合水存在于细胞内部，与蛋白质密切结合，基本不会失去，对肌肉的保水性没有影响；自由水主要存在于肌细胞间隙，在外力作用下很容易失去。肉的保水性取决于肌细胞结构的完整性、蛋白质的空间结构。肉在加工、贮藏和运输过程中，任何因素导致肌细胞结构完整性的破坏或蛋白质收缩，都会引起肉的保水性下降。

对于生鲜肉而言，通常宰后24h内形成的汁液损失很小，可忽略不计，一般用宰后24～48h的滴水损失来表示鲜肉保水性的大小。据研究，肌肉渗出的汁液中，细胞内、外液的组成比例大约为10∶1，可见，肌细胞膜的完整性受到破坏而导致肌肉汁液渗出是保水性下降的根本原因。近年来的研究表明，肌肉保水性下降的机制主要有以下5个方面。

（1）细胞膜脂质氧化、冻结形成的冰晶物理破坏或其他原因引起的细胞膜成分降解，导致细胞膜完整性受到破坏，为细胞内汁液外渗提供了便利条件。

（2）在僵后肌肉中，ATP供应被消耗，导致肌动球蛋白的结合。跨桥的形成可能会影响肌丝间距和纤维间空间，而大部分水被截留在纤维间空间，降低了保水性。

（3）成熟过程中细胞骨架蛋白降解破坏了细胞内部微结构之间的联系，当内部结构发生收缩时产生较大空隙，细胞内液被挤压在内部空隙中，游离性增大，容易外渗造成汁液损失。

（4）温度和pH变化引起肌肉蛋白收缩、变性或降解，持水能力下降，在外力作用下肉汁外渗造成汁液损失。

（5）蛋白质氧化也会导致肉品保水性的变化。肌肉在宰后熟化过程中，肌原纤维蛋白氧化逐渐增加，可发现一些氨基酸残基形成羰基衍生物，蛋白质分子内或分子间形成二硫键，降低肉品的持水力。

2. 肉糜保水机制　在肉丸、肉饼及香肠等肉糜制品中，原料肉、脂肪、水及非肉添加物经混合剪切后形成一种黏性肉糜，脂肪颗粒或液滴均匀地分散其中，溶出的盐溶性肌原纤维蛋白在脂肪颗粒或液滴表面形成一层蛋白膜，从而使肉糜相对稳定，有效阻止了脂肪颗粒和液滴的聚合，这是经典的肉糜乳化理论。在油滴表面形成的肌原纤维蛋白界面膜中存在大量的毛孔，毛孔作为压力释放阀防止加热过程中脂肪膨胀而破坏蛋白质膜。在热诱导凝胶体系中，界面蛋白的乳化特性使得脂肪颗粒被紧紧地包裹着，防止脂肪之间的絮凝和重新融合，继而在加热过程中蛋白质的凝胶特性使油脂紧紧地束缚在肉糜凝胶三维网络体系中，同时加热过程中界面蛋白可有效防止脂肪球受热膨胀溢出，因此形成稳定的三维网络体系是乳化肉糜制品保水的关键。

3. 影响因素 影响肌肉保水性的因素很多，宰前因素包括品种、年龄、宰前运输、囚禁和饥饿、能量水平、身体状况等。宰后因素主要有屠宰工艺、胴体贮存、尸僵开始时间、熟化、肌肉的解剖学部位、脂肪厚度、pH、蛋白质水解酶活性和细胞结构，以及加工条件如切碎、盐渍、加热、冷冻、融冻、包装等。将主要影响因素介绍如下。

1）宰前因素

（1）动物种类、品种与基因型：动物种类或品种不同，其肌肉化学组成也明显不同，肌肉的保水性也受到影响。通常肌肉中蛋白质含量越高，其系水力也越强。不同种类动物肌肉的保水性有明显差别。一般情况下，兔肉的系水力最好，其余依次为猪肉、牛肉、羊肉、禽肉、马肉。不同品种的动物，其肌肉保水性也有差异，一般来说，瘦肉型猪肉的保水性不如地方品种猪好，在常见的品种猪中，巴克夏和杜洛克猪的肉质和保水性较好，而皮特兰、长白和汉普夏猪肉的保水性较差。在影响猪肉品质的众多基因中，氟烷基因（*halothane*）和拿破基因（*RN*）对肉品质的影响最大，它们对肌肉保水性影响的共同特点是导致肌肉pH下降，前者使宰后早期肌肉pH降低，形成PSE肉，后者是使终pH低于正常值，形成红软肉（red soft exudative meat，RSE肉）。

（2）性别、年龄与体重：性别对肌肉保水性的影响因动物种类而异，对牛肉保水性的影响较大，而对猪肉保水性无明显影响。肌肉保水性随动物年龄和体重的增加而下降，相比较而言，体重比年龄对保水性的影响更大。体型大的猪的里脊和腿肉滴水损失相对较高。

（3）肌肉部位：运动量较大的部位，其肌肉保水性也较好。有研究表明，猪冈上肌保水性最好，其余为胸锯肌>腰大肌>半膜肌>股二头肌>臀中肌>半腱肌>背最长肌。

（4）饲养管理：低营养水平或低蛋白日粮饲养的动物肌肉保水性较差；提高日粮中维生素E、维生素C和硒水平，可以维护肌细胞膜和肌肉结构的完整性，降低肌肉滴水损失；在饲料中加镁和铬可以降低PSE肉的发生率，添加肌酸也可能有此作用，但增加钙浓度的作用与此相反；屠宰前在动物日粮中添加淀粉、蔗糖等易吸收的碳水化合物会使肌肉滴水损失增大，在饲养后期提高日粮中蛋白质水平或在日粮中添加共轭亚油酸（CLAS）和n-3、n-6系多不饱和脂肪酸有利于提高肉的保水性。

（5）宰前管理：宰前运输时间、温度和装载密度等因素都会影响动物的应激程度，较强的应激易导致PSE肉发生，长时间还会诱发DFD肉。候宰期间采用电驱赶、增加动物运动量或候宰间环境条件差对动物是重要的应激，可能会破坏和抑制动物正常的生理机能，肌肉运动加强，肌糖原迅速分解，肌肉中乳酸增加，ATP大量消耗，使蛋白质网状结构紧缩，肉的保水性降低。

（6）屠宰季节和工艺：屠宰季节会影响肉的保水性，春、夏季屠宰的猪，胴体容易形成PSE肉，背最长肌滴水损失较高，对患有猪应激综合征（porcine stress syndrome，PSS）的猪更为明显。宰前禁食可降低肌糖原含量，使肌肉终pH升高，降低肉的滴水损失，但禁食时间过长会加深肉色，生猪在屠宰前禁食8～12h较为适宜。致昏方式对肉的保水性有重要影响，电致昏可引起肌肉收缩，保水性下降，高低频结合致昏处理可减轻致昏对肉质的影响。CO_2致昏能大幅度降低PSE肉的发生率，提高肉的品质。

2）宰后因素

（1）pH：正常猪肉的终pH为5.6～5.8，牛肉为5.8～6.0，此时肉的保水性处于正常范围。肌肉pH偏低会导致肌肉收缩，甚至蛋白质变性，肉的保水性下降。pH对系水力的影响实质是蛋白质分子的净电荷效应。蛋白质分子所带有的净电荷对系水力有双重意义：一是净电荷是蛋白质分子吸引水分的强有力中心，二是净电荷会增加蛋白质分子之间的静电斥力，使结构松散开，留下容水空间。当净电荷减少时，蛋白质分子间发生凝聚紧缩，系水力下降，肌肉pH接近蛋白质等电点。正、负电荷基数接近，反应基减少到最低值，这时肌肉的系水力也最低（图3-1）。处于尸僵期的肉，其pH与肌肉蛋白的等电点接近，因此保水性差，不适宜于加工。

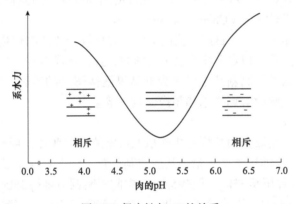

图3-1　保水性与pH的关系

（2）冷却与冻结：冷却的目的是降低胴体温度，控制微生物繁殖，对肉的保水性也有重要影响。冷却速率低则糖降解加快，猪肉滴水损失增多；加快冷却速度可以降低肌肉pH下降速率，减少肌球蛋白变性和汁液流失，并降低PSE肉的发生率。但冷却速度过快也可能引起肌肉冷收缩，尤其是当肌肉中糖原含量较高时，冷收缩强度会增大，对肌肉持水不利，如牛肉在−35℃条件下冷却10h，汁液流失率为7.4%，而正常情况下只有3.4%。冷收缩主要发生在生羊肉上，但猪肉也会发生，只是程度较小，为防止猪肉产生PSE和发生冷收缩，宰后4h内肉温要降到20℃以下，但在5h内不能低于10℃。此外，采取两段式或三段式冷却可有效降低肉的滴水损失。冻结形成的冰晶会破坏肉的结构和肌细胞膜的完整性，肉在冻藏过程中温度波动会加速冰晶生长和盐类浓缩，肉的保水性下降，解冻后造成大量汁液损失。冻结速度会直接影响冻肉解冻后的保水性能，在不引起冷收缩的情况下，冻结速率越快，解冻损失就越少。

（3）其他因素：贮藏与运输过程中的温度波动是造成生鲜肉保水性下降的重要原因，改善肉的贮藏和运输条件对肉的保水性至关重要。胴体劈半工艺、分割方式和分割技艺对肉的保水性也有重要影响。与常见的冷分割方式相比，热分割会降低工人劳动强度，但容易引起肌肉蛋白变性而导致汁液损失增加。

3）加工过程中的影响因素

（1）盐：肉类乳状液和香肠类产品依赖于盐溶性肌原纤维蛋白的提取，以确保产品的物理稳定性和功能性。当将氯化钠和（或）其他盐混合到肉糜中时，这些蛋白质溶解度显著增强。这些可溶性蛋白在蛋白质和脂质之间形成连接，当加热时，蛋白质变性和聚集，导致凝胶化和保水性增强（Warner, 2017）。

（2）磷酸盐：某些弱酸盐，如磷酸盐和聚磷酸盐，也常被添加到肉糜等香肠制品中以增强肉的持水能力。不同磷酸盐的添加效果不同，从小到大分别为单磷酸盐、环三聚磷酸盐、二聚磷酸盐、四聚磷酸盐、三聚磷酸盐。三聚磷酸盐可被磷酸酶降解为二聚磷酸盐而发挥作用。大多数磷酸盐的作用主要是通过改变离子强度和pH来实现的。焦磷酸盐（在1% NaCl存在时）的作用是专一性解聚肌动球蛋白，将其分解为肌球蛋白和肌动蛋白，形成肌球蛋白单聚体，以及使肌球蛋白形成凝胶，从而截留水分（Warner, 2017）。

（3）辅料：出于健康考虑，盐和磷酸盐的添加受到限制，因此肉类加工过程中氯化钠的添加量应尽可能少。与离子强度调节剂相比，凝胶助剂如改性食品淀粉（MFS）、功能性动植物蛋白质相对安全（Cheng and Sun, 2008）。

高新技术对肉保水性的影响

（4）加工工艺：目前，猪肉保水主要依赖于传统物理化学方法，这些方法往往会对猪肉质量和安全性产生负面影响，且存在成本高、环境不友好等弊端，开发高效、绿色的高新技术已成为食品界亟待解决的难题。目前采用的技术有超高压技术、脉冲电场技术和超声波技术等。

4. 保水性评定方法

1）加压失水率　　用取样刀从样品中切取1cm厚的均匀薄片，用直径2.523cm的圆形取样器切取中心部肉样，立即用天平称量，然后将其放置于铺有定性滤纸的压力仪平台上，肉样上方再放定性滤纸，加压至35kg，保持5min，中间不断调节维持35kg压力。滤纸的层数可根据样品保水情况进行调整，以水分不透出、能够全部吸净为止。解除压力后，立即称量肉样质量，用肉样加压产生的质量计算失水率，计算公式如下。

$$加压失水率 = \frac{加压前肉样重 - 加压后肉样重}{加压前肉样重} \times 100\%$$

2）滴水损失　　取一定质量的样品用细线系起一端，准备一塑料袋向袋内吹气使袋胀起来，小心将肉样悬空于袋中，使肉样不能与袋接触，用细线将袋口扎紧，悬挂于4℃条件下静置24h，然后取出再次称量肉样质量，利用两次称量的质量差计算肉滴水损失。滴水损失比例越大，则肉的保水性越差。其计算公式如下。

$$滴水损失 = \frac{悬挂前肉样重 - 悬挂后肉样重}{悬挂前肉样重} \times 100\%$$

3）蒸煮损失　　称取一定质量的样品，根据不同工艺煮制一定时间使其完全熟化。取出后于室温条件下自然冷却，沥干水分后再次称重，用下列公式计算蒸煮损失。

$$蒸煮损失 = \frac{煮前肉样重 - 煮后肉样重}{煮前肉样重} \times 100\%$$

（二）多汁性

多汁性也是肉食用品质的一个重要指标，尤其对肉质地的影响较大，据测算，10%～40%肉质地的差异是由多汁性决定的，多汁性评定较可靠的是主观评定，现在尚没有较好的客观评定方法。

1. 主观评定 肉类多汁性的主观评定可分为两部分：首先是多汁性在最初几次咀嚼过程中的反馈；其次是持续多汁，这是由于脂肪对唾液流动的刺激，以及脂肪在唾液中对舌头、牙齿和口腔等其他部位的附着。早期感官研究倾向于使用双组分评估（初始湿度和持续湿度多汁）。现代感官技术通常将多汁性作为单个属性来衡量。尽管感官方法有所改进，但咀嚼肉汁仍然被认为来自以下两个方面：①咀嚼过程中肉类释放的水分；②唾液中的水分。

因此，"多汁性"不仅受肉类相关因素的影响，也受品尝者内在生理因素的影响。多汁性的测量方法是消费者或经过训练的测试者的感官测试，通常采用胡萝卜、蘑菇、黄瓜、苹果和西瓜等作为多汁性强弱的参考标准。

2. 影响因素

1）肉中脂肪含量 在一定范围内，肉中脂肪含量越多，肉的多汁性越好。因为脂肪除本身产生润滑作用外，还刺激口腔释放唾液。脂肪含量对重组肉的多汁性尤为重要，据贝里（Berry）等测定：脂肪含量为18%和22%的重组牛排远比10%和14%的重组牛排多汁。

2）烹调 一般烹调结束时温度越高，多汁性越差，如60℃熟化的牛排就比80℃牛排多汁，而后者又比100℃熟化的牛排多汁。有研究表明，肉中心温度从55℃升高至85℃时，多汁性下降主要发生在两个温度范围，一个是60～65℃，另一个是80～85℃。

3）加热速度和烹调方法 不同烹调方法对多汁性有较大影响，同样将肉加热到70℃，采用烘烤方法时肉最为多汁，其次是蒸煮，然后是油炸，多汁性最差的是加压烹调。这可能与加热速度有关，加压和油炸速度最快，而烘烤最慢。另外，在烹调时若将包围在肉上的脂肪去掉，将导致多汁性下降。

4）肉制品中的可榨出水分 生肉的多汁性较为复杂，其主观评定和客观评定的相关性不强，而肉制品中可榨出水分能够用来较为准确地评定肉制品的多汁性，尤其是香肠制品，其主观评定和客观评定呈较强的正相关。

3. 保水性和多汁性的关系 蒸煮损失随着加热温度的增加而增加，并导致多汁性降低。虽然从直觉上看，多汁性应与生肉的保水性呈正相关，但将多汁性感官评估与保水性测量值进行比较的研究结果往往显示缺乏相关性，并且有时相互矛盾。蒸煮损失和多汁性之间的相关性更高。感官研究表明，不同肌肉的多汁性（前一个或两个咀嚼周期的水分释放）和感知含水量（几个咀嚼周期后对肉类湿度/干燥度的感官评估）各不相同。在猪背最长肌中，多汁性受到蒸煮损失的影响（$r^2 = 0.46～0.52$），但这可能会随着蒸煮程序和样品初始pH的变化而变化。

熟肉嫩度的感官评价与多汁性并不是唯一相关的，但总体而言，两者之间存在正相关，而客观剪切力测量与感官测量的相关性较小。初始（3次咀嚼后）和持续（10次咀嚼后）多汁的感觉随着肌内脂肪（IMF）含量的增加而增加（图3-2）。

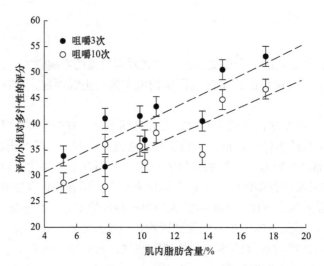

图3-2　3次或10次咀嚼后，牛背最长肌内脂含量对多汁性评分的影响（Frank et al.，2016）

第二节　肉品腐败与保鲜

一、腐败微生物

食品腐败变质是人类食物供应过程中的极大损失，据统计，全球每年由各种原因造成的食物损失浪费高达13亿吨，其中肉与肉制品占据21%。肉品腐败是指在多种因素作用下，肉品的组织状态、色、香、味等发生变化，使其失去原有营养价值，食用品质降低至不可食用的状态。引发肉品腐败的因素很多，除脂质氧化与内源酶的影响之外，微生物污染是造成肉品腐败的主要因素，多数情况下，肉品腐败是微生物分解利用肉中的碳水化合物、蛋白质、脂肪等营养物质进行生长繁殖，产生一系列不良代谢产物的过程。

（一）腐败微生物污染来源

动物屠宰加工工序烦琐，每一道工序都可能引发交叉污染，导致微生物污染水平居高不下，按照微生物的来源，污染可分为内源性污染和外源性污染两大类。

1. 内源性污染　　内源性污染是指来自于动物自身的微生物造成的污染。屠宰前，健康动物具有健全且完整的免疫系统，能够有效地防御和阻止微生物入侵及其在肌肉组织内的扩散。虽然健康动物的组织内部是无菌的，但动物的体表和一些与外界相通的腔道（如消化道、呼吸道、某些部位的淋巴结等）结构中都存在不同数量的微生物，尤其是消化道内的微生物类群众多。在屠宰动物时，这些自身携带的微生物会经由刀具、器械等媒介转移到胴体表面，越过组织屏障进入肌肉组织内部造成微生物污染。若严格按照标准工艺流程进行加工生产，避免操作过程中的交叉污染，内源性污染并不是微生物污染的主要来源。

2. 外源性污染　　外源性污染是肉品微生物污染的主要来源，是指动物在屠宰、加工、贮藏、运输和销售的全供应过程中，由器具、人员和环境等清洁不当造成的微生物污染，通常包括水、空气、加工设备、配料、操作人员和冷藏销售过程中的外源环境及其他接触材料。肉类加工程序十分复杂，每个加工环节几乎均存在外源性污染。

1）初加工污染　　脱毛是主要的微生物污染工序之一，此段工序可引起微生物丰度显著增加，动物皮毛上的微生物在剥皮过程中会转移至胴体，禽类脱羽后的皮肤毛囊空腔可以隐藏细菌，并在后续的清洗消毒过程中对细菌起到物理性保护作用，从而提高了细菌污染的概率；净膛是引发交叉污染的关键工序，主要包括开膛，去除消化道、心脏、肺等步骤，如果操作不当或工艺存在缺陷，会导致消化道破损引起内容物外泄，进而污染胴体或设备。净膛后的胴体清洗过程可在一定程度上降低微生物的丰度和数量。此外，烫毛、修剪、切割等也会在一定程度上加重微生物污染。

2）深加工污染　　肉品深加工涉及多个环节，如解冻、切割、腌制、滚揉等均会影响微生物的污染水平。冻肉是肉品加工的主要原料，非科学的解冻方法会导致微生物数量增加；切分破碎是为了满足特定产品需求而进行的加工工艺，灌肠类产品中的微生物交叉污染主要来源于此，这与人员和设备的卫生清洁程度有关；滚揉是凝胶类产品加工中的常见工序，这一过程增加了细菌进入肌肉内部结构的程度和概率。此外，冷却、包装等工序都会影响产品的微生物携带量。

3）接触面污染　　设备带来的长期污染主要由微生物的生物菌膜引发，多种微生物可在加工设备、传输带等接触面形成生物菌膜。生物菌膜是细菌黏附行为最为突出的表现，是指菌体吸附于固体材料表面，通过增殖、分泌胞外基质形成的具有高密度和复杂三维结构的细菌群体。生物菌膜的形成可为细菌提供代谢所需的多种营养物质并保护其免受环境刺激，增强了细菌对不利环境的耐受性，继而引发严重持续性的交叉污染。从肉类产业中分离的细菌，约有90%的菌株可形成生物菌膜，造成肉类行业每年约1.5亿美元的经济损失。

■ 延伸阅读

生 物 菌 膜

细菌形成生物菌膜是一个逐步的、动态演变的过程，主要分为5个阶段：①浮游菌体可逆地黏附于接触表面；②可逆黏附的菌体通过分泌胞外多糖和增殖效应，实现不可逆黏附；③生物菌膜空间立体结构的形成；④生物菌膜的成熟；⑤生物菌膜的瓦解、分散，并重新聚集。这一过程受多种因素的影响，如温度、pH、营养成分、盐浓度、接触表面特性和微生物特性等，形成生物菌膜已被认为是微生物暴露在恶劣环境（紫外线、干燥、热、冷、剪切力等）中生存的一种策略。此外，与浮游细菌相比，生物菌膜内的细菌对抗菌药物的抗性更强。

近年来，生物菌膜引发了食品界的广泛关注，在食品加工环境中，生物菌膜通过传播腐败菌和病原菌危及产品安全，其空间结构见图3-3。对肉类加工环境中的刀具、设备、输送机、排水管和水管进行的大规模调查表明，9.3%的采样点呈现生物菌膜阳性。因此，在肉品加工过程中，防范和控制生物菌膜是保障肉品卫生与安全的关键。

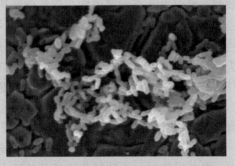

图3-3　肉品不锈钢接触面上沙门氏菌生物菌膜的空间结构（扫描电镜图）

（二）腐败微生物种类

1. 优势腐败菌 肉类屠宰加工过程中污染源的复杂性和广泛性，导致肉品菌群结构呈现多样性，虽然肉品体系中的微生物种类众多，但只有约10%的菌群与腐败相关，这些细菌被认为是腐败微生物，肉类微生态中微生物之间的关系如图3-4所示。

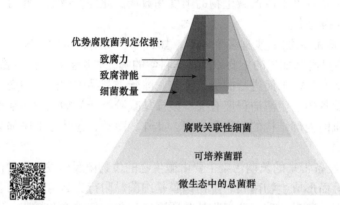

优势腐败菌判定依据：
致腐力
致腐潜能
细菌数量

腐败关联性细菌

可培养菌群

微生态中的总菌群

彩图 　　图3-4　肉类微生态中微生物之间的关系

对优势腐败菌的传统定义是基于细菌数量或基因丰度界定的，是指肉类微生态体系（如整个家禽胴体、一块冷冻肉或一种包装肉制品）中某些细菌的数量（或基因丰度）在所有腐败微生物中排名靠前，这些细菌被称为优势腐败菌。简而言之，如果在肉品腐败过程中，某一特定种属的数量高于其他种属，则该种属首先被认定为优势腐败菌。随着肉类腐败研究的推进，传统的基于细菌数量的判断方法具有明显的局限性，因此有学者提出根据分离菌株的致腐潜能来判定优势腐败菌，此时的优势腐败菌是基于细菌分离株在纯培养条件下产生各种腐败关联代谢物的能力判定的，如色素和挥发性化合物等。例如，从特定肉品中分离出的某菌株在培养基中生长时，比其他分离株会产生更多的蛋白酶或脂肪酶，那么该分离株被首先认定为优势腐败菌，但实验室培养条件和肉品真实环境之间的差异甚大，分离株的腐败代谢特征也有明显区别，因此以致腐潜能作为判断依据仍然存在缺陷。因此，在肉类真实微生态中评估腐败菌分离株的"致腐力"，而不是标准培养体系（致腐潜能），更适用于判定优势腐败菌。致腐力是指分离菌株在肉品微环境中对肉品腐败表型（产气、变色、发黏等）的作用强度，部分菌株在肉品微环境中的数量不一定占据绝对优势，但其致腐力显著大于其他菌株。例如，肉中的某分离株可以产生比其他分离株更多的挥发性有机化合物，但它的数量排名在所有细菌中并不占据首位或前列，该菌株仍然被首先定义为优势腐败菌。因此，以菌体原位"致腐力"为主，辅以菌体数量，是目前最为准确的肉品优势腐败菌判定方法。

2. 腐败微生物分类 在肉类腐败过程中，微生物发挥着决定性作用，肉及肉制品中的腐败微生物来源广泛，种类繁多，以细菌为主，部分酵母菌和霉菌也具有致腐力。

1）细菌 肉中常见的腐败菌主要包括假单胞菌属、气单胞菌属、沙雷氏菌属、肠杆菌属、希瓦氏菌属、不动杆菌属等革兰氏阴性菌和乳杆菌属、索丝菌属、明串珠菌属等革兰氏阳性菌。特定肉品体系中的腐败菌种类很大程度上取决于加工与包装方式，表3-3列出了不同条件下贮藏的生肉中常见的细菌属。

表3-3 不同条件下贮藏的生肉中常见的细菌属（引自Casaburi et al.，2015）

革兰氏阳性菌				革兰氏阴性菌			
属名	贮藏条件			属名	贮藏条件		
	空气	气调	真空		空气	气调	真空
索丝菌属（Brochothrix）			+	无色杆菌属（Achromobacter）	+		
肉食杆菌属（Carnobacterium）	+	+	+	不动杆菌属（Acinetobacter）	+	+	+
棒状杆菌属（Corynebacterium）	+	+	+	气单胞菌属（Aeromonas）	+		+
梭菌属（Clostridium）	+			产碱杆菌属（Alcaligenes）	+	+	+
肠球菌属（Enterococcus）			+	交替单胞菌属（Alteromonas）	+		
考克氏菌属（Kocuria）	+	+		柠檬酸杆菌属（Citrobacter）	+	+	
库特氏菌属（Kurthia）	+			肠杆菌属（Enterobacter）	+	+	
乳杆菌属（Lactobacilus）	+			埃希氏杆菌属（Escherichia）	+		
乳球菌属（Lactococcus）	+	+	+	哈夫尼菌属（Hafnia）	+	+	
明串珠菌属（Leuconostoc）	+			克雷白氏杆菌属（Klebsiella）	+		
细杆菌属（Microbacterium）	+	+	+	莫拉氏菌属（Moraxella）	+	+	
微球菌属（Micrococcus）	+			变形杆菌属（Proteus）	+	+	
类芽孢杆菌属（Paenibacillus）	+	+	+	普罗维登斯菌属（Providencia）	+	+	+
葡萄球菌属（Staphylococcus）	+	+		假单胞菌属（Pseudomonas）	+	+	+
链球菌属（Streptococcus）	+			沙雷氏菌属（Serratia）	+	+	
魏斯氏菌属（Weissella）	+	+	+	希瓦氏菌属（Shewanella）	+		

注："＋"表示经常出现

（1）假单胞菌属：为革兰氏阴性、无芽孢、需氧杆菌，是有氧条件下冷鲜肉中的典型优势腐败菌，具有增殖速度快、产氨能力强的特点；与肉类腐败相关的假单胞菌属主要有莓实假单胞菌、荧光假单胞菌、恶臭假单胞菌、铜绿假单胞菌等。

（2）气单胞菌属：为革兰氏阴性、兼性厌氧菌，广泛分布于自然界的水体、土壤中，是通过水媒介污染的典型细菌，对动物源食品具有较强的致腐力，在肉类、家禽、鱼类等产品中普遍存在。

（3）肠杆菌属：为革兰氏阴性菌，不产芽孢，兼性厌氧，能发酵葡萄糖，产酸产气，广泛存在于水、土壤、动物粪便等介质中；在有氧条件下，葡萄糖和6-磷酸葡萄糖可作为生长底物，部分种属还可分解氨基酸，产生挥发性含硫化合物和胺类物质，导致肉类产生异味。

（4）索丝菌属：为革兰氏阳性、兼性厌氧杆菌，不产色素，能产脂肪酶和蛋白酶，其中热杀索丝菌是肉中常见的菌群，能在真空包装低氧条件下快速生长繁殖。

（5）乳酸菌：为革兰氏阳性、兼性厌氧菌，是一类可发酵碳水化合物产生大量乳酸的细菌的统称，通常是低氧或无氧包装肉品中的优势腐败菌，在低温真空包装及气调包装的肉产品中更为常见；其增长能部分抑制假单胞菌、热死环丝菌和肠杆菌等其他腐败菌的生长，与肉类腐败相关的乳酸菌包括乳酸杆菌、乳酸球菌、明串珠菌、魏斯氏菌和肠球菌等。

2）霉菌和酵母菌 霉菌和酵母菌所导致的生鲜肉腐败现象较为少见。多数霉菌生长所需的水分活度较细菌低，所以在肉松、肉脯等干制品中较为常见；霉菌分解和利用有机物的能力较强，如根霉菌、曲霉菌、芽枝霉菌、毛霉菌和青霉菌等既能分解蛋白质，又能分解脂肪或糖类。酵母菌一般喜欢生活在含糖量较高或含一定盐分的食品上，少数酵母菌分解利用蛋白质、脂肪的能力较强。例如，解脂假丝酵母菌具有较强的蛋白酶和脂肪酶活性。

二、腐败表型

当肉中细菌数量较少时，葡萄糖是细菌初级代谢主要的碳源和能量来源，细菌将葡萄糖等碳水化合物分解为有机酸，同时产生醇、CO_2 等，此时腐败表型不明显。随着细菌繁殖数量骤增，葡萄糖被消耗殆尽，当葡萄糖的供应无法满足其生长时，细菌开始产生各种胞外酶，以利用蛋白质和脂肪等营养物质。蛋白酶可水解肉中的蛋白质生成胺、氨、吲哚、酚、硫化氢、硫醇、粪臭素等，分泌的脂肪酶类可将脂肪分解为甘油、醛、酮和脂肪酸等代谢产物，从而导致肉品色泽、气味和质地发生变化。微生物引起的最主要的腐败表型包括产气与异味、软化与发黏、变色与发光等，这些腐败表型主要取决于微生物对肉中各种基质的利用情况。

（一）产气与异味

肉类腐败往往伴随着酸味、腥味和臭味等不正常或难闻的气味产生，具体与腐败菌的种类及其对基质的利用情况密切相关。引起肉品异味的原因主要有两个：一是腐败菌在肉品中生长繁殖产生代谢产物。二是腐败菌分解肉品基质产生挥发性有机物，如分解蛋白质产生有机酸类、粪臭素、胺及氨类、含硫化合物（硫化氢、甲硫醚、硫化二甲烷、甲硫醚的氧化产物）、吲哚等物质，使肉品产生恶臭味；分解脂肪产生酮、醛、脂肪酸，使肉带有哈喇味、酸败味。另外，这些挥发性有机物导致的胀袋也是肉及肉制品中常见的腐败现象。

（二）软化与发黏

肉品的质构软化和表面的黏液是影响消费者选择的关键质量缺陷。黏液主要来自两个方面：一是微生物在肉表面大量繁殖形成菌落，其分泌的胞外多糖在肉表面形成一层连续的黏液，这同时对微生物生长繁殖起到了保护作用；二是肌肉组织细胞被微生物胞外酶破坏使其内部物质外溢，肉类渗出物与菌落结合形成黏液。引起发黏的微生物主要包括假单胞菌属、气单胞菌属、希瓦氏菌属等，发黏往往还伴随着肉品质构的软化。

（三）变色与发光

变色与发光也是肉品变质的主要腐败现象之一，通常与肉品中的肌红蛋白及细菌产生的色素有关。微生物在生长繁殖过程中可分泌水溶性或脂溶性的黄、红、紫、绿、褐、黑等色素，并在肉类表面产生彩色斑点，其中绿色最为常见，这是由于腐败菌代谢产生的硫化氢和过氧化氢，与肉中的肌红蛋白结合形成硫代肌红蛋白和胆绿蛋白，积蓄在肌肉和脂肪表面，产生暗绿色。除动物饲料中磷含量过高外，肉类发光的主要原因是在加工、储存、运输和零售环节受到了发光细菌的污染。例如，具有高发光能力的弧菌和希瓦氏菌可以释放450~500nm的荧光，其在黑暗条件下可以被肉眼观察到，此类现象多见于冷鲜肉。

三、肉品新鲜度评价

目前，对于肉品新鲜度的评价主要根据感官特性、理化特性和微生物检验等方面进行。

（一）感官特性

感官评定要求参与人员经过专业训练，通过看、触、嗅和剖等操作对肉品表面及切面的状态、色泽、黏度、弹性与气味进行判定，以确定肉品的新鲜程度；该方法简单快捷、方便实用，结果与消费者的判定更接近。但该方法技术要求高，需要专业的感官品评人员，结果存在主观性和片面性，且对于肉品腐败初期和微生物的分解产物难以准确判断，还需辅以理化和微生物检测。外观法是最直接的肉品新鲜度识别方法，通过对肉样的色泽、黏度和弹性等方面进行观察或触摸，进而对肉质新鲜度进行评价。

（二）理化特性

通过化学方法对肉类蛋白质分解后产生的氨、胺类和硫化氢（H_2S）等物质进行测定，从而评定肉品新鲜度，常见的理化指标有挥发性盐基氮（TBV-N）、H_2S 等。

（1）TBV-N：是指肉类水浸液在碱性条件下与水蒸气一起蒸馏出来的总氮量。TVB-N 值是衡量肉品鲜度的重要指标，国标规定鲜肉 TVB-N 值小于 15mg/100g，腐败肉大于 15mg/100g。常见的检测 TVB-N 的方法有半微量定氮法、自动凯氏定氮仪法、微量扩散法和对二甲氨基苯甲醛法。

（2）H_2S：肉在腐败分解过程中，含—SH 的氨基酸在细菌产生的脱巯基酶作用下分解生成 H_2S，因此可通过 H_2S 的含量判断肉品的新鲜度。乙酸铅试纸法是常见的测定 H_2S 的方法，其原理是 H_2S 与可溶性铅盐发生化学反应产生黑色的硫化铅，从而实现对肉品新鲜度的快速鉴定。乙酸铅试纸法的测试过程主要为：将肉样剪碎，放置于带塞的容器中，然后将用 10%乙酸铅碱溶液浸湿的滤纸悬于塞上，接近肉块但不直接接触，静置 15min 后，如果滤纸条颜色未改变则为新鲜肉，如果滤纸条边缘颜色变成淡褐色或暗褐色则为不同程度的腐败肉。

（3）脱氢酶类：随着肉中腐败微生物的繁殖，其产生的脱氢酶类可将氯化三苯四氮唑（TTC）试剂还原成红色化合物，可通过观察肉块本身及肉浸液的颜色来判定肉类的新鲜度，此法具有简便快捷的优势。

（4）过氧化物酶：基本原理同脱氢酶类，通常采用联苯胺-过氧化氢法检测；在肉浸液中加入联苯胺及过氧化氢后，若立即或数秒内呈蓝色则为新鲜肉，如果在 2～3min 时出现淡青棕色或无变化则为非新鲜肉。此法的优点是操作简捷、快速；缺点是检测试剂保存期短、保存条件要求高，实际应用中受到很大限制。

（三）微生物检验

肉类新鲜度下降过程中，蛋白质的分解产物为细菌生长繁殖提供了良好的条件，细菌的大量繁殖又进一步促进了肉中蛋白质、脂类和糖类等成分的分解，进一步加速了腐败速度。肉中细菌数量随着腐败程度的加剧而逐渐增加，故细菌总数是评判肉品新鲜度的重要依据，肉品微生物检测指标有细菌总数和大肠菌群数等，当生鲜肉中细菌总数高于 10^6CFU/g 时，可判定肉品腐败变质。随着食品科学的发展，也出现了一些新的微生物快速检测技术，如各类

PCR和纳米荧光等生物传感技术。

（四）肉品新鲜度评价新方法

为了克服传统新鲜度检测方法中耗时的缺陷，一些基于感官仿生、智能响应等技术的新鲜度新型表征方法受到了越来越多的关注。

1. 嗅觉仿生技术 电子鼻是基于人体嗅觉研发出的一种仿生仪器，又名气味扫描仪，可利用动物的嗅觉原理模拟人类鼻子的部分感官功能。一个完整的电子鼻仪器由传感器阵列、信号处理单元和模式识别算法等组成。它的核心是传感器阵列，由于传感器的交叉敏感性，每个传感器可以对样本的一种或多种类型的物质做出响应，并且结合模式识别算法来评估整个样品的品质，具有快捷、无损等优点。目前，应用最广泛的是金属氧化物传感器，当气体与传感器表面接触时发生氧化还原反应，使电导率发生变化，从而获取信号值。有研究表明，基于深度学习的电子鼻系统可对不同储存情况下的肉品新鲜状态做出有效判断，其可与感官评价联合应用，能进一步提高新鲜度的判断准确性。

2. 视觉仿生技术 视觉仿生技术是通过计算机等设备模拟人类视觉，分析采集到的图像信息以判断物质特征的一种新技术；该系统通常包括图像捕获和数据分析等，可简单理解为用相机替换人眼，用学习算法替换人类大脑，提取图像中与待测样品特征（主要是肉色）相关联的表观信息。例如，采用计算机视觉可评价猪肉的色泽，通过支持向量机模型进行数据处理的预测准确率高达90%以上，其对肉品颜色的测评类似于传统色度仪，但具有传统色度仪不具备的优势：可准确区分脂肪和瘦肉，可减弱由肉品表面不均匀带来的光折射与反射。在实际应用中，视觉仿生技术目前尚存在一些不足：首先是局限于设备，不能对肉品咀嚼性、弹性和香味性状做出判断；其次是无法获取肌肉内部信息。但随着技术的迭代更新，此类技术在肉类产业中有较大的前景。

3. 智能响应技术 智能响应是指通过颜色或其他方式监测肉品腐败产生的物质，进而反映新鲜度的一类技术，主要包括化合物响应型和电信号响应型。化合物响应型中的显色剂通常能与肉品腐败物发生变色反应，目前常见的显色载体主要有复合薄膜或比色标签等，将其内置于肉品包装中监测气体组分变化，相比于传统检测方法，其检测速度快。根据响应的化合物种类不同，可将显色分为挥发性胺类敏感型和硫化氢敏感型。电信号响应型是利用特定的物质传感器将待测物质的理化信息转化为电信号，再经计算处理得到定量结果，在肉品新鲜度中研究较多的有气体传感器和酶生物传感器。

四、肉品保鲜技术

（一）物理保鲜法

物理保鲜法又称常规保鲜法，包括低温贮藏保鲜、热工艺杀菌保鲜、辐照保鲜和气调保鲜等。

1. 低温贮藏保鲜 低温贮藏保鲜是最常用的保鲜方式，主要包括低温冷冻法（−18℃）和低温冷藏法（0～4℃），该技术可抑制微生物的生长繁殖，是目前肉类工业中最普遍的生鲜肉保鲜技术。近年来，以此技术为基础，衍生出了一些其他技术，如冰温保鲜技术、近冰点保鲜技术等。

2. 热工艺杀菌保鲜　　加热杀菌是目前肉类工业中最常用的杀菌方法,包括低温巴氏杀菌和高温杀菌等。低温巴氏杀菌是指在100℃以下的温度保持一定时间以杀灭肉品中微生物的一种杀菌方法。低温巴氏杀菌会使肉品中的蛋白质适度变性,肉质紧实,富有弹性,最低程度地损失肉制品的营养价值,但该技术对芽孢及一些耐热菌的杀灭能力有限。因此,产品的货架期相对较短,不便于长途运输和常温贮存。高温杀菌主要是指在100℃以上的温度保持一定时间以杀死肉品中微生物的一种保鲜方法。因加热温度高,蛋白质过度变性,部分营养损失,肉纤维弹性变差,产生过熟味;但是该类产品的保质期长,利于长途运输和常温贮存。

3. 辐照保鲜　　辐照保鲜是一种新兴的清洁便利的杀菌技术,为非电离辐射杀菌。辐照射线的穿透力强,杀菌时不需打开外包装,能避免二次污染,可杀死肉品表面及内部的微生物,从而延长贮存期。目前在辐照杀菌中,γ射线、X射线和电子束应用得较多,其中γ射线(^{60}Co和^{137}Cs)因具有较强的穿透能力和高效的杀菌效果在肉类保鲜中已得到应用。

4. 气调保鲜　　气调保鲜是通过使用阻气性材料将食品密封于填充一定比例理想气体的环境中,从而达到延长货架期的目的。通常使用不同比例的CO_2、O_2和N_2组合,每种气体对食品保鲜的作用不尽相同。

(二)化学保鲜法

化学保鲜法是指在肉类生产和贮运过程中,使用化学制品来提高肉的新鲜度,尽可能保持肉品原有品质的一种方法。所用的化学制剂必须符合食品添加剂的一般要求,对人体无毒害作用。常用的化学抑菌剂包括有机酸及其盐类(如山梨酸及其钾盐、苯甲酸及其钠盐、乳酸及其钠盐、双乙酸钠、脱氢乙酸及其钠盐和对羟基苯甲酸酯类等)。迄今为止,尚未发现一种完全无毒、经济实用、广谱抑菌并适用于各种肉品的理想防腐保鲜剂,因此现实生产中需要多种化学抑菌剂配合使用,以达到抑菌效果互补、作用相乘的目的。

1. 有机酸　　有机酸及有机酸盐具有广谱抑菌性、无毒副作用、对风味和色泽影响小的特点,抑菌机制主要是通过抑制细胞的生长来达到抑菌的目的。目前,一些有机酸盐(如乳酸钙、乳酸钠、柠檬酸钠和磷酸盐等)已经被广泛应用于肉品产气荚膜梭菌等微生物的安全控制中。

2. 双乙酸钠　　双乙酸钠对真菌、霉菌、细菌等微生物的生长具有较强的抑制作用。双乙酸钠分解的分子态乙酸可降低物质的pH,与酯化合物有较好的相溶性,能透过细胞壁渗透到细胞中,使菌体蛋白质变性,同时改变细胞的形态和结构,使菌体脱水死亡,从而起到抗菌防腐的作用。

(三)生物保鲜法

生物保鲜法是将一些具有抑菌或杀菌特性的天然物质溶液,通过喷洒、浸泡或涂膜等方式用于畜禽肉产品,以发挥抑制微生物生长繁殖作用的一类保鲜方法。抑菌天然物质可来源于植物、动物和微生物类,包括菌体与代谢物、生物提取物等。

1. 植物精油　　植物精油来自植物的次生代谢物质,是一种通过蒸馏法从草本植物花、叶、根、茎、种子、果实、树根或树皮中提取出来的油状物质,具有杀菌防腐的作用。多数植物精油在赋予产品香气的基础上,还具有抗氧化、抗菌防腐等多种功能特性,是一种理想的天然保鲜剂。例如，酸樱桃和黑加仑多酚提取物具有降低肉类香肠的菌落总数和改善感官品质的双重作用。

2. 乳链菌肽 乳链菌肽（nisin）又名乳酸链球菌素，是一种由氨基酸残基组成的多肽类物质，具有强抑菌性，是公认的无毒、安全、天然的防腐剂。乳酸链球菌素对各菌属的敏感性不同，对革兰氏阳性菌具有较强烈的抑制作用，如葡萄球菌属；也能抑制芽孢菌的营养形态向芽孢转化的过程，部分芽孢对乳酸链球菌素的敏感性强于营养细胞。作为一种天然高效的生物防腐剂，乳酸链球菌素已被广泛应用于肉制品中。

3. 纳他霉素 纳他霉素是由纳他链霉菌在特定环境中发酵制备而成的，几乎对所有真菌都具有较强的抑制和杀灭作用，被普遍应用于肉类食品（如熟火腿、熏制香肠等）的防腐保鲜中。纳他霉素分子中具有亲水基团和疏水基团，通过范德瓦耳斯力与菌体细胞膜结合可以破坏其通透性，使菌体细胞内的小分子内容物渗出，最终导致菌体细胞裂解和死亡。在实际生产过程中，主要通过浸泡或喷涂纳他霉素的方式使用。

4. 复合型生物保鲜剂 生物保鲜剂单独使用时，往往受其自身理化性质的限制，达不到最优的保鲜效果。复合型生物保鲜剂是由多种生物保鲜剂混合而成的，其效果往往比单一成分的要好，但由于其成本高、冷藏条件下的实际效果不甚理想等问题，还需进一步研究开发。

（四）栅栏技术

栅栏理论是德国肉类食品专家莱斯特纳（L. Leistner）提出的一套系统、科学地控制食品保质期的理论，栅栏技术是指在食品设计和加工过程中，利用食品内部能阻止微生物生长繁殖的因素之间的相互作用，以控制食品安全的综合性技术措施，栅栏技术目前已被广泛应用于肉品防腐领域。

第三节 肉品营养与人体健康

随着经济和生活水平的提高，肉类已经成为人们日常膳食的重要组成部分。肉是最有营养价值的动物食品之一，它几乎包含了人体需要的蛋白质、脂肪、碳水化合物、维生素和矿物质等主要营养素。肉类蛋白质中氨基酸的比例与人体很接近，它不仅含量丰富，还容易被机体吸收。因此，摄入适量的肉类能维持机体正常新陈代谢，增加机体抵抗力和免疫力，对机体的生长发育起着至关重要的作用。但是，肉含有较多的饱和脂肪酸，过多摄入也会对机体健康产生不利影响。

一、肉品营养素与人体健康

（一）肉类中的营养素

肉类除了能满足我们味蕾上的享受，还能平衡膳食结构。肉类中含有多种人体所必需的营养素，如蛋白质、脂肪、碳水化合物、矿物质和维生素，是人类饮食的重要来源，其成分受动物种类、性别、年龄和畜体部位等影响。肉类中含有较多的蛋白质，其氨基酸组成与人体最为接近，含有人体必需的所有氨基酸，营养价值很高（表3-4）。肉类中的脂肪可以供给人类热量和必需脂肪酸，其脂肪含量因家畜种类、性别、肥度和畜体部位的不同而不同。肉类中的碳水化合物含量比较低，一般为1%～5%，主要以糖原的形式分布在肌肉和肝脏中，其含量与动物的营养及健壮情况有关。除此之外，还含有少量的葡萄糖（0.01%）和微量的果糖。肉类中的矿物质主要有钙、钠、镁、铁、磷等。其中，肉类是摄入铁和磷的最好来源。肉中矿物质的含量因畜体种类的不同而不同，如表3-5所示。肉类中维生素含量不高，但其种类丰富，包括维生素A、维生素D和B族维生素等。其中畜肉中B族维生素含量较丰富，如维生素B_1、维生素B_2、维生素B_{12}、烟酸、叶酸等。

表3-4 不同肉类氨基酸组成及其含量（引自钱爱萍等，2010） （单位：mg/g）

分类	氨基酸	猪肉	牛肉	羊肉	鸡肉	鸭肉	鹅肉	兔肉
必需氨基酸	异亮氨酸（Ile）	47.83	47.60	47.50	51.5	49.48	46.46	45.02
	亮氨酸（Leu）	81.22	83.42	86.19	84.43	86.54	85.32	80.85
	赖氨酸（Lys）	85.70	86.36	90.11	79.27	75.55	71.39	89.11
	甲硫氨酸（Met）	30.89	27.48	27.42	28.14	25.39	34.20	22.05
	苯丙氨酸（Phe）	34.88	49.07	45.54	37.57	45.55	52.36	49.61
	苏氨酸（Thr）	45.34	44.05	44.56	39.87	46.75	44.03	45.48
	缬氨酸（Val）	50.32	50.54	51.42	53.47	55.24	53.05	48.69
非必需氨基酸	胱氨酸（Cys）	9.97	6.87	7.35	4.88	14.55	16.67	9.65
	酪氨酸（Tyr）	35.87	34.84	36.24	32.74	36.28	39.18	34.91
	精氨酸（Arg）	63.28	61.83	64.64	63.32	66.39	63.43	62.47
	组氨酸（His）	44.34	38.76	28.89	35.83	30.79	49.00	28.94
	丙氨酸（Ala）	55.80	57.90	58.77	57.88	61.26	55.35	57.42
	天冬氨酸（Asp）	91.18	91.27	92.07	96.62	95.03	77.11	92.79
	谷氨酸（Glu）	170.40	171.25	179.73	164.73	115.60	164.49	173.17
	甘氨酸（Gly）	43.85	43.18	45.05	43.62	47.64	45.27	47.77
	脯氨酸（Pro）	35.38	27.48	29.87	31.80	33.66	34.58	31.24
	丝氨酸（Ser）	36.87	37.29	37.22	38.04	40.47	15.42	39.50

表3-5 不同肉类矿物质组成及含量（引自文其珍等，1997） （单位：mg/100g）

矿物质		猪肉	牛肉	羊肉	鸡肉	鸭肉	鹅肉
宏量元素	钾	154.00	246.00	158	206.00	169.00	233.00
	钠	36.07	59.12	90.00	54.66	55.42	59.90
	钙	5.21	7.11	8.02	1.09	9.12	5.12
	镁	15.46	10.01	20.02	20.09	13.07	22.06
	磷	89.00	168.00	177.00	108.00	90.00	134.00
微量元素	铁	2.81	2.15	8.05	3.35	6.22	3.96
	锰	0.01	0.17	0.05	0.23	0.19	0.07
	锌	0.72	2.47	4.44	1.14	2.02	1.30
	铜	0.14	0.88	0.84	0.45	0.31	0.43
	铬	0.44	0.51	0.04	0.62	0.06	0.07
	硒	2.28	4.26	8.94	1.31	7.26	9.92

肉类含有大量的矿物质，其中铁主要以血红素形式大量存在于内脏中，它的吸收不受植酸盐和草酸盐等的影响，因此，血红素铁的吸收率较高。相比于植物性食品或其他补充剂内的铁，肉类中的铁更加容易被机体吸收。

不同的肉类加工方式会导致营养素有不同程度的损失。加热会导致蛋白质变性，提高蛋白质的消化率和营养价值。在高温下，肉类的胱氨酸被显著破坏，赖氨酸略有损失，肉类罐头在加热灭菌时，其胱氨酸的损失可高达44%。肉类中的脂肪在超过200℃时可发生氧化聚合，尤其是高温氧化的聚合物对肌体更加有害。在食品加工和餐馆的油炸操作中，油脂长时间高温加热和反复冷却后再加热使用，会使其进一步氧化聚合。烫漂、冷冻、脱水、加热、灭菌等操作都会造成肉中矿物质和维生素的损失。畜、禽类等食物在加工中主要损失维生素B_1、维生素B_2和烟酸等水溶性维生素，而其他营养素变化不大。此外，肉类加工过程中会导致矿物质的损失。加热前，可溶性血红素铁占65%，加热至60℃时仅有22%，并且随着温度升高会发生进一步降解。

（二）食肉与人体健康

肉类食物是生活中不可缺少的食材，是膳食组成的重要部分，种类多样。肉类作为一种健康的食品，其所富含的营养素是蔬菜、水果等植物性食品所不能替代的。

1. 提供蛋白质，维持机体生长发育　　肉类食物是蛋白质的主要来源，而蛋白质是生长发育、修补身体组织不可缺少的营养素。肉类食品中蛋白质的含量为10%~20%。每100g瘦肉就能提供约20g蛋白质，仅低于大豆和黑豆。肉类蛋白质的营养特点是完全蛋白质含量极高，其化学组成与人体蛋白质很接近，吸收率极高，生物学价值高达80%以上。它含有对人类身体健康至关重要的氨基酸，能有效增强体质，维持正常的基础代谢。此外，红肉中的肌酸是肌肉的重要组成物质，能为肌肉生长供应足够的能量。膳食中足够的蛋白质能提供更长久的饱腹感，同时富含蛋白质的混合膳食能延缓餐后血糖的上升速度，减少人体胰岛素的分泌，抑制脂肪的合成。

2. 提供机体热量，促进大脑发育　　肉类能提供人体每天必需的60~70g脂肪，而同样多的脂肪则需要5kg的植物性食品才能获得。脂肪是人体内热量的重要来源，是构成身体细胞的重要成分之一，尤其是脑神经、肝脏、肾脏等重要器官。脂肪是人体组织的重要组成部分，如为细胞膜的主要成分，形成磷脂、糖脂等。此外，肉类还提供多种脂肪酸，如多不饱和脂肪酸。多不饱和脂肪酸具有特殊的生物活性，在生物系统中有着广泛的功能，在稳定细胞膜功能、调控基因表达、维持细胞因子和脂蛋白平衡、抗心血管疾病及促进生长发育等方面起着重要作用。深海鱼的鱼肉能提供大脑发育所需要的多不饱和脂肪酸，促进大脑发育。

3. 提供维生素，促进机体新陈代谢　　瘦肉比肥肉含有更多的维生素。猪肉中含有的维生素B_1是牛肉或羊肉的5~10倍。维生素B_1作为辅酶作用于脂肪和糖类，将其转化生成能量供应机体需要，在维持消化系统、循环系统和神经系统的正常功能，参与碳水化合物在体内代谢中起着重要作用。同时其具有抗疲劳、增强记忆力、稳定情绪、促进睡眠、增加食欲、有助消化等多种作用。维生素B_2也能帮助供应能量，促进皮肤、眼睛视力的健康。肉类是烟酸最丰富的来源，肉类提供的烟酸一半是来源于色氨酸，烟酸将碳水化合物和脂肪转化成能量供应给肌体。维生素B_6是100多种细胞酶的辅助因子。维生素B_{12}可以促进红细胞的发育，且可作为许多酶反应的辅助因子。此外，肉类被认为是维生素D最丰富、最自然的饮食来源，大约占总摄入量的21%。维生素D可以促进钙的吸收和骨组织的形成，调节钙的代谢，对保持脑力劳动持久、提高判断能力、增强神经系统的稳定性很有好处。低量摄入肉类和肉制品是亚洲人佝偻病的风险因素，缺乏摄入肉类和肉制品是亚洲人骨软化症的主要风险因素。

4. 提供铁元素，增强机体免疫力　　食物中的铁一般分为两大类：血红素铁和非血红素铁。血红素铁主要来源于动物性食品，可与血红蛋白和肌红蛋白中的原卟啉结合，不受植酸盐和草酸盐等的影响，可直接被肠黏膜上皮细胞吸收。铁具有高度的生物学活性，参与血红蛋白、肌红蛋白、细胞色素、细胞色素氧化酶、过氧化物酶及触酶等的合成，并与乙酰辅酶A、琥珀酸脱氢酶、黄嘌呤氧化酶、细胞色素还原酶的活性相关。三羧酸循环中有1/2以上的酶在含铁或只有铁存在时才能发挥生化作用，完成生理功能。铁参与体内氧的转运、交换并组织呼吸过程。铁在骨髓造血细胞中与卟啉结合形成高铁血红素，再与珠蛋白合成血红蛋白。铁可使人体内T淋巴细胞功能、血清补体活性、吞噬细胞功能、中性白细胞的杀菌能力保持正常，增强机体免疫。

5. 提供锌元素，维持正常物质代谢　　100g猪瘦肉中大约含锌2.99mg。一般肉和肉制品的锌占锌摄入总量的1/3。肉类蛋白质分解后所产生的氨基酸还能促进锌的吸收，吸收的锌中有20%～40%来自肉类。锌对生长发育、免疫功能、物质代谢和生殖功能等均有重要作用。锌是人体很多金属酶的组成成分或酶激活剂，在组织呼吸和物质代谢中起很重要的作用。锌与蛋白质的生物合成密切相关，能促进机体的生长发育，并可加速创伤组织的愈合，锌参与胰岛素的合成及功能的发挥。此外，锌还能提高DNA的复制能力，加速DNA和RNA的合成过程，使老化细胞得以更新，从而增强生命活力。另外，锌与维生素A的代谢也有关，缺锌时血清维生素A减少，可引起眼的暗适应力减退。

肉类的脂肪含量是各类食物中最多的（五谷根茎类、蔬菜类、水果类仅含有微量的脂肪，每100g猪里脊约含脂肪10.2g，每100g全脂奶约含脂肪3.5g）。肉类（尤其是红肉）含有大量脂肪，以饱和脂肪酸为主，过多的脂肪摄入，人体不能及时消耗，会导致脂肪在体内积聚，引起肥胖。对于肥胖者，建议少吃肥肉，可以多食用兔肉、牛肉、瘦肉、鱼肉等脂肪含量相对较低的肉类。同时，要选择合适的加工方式。例如，烤肉时肉类直接在高温下燃烧，脂肪分解滴落在炭上发生热聚合反应而形成致癌物"苯并芘"，其过量摄入不仅会增加患癌风险，也易导致肥胖。此外，过量摄入肉类食品后，饱和脂肪酸的摄入量会相应增加，从而抑制胰岛素受体底物活性，并通过刺激炎症细胞因子的分泌而降低肌肉细胞胰岛素的敏感性，提高了糖尿病的患病风险。对于糖尿病患者来说，摄入饱和脂肪酸可能造成患者膳食脂肪酸比例失调，从而导致血脂的波动，不利于整体病情控制，而猪肉的胆固醇（含量高达120～150mg/100g猪肉）含量过高，过多摄入对于糖尿病患者，特别是已经伴有高胆固醇血症的糖尿病患者十分不利。因此应该严格控制脂肪和胆固醇的摄入，调整脂肪酸膳食比例，增加维生素和可溶性膳食纤维的摄入。

▌延伸阅读

代表性的饮食模式

1991～2018年中国健康与营养调查（CHNS）结果显示：长期采用肉类饮食模式会增加超重/肥胖的风险。随着中国经济社会的发展，超重和肥胖带来的公共卫生负担越来大。超重和肥胖是由多种生理、环境和行为因素驱动的能量失衡。其中，饮食因素起着极为重要的作用。而当前的中国正处于营养转型阶段，近几十年来饮食模式日趋西化。

中国健康与营养调查是一项由中国疾病预防控制中心开展，启动于1989年，并于1991～2018年进行随访的持续的纵向研究。中国健康与营养调查使用多阶段随机聚类过程抽取了15个人口、地理、经济发展和公共资源各不相同的省份的样本。研究选取了9299名18岁以上成年参与者数据，其中至少具有3波完整的饮食数据和体重指数（BMI），并且排除了孕妇或哺乳期妇女，以及能量摄入量明显不合理和明显不符合实际的数据。研究者对这些数据利用因子分析得出了3种饮食模式：模式1，以大米、蔬菜、猪肉、鱼/海鲜为主要食物来源，被命名为南方饮食模式；模式2，大量摄入水果、乳制品和加工食品，被命名为现代饮食模式；模式3，内脏肉、家禽、猪肉和其他牲畜肉的摄入量高，因此被命名为肉类饮食模式。结果表明，南方饮食模式和现代饮食模式与超重/肥胖的相关性较低，而肉类饮食模式与超重/肥胖则有明显的正相关关系。红肉和加工肉类是最常导致不健康饮食模式的食物。与许多其他国家不同，新鲜红肉是中国肉类总量的主要组成部分，其中富含脂肪的新鲜猪肉占红肉摄入量的大部分。适量的肉类是健康均衡饮食的重要组成部分，可提供优质蛋白质和许多微量营养素，但大量食用会对健康产生不利影响。而本次的研究结果也同样表明，长期坚持肉类饮食模式可能会增加超重/肥胖的风险。而本研究中另外的两个饮食模式——现代饮食模式和南方饮食模式则与超重/肥胖风险无明显的正相关性。

（资料来源：Zhang et al.，2021）

延伸阅读

红肉吃得多，糖尿病风险大

新加坡国立大学医学院发现，吃肉与患糖尿病的风险有一定的关系。他们以亚洲人为对象进行了一次大规模调查。结果发现，食用过量的红肉，如牛肉、猪肉和加工肉等会增加患糖尿病的风险，而吃白肉，如鱼、鸡肉等可使风险下降。研究人员以6.3万名45～74岁的新加坡居民为对象，进行了11年的追踪调查。结果显示，吃红肉最多的组与最少的组相比，患糖尿病的风险上升了23%。专家指出，红肉中的亚铁血红素、饱和脂肪酸和烹调中的烧焦部分所含的糖化最终产物等，对胰岛素的敏感性和分泌会带来不良影响。尤其是亚铁血红素，能引起过氧化和炎症，以致降低胰岛素的敏感性。另外，铁有强大的氧化作用。当消除过量铁产生自由基的酶不足时，过量增加亚铁血红素会对胰岛素分泌的β细胞带来损伤。

（资料来源：宁菁菁，2019）

二、肉品精准与系统营养

肉类是优质蛋白质、脂类、维生素和矿物质的良好来源，是平衡膳食的重要组成部分。一方面，生产环节（如品种、饲料、养殖模式等）的差异导致肉品的食用品质和营养品质存在很大差异；另一方面，在肉品加工过程中，蛋白质、脂肪、维生素等营养元素会发生改变，同样会对肉品的食用品质和营养品质造成极大影响。动物性食物一般都含有一定量的饱和脂肪和胆固醇，摄入过多可能增加患心血管病的风险。

　　动物性食品的营养价值很高，其营养成分都各有特点，因此需合理选择。畜肉类一般含饱和脂肪酸较多，能量高，其瘦肉脂肪含量较低，铁含量高且利用率好。肥肉为高能量和高脂肪食物，摄入过多往往会引起肥胖，并且是某些慢性病的危险因素。禽类脂肪含量较低，且不饱和脂肪酸含量较高，其脂肪酸组成也优于畜类脂肪。目前，我国部分城市居民食用动物性食物较多，尤其是猪肉食用量过多。应调整肉食结构，适当多吃鱼、禽肉，减少猪肉摄入。但相当一部分城市和多数农村居民平均吃动物性食物的量还不够，应适当增加。

　　因此，应该针对不同人群的营养需求，结合不同肉类各自的营养素特点，来满足学龄前儿童、学龄儿童青少年、孕期妇女、哺乳期妇女、老年人等特殊人群的营养需要，使得肉及其制品能够针对不同群体，精准发挥其营养价值。

（一）学龄前儿童系统营养

1. 生理特点与营养需求　　学龄前儿童是指尚未达到入学年龄的儿童，年龄一般为2～5岁或6岁，其生长发育与婴幼儿相比略有下降；该阶段的儿童新陈代谢旺盛，对各种营养素的需要量相对高于成人，各器官持续发育并逐渐成熟。组织器官持续发育，肌肉组织发育加快，需要足够的蛋白质供给；为了维持儿童的正常发育并促进其骨骼生长，需要摄入大量的矿物质，如钙、铁、锌、碘等；学龄前儿童对各种维生素的需求旺盛，其对维生素D的摄入与成人一致，对维生素A、维生素C及B族维生素的摄入量均为成人的50%。

2. 精准与系统营养　　畜肉（猪、牛、羊肉等）属于红肉，富含铁、蛋白质、锌、烟酸、维生素B_1、维生素B_2等，对于儿童来说是补铁的良好选择。可选择肥瘦相间的红肉烹饪，保证孩子营养素的全面摄取，维持生长发育。鱼肉肉质细腻鲜美，多不饱和脂肪酸比例较高，并且富含锌元素，有助于增进食欲，促进儿童生长发育。烹饪多采用蒸、煮且少盐的方式，尽量减少儿童油炸肉类的摄入。对于学龄前儿童而言，建议多食用以下肉类。

　　1）牛肉　　牛肉营养丰富，富含钙、磷、铁、硫胺素、烟酸等微量元素及维生素，蛋白质含量达21%，且脂肪含量较低。牛肉属温补肉食，不上火，是滋补养生的健康食品。中医认为它能补脾胃、强筋骨，对身体瘦弱、贫血的学龄前儿童更为适宜。

　　2）羊肉　　羊肉含有丰富的蛋白质、脂肪、磷、维生素B_1、维生素B_2、烟酸和脂甾醇等成分。羊肉有补气养血、温中暖肾的功效，最好在冬春季食用。对于体质较弱、怕冷的儿童建议多食用；经常"上火"、怕热的儿童夏秋应当少吃羊肉。

　　3）猪肉　　猪肉富含蛋白质、脂肪、无机盐、维生素等。猪肉性平，各种体质的儿童都可以吃。猪肉中饱和脂肪酸含量较高，相对更适合消瘦的儿童，较胖的儿童应控制其摄入量，避免摄入过多导致肥胖。

　　4）鸡肉　　鸡肉性微温，各种体质的学龄前儿童都可以吃。中医认为它补中益气，对身体较弱、食欲不好的学龄前儿童更为适宜。

　　5）鸭肉　　鸭肉性质偏凉，容易上火、燥热、咽干口渴的儿童可以用鸭肉代替鸡肉，起到清补作用。鸭肉所含的维生素B和维生素E的含量相对于其他肉类高出很多，能有效抵抗多种疾病。鸭肉钾含量很高，还含有较高量的铁、铜、锌等微量元素，能满足学龄前儿童对各类微量元素的需要。

（二）学龄儿童青少年系统营养

1. 生理特点与营养需要   学龄儿童青少年是指6岁到不满18岁的未成年人。学龄儿童青少年正处于在校学习阶段，生长发育迅速，对能量和营养素的需要量相对高于成年人。充足的营养摄入可以保证其体格和智力的正常发育，为成人时期乃至一生的健康奠定良好基础。青春期少年生长发育迅速，要求摄入足够量的钙、铁、锌、碘等矿物质，其钙和铁的摄入均应高于正常成年人。此外，增加膳食中维生素D、维生素C和各种与能量代谢相关的B族维生素的含量，有助于增强青少年的抵抗力。

2. 精准与系统营养   学龄儿童青少年由于骨骼生长迅速，对矿物质尤其是钙的需要量甚大，需要摄入足够量的钙、锌、铁、磷、碘等，能够预防贫血。肉类含有丰富的优质蛋白质、脂肪、矿物质和维生素，吸收率高。青春期少年生长发育迅速，对营养素的需求大大增加，尤其是蛋白质。因此，儿童青少年应该多食用牛肉、羊肉、鸡肉等蛋白质含量高的肉类，若青少年出现肥胖现象，应该减少摄入猪肉等含油脂较高的肉类，避免食用过多饱和脂肪酸从而加重肥胖程度。对于学龄儿童青少年而言，建议多食用以下肉类。

1）牛肉   牛肉中富含肌氨酸、肉毒碱、丙氨酸、B族维生素及丰富的钾、锌、铁、镁和必需氨基酸，这些营养物质可以促进新陈代谢，增加肌肉力量。牛肉中的肌氨酸含量明显高出其他食品，对增长肌肉、增强力量特别有效。牛肉中的肉毒碱含量远高于鸡肉、鱼肉，有利于促进脂肪的代谢，产生支链氨基酸，对学龄儿童青少年肌肉增长起着重要作用。

2）猪肉   瘦猪肉中含有血红蛋白，可以起到补铁的作用，能够预防贫血。肉中的血红蛋白比植物中的更好吸收。因此，吃瘦猪肉补铁的效果要比吃蔬菜好。猪肉的纤维组织比较柔软，还含有大量的肌间脂肪，因此猪肉比牛肉更好消化吸收。中医上认为多吃猪肉中的瘦肉有滋阴润燥的作用，对热病伤津、燥咳、便秘等疾病都有一定的治疗效果。但是猪肉肥瘦差别较大，肥肉中脂肪含量高，蛋白质含量少，多吃容易导致高脂血症和肥胖等疾病。

3）鸡肉   鸡肉中含有大量的蛋白质，尤其是鸡胸肉和鸡腿肉的蛋白质含量高，对于生长发育期的人群有促进发育、提高免疫的作用。此外，鸡肉的蛋白质消化率高，很容易被人体吸收利用，有增强体力、强壮身体的作用。

4）羊肉   羊肉蛋白质含量高，脂肪含量低，含磷脂多，较猪肉和牛肉的脂肪含量少，胆固醇含量低。多吃羊肉能提高身体素质，增强对疾病的抵抗力。羊肉中钙、铁的含量显著超过牛肉和猪肉。羊肉还可增加消化酶，保护胃壁，帮助消化。

延伸阅读

青少年吃荤有利于生长发育

青少年正处于学知识、长身体的关键时期，这时最突出的特点就是一个"长"字。青春期来临，青少年身体长高每年少则6～8cm，多则10～13cm；体重增加每年少则5～6kg，多则8～10kg。长身体需要大量的蛋白质、脂肪、糖类、维生素、矿物质等营养物质，而蛋白质等营养物质又大量存在于动物性食物中。因此，青少年吃荤有利于生长发育。

　　动物性食物含有大量人体生长所必需的营养物质。就蛋白质而言，动物性食物的蛋白质中含有氨基酸的比例与人体很接近，它不仅含量丰富，而且容易被吸收、利用，这是植物性食物所不及的。虽然糖类、脂肪和蛋白质等营养素可以在体内互相转换，但程度上却有很大不同，蛋白质能在很大程度上转变成糖类和脂肪，而糖类、脂肪转变成蛋白质的程度就很低，尤其是人体必需的8种氨基酸，在体内是无法转变的，只能由食物提供。

　　细胞的增殖全靠蛋白质当原料，青春期人体内的某些特殊物质急剧增多，促进生长代谢、增强抵抗力的抗体及促进体内化学变化的酶等合成，无不依赖于蛋白质的参与，就连脑和神经系统兴奋性的加强也少不了它。科学家已发现，蛋白质中的赖氨酸是参与人体新陈代谢的重要营养物质，它的摄入对青少年的生长发育有很大影响，而这些蛋白质、脂肪、维生素、钙、磷及微量元素大多存在于鸡肉、猪肉（瘦）、猪内脏、蛋、鱼和牛奶等动物性食品中。

　　总之，人体所需要的各种营养素都要靠膳食来提供。处在生长发育中的青少年不宜只吃素食，只有荤素合理搭配，营养成分齐全，才能保障和促进其健康成长。

（资料来源：云南农业．2007年05期．青少年不宜只吃素）

（三）孕期妇女系统营养

1. 生理特点与营养需要　　为适应胎儿的生长发育，妊娠母体生理代谢会发生变化。孕期妇女对能量和各种营养素的需求量均有所增加，尤其是蛋白质、必需氨基酸，以及钙、铁、叶酸、维生素A等多种微量营养素。其中，膳食中优质蛋白质至少占蛋白质总量的1/3，相应增加必需脂肪酸、钙和铁的摄入。孕期母体容易出现贫血、视力下降、骨质疏松等情况，因此，整个孕期母体都应该增加对维生素A、维生素D和叶酸的摄入。

2. 精准与系统营养　　不同的肉类，其蛋白质、必需脂肪酸、微量元素等含量不同。因此，应该针对孕期母体对各营养素的需求量，选择合适的肉类来满足母体和胎儿的正常代谢与发育。此外，妇女应该从计划妊娠开始尽可能早地多摄取富含叶酸的动物肝脏。孕中期，胎儿各器官系统迅速生长并建立功能，孕妇应多摄入鱼、禽、瘦肉等优质蛋白质。其中某些深海鱼还可提供DHA等多不饱和脂肪酸，这对孕20周后胎儿脑和视网膜功能的发育极为重要。孕中期胎儿骨骼生长加快，孕妇需要适当补充维生素D和钙，多食用乳、海鱼、动物肝脏等。孕晚期是胎儿生长发育最快的时期，也要注意铁的补充，建议常摄入含铁丰富的食物，如动物血、肝脏、瘦肉等。同时多注意摄入富含维生素C的蔬菜、水果，以促进铁的吸收和利用。建议孕期妇女可选择以下肉类。

　　1）鸡肉　　鸡肉富含蛋白质，多食用对母亲和胎儿都有益，尤其是鸡汤，营养更加丰富，鸡肉和牛肉、猪肉相比，其蛋白质含量较高，脂肪含量较低。

　　2）牛肉　　铁和锌是孕妇在孕期中不可或缺的元素，牛肉可以大为满足孕妇孕期对铁和锌的需求，锌不但有益胎儿神经系统的发育，而且对免疫系统也有益，有助于保持皮肤、骨骼和毛发的健康。

　　3）羊肉　　羊肉的营养价值高，羊肉比猪肉的肉质要细嫩，而且比猪肉和牛肉的脂肪、胆固醇含量都要少。羊肉含利于孕妇及胎儿生长发育的物质，只要按正常习惯食用，对孕妇及胎儿均无害，更不会对胎儿致病。

（四）哺乳期妇女系统营养

良好的营养利于母体组织器官的恢复，并为婴儿提供充足的食物。乳汁中各种营养素全部来自母体，若乳母膳食营养素摄入不足或缺乏，则需要消耗母体内营养素的储备以维持乳汁中营养成分的恒定。若哺乳期妇女长期营养不良，不仅会影响乳汁质量，还会破坏母体自身健康，使得母体后期抵抗力下降，造成脾胃虚弱、体弱多病、关节疼痛等症状。此外，哺乳期的疾病很难治愈，严重影响母体后期生活质量。

1. 生理特点与营养需要　哺乳期是指产后产妇用自己的乳汁喂养婴儿的时期。这一时期不仅需要补偿分娩造成的营养损失，还需泌乳喂养婴儿。乳母蛋白质的摄入量对乳汁分泌能力的影响最为显著，因此乳母膳食中要增加优质蛋白质、多不饱和脂肪酸、钙、铁和维生素的摄入，防止哺乳期妇女营养不良。

2. 精准与系统营养　哺乳期妇女膳食至关重要，合理的营养不仅有利于乳母的健康，还可保证乳汁质量和分泌量。哺乳期妇女要增加富含优质蛋白质及维生素A的动物食品和海产品的摄入。同时，也要注意矿物质的补充，如铁和钙。动物性食品，如鱼、禽、畜瘦肉等富含优质蛋白质、矿物质和维生素，建议哺乳期妇女每天比孕前多增加约80g动物性食品的摄入，可以通过鱼虾、排骨汤、鸡汤、猪蹄汤等食物来补充，不仅能够促进乳汁的分泌，还能帮助乳母迅速恢复体力。铁不能通过乳腺输送进入乳汁，所以人乳中铁含量极少。孕后期大量失铁，需要补充红细胞，多吃一些动物肝脏、动物血及瘦肉等含铁较多的食物，对补血有很大帮助。此外，对于乳母而言，鱼、禽、畜类等动物性食品宜采用煮或煨的烹调方式，促使乳母多饮汤水，以便增加乳汁的分泌量。建议孕期妇女可选择以下肉类。

1）鸡肉　鸡肉中含有钙、磷、铁等微量元素，可防止哺乳期妇女缺铁、缺钙。此外，鸡肉中还含有维生素C和维生素E等，具有抗氧化功效。其中乌鸡对哺乳期妇女最适宜。

2）牛肉　牛肉含有丰富的蛋白质，氨基酸组成等比猪肉更接近人体需要，能提高哺乳期妇女的抗病能力。另外，牛肉中还含有较多的矿物质，如钙、铁、硒等。尤其是铁元素含量较高，并且是人体容易吸收的动物性血红蛋白铁，可防止哺乳期妇女贫血。此外，牛肉中含有丰富的锌，不仅对婴幼儿神经系统的发育有很大好处，还可增强哺乳期妇女的抵抗力。

3）猪肉　猪肉纤维较为细软，结缔组织较少，肌肉组织中含有较多的肌间脂肪。因此，经过烹调加工后，肉味特别鲜美，非常适合哺乳期妇女食用。此外，猪肉辅以其他食材熬制成的猪肉粥营养丰富，一方面，猪肉中的营养素会溶于粥中，使人体更好地消化吸收；另一方面，猪肉粥还具有很好的通乳催乳作用，适于产后乳汁不通、少乳者食用。

4）鸭肉　鸭肉中含有多种维生素和矿物质，其中维生素A和叶黄素含量高于鸡肉，且矿物质元素铁、锌、铜等含量高于鸡肉，对哺乳期妇女有益。

（五）老年人系统营养

1. 生理特点与营养需要　世界卫生组织将60周岁以上的人确定为老年人。随着年龄的增加，老年人器官功能逐渐衰退，容易发生代谢紊乱，导致营养缺乏症和慢性非传染性疾病的危险性增加。老年人能量消耗降低，机体内脂肪含量增加，基础代谢比青壮年时期降低10%～15%。因此，老年人要适当控制能量摄入。此外，老年人要注意补充足够的蛋白质，减少脂肪的摄入，增加膳食纤维、维生素和矿物质的摄入，从而增强抵抗力和免疫力。

2. 精准与系统营养　老年人对蛋白质的利用率下降，消化脂肪的能力下降。因此，应尽量选择含胆固醇少且不饱和脂肪酸含量适宜的肉类。随着年龄增加，骨骼的弹性和韧性降低、脆性增加，易出现骨质疏松症，极易发生骨折。缺铁是世界性的老年营养问题，老年人对铁的吸收利用能力下降，容易发生缺铁性贫血。

对于老年人来说，应该时常变换肉类种类，适量食用；同时搭配谷物、蛋、奶、蔬果等其他食物，保持营养充足平衡，并辅以健康的生活方式和良好的心态。此外，老年人由于咀嚼吞咽能力和消化能力减退，应尽量选择新鲜肉类烹饪，精细加工后易消化吸收，做熟做透；少吃加工肉制品，如腊肠、火腿、培根等含盐较高的肉制品。建议老年人可选择以下肉类：

1）鸽子肉　俗话说"一鸽胜九鸡"，鸽子肉是一种很滋补的健康肉类。鸽子肉中的蛋白质含量约为24.47%，甚至超过了牛肉和一些禽肉类。同时，鸽子肉的脂肪含量仅约0.3%。鸽子肉中含有多种营养元素，很适合中老年人食用。尤其是体质比较差的人，经常吃些鸽子肉，能够帮助其增强免疫力。

2）牛肉　牛肉蛋白质含量高，脂肪含量却很低，猪肉的脂肪含量比牛肉要高30%。因此，对于要控制体重的老年人来说，多吃牛肉不仅能从中获取各类营养元素，提高身体的免疫力，还能减少脂肪的摄入，降低患高血压、高脂血症的风险。

3）羊肉　羊肉肉质细嫩，易消化，脂肪含量比猪肉低，并且具有丰富的营养价值，所以中老年人常吃羊肉可提高身体素质。羊肉中脂肪熔点比其他肉类脂肪要高，因此，羊肉脂肪较其他肉类脂肪不易被身体吸收，也就降低了老年人摄入过量脂肪带来的慢性病潜在风险。酷暑之际，适量吃些羊肉可以起到以热攻热的效果，既消暑又祛潮气。

第四节　肉 品 安 全

随着经济的快速发展、贸易出口政策的自由化和生活方式的改变，消费者对肉与肉制品的需求日益增长，与此同时，对其品质与安全也提出了更高的要求，确保肉与肉制品的质量安全已成为肉类行业面临的重大挑战。行业内至今仍存在着许多质量安全问题，如生物性安全风险（致病菌、寄生虫、病毒）、化学性安全风险（重金属污染、兽药残留、激素残留）、掺杂掺假（掺假肉、注水肉）等，给消费者的生命健康造成了极大的威胁。

一、生物性安全风险

肉品安全事件涉及的因素复杂多样，其中生物性安全风险问题呈现突出态势，主要包括微生物污染和寄生虫污染两个方面。

（一）微生物污染

肉品中的微生物污染主要包括细菌、真菌和病毒三类。肉品基质中水分活度高、富含营养物质，故在加工、包装、运输、销售、贮藏和食用等众多环节中易受到微生物的污染。同时，微生物具有一定的变异性，新的病原微生物不断出现，严重威胁肉品安全和人类健康。因此，在当前肉品安全管理中，对于微生物污染的危害控制是重中之重。

1. 致病性细菌　细菌性污染是涉及面最广、影响最大、问题最多的一类肉品污染，其引起的食物中毒具有普遍性；肉制品中的致病菌主要包含沙门氏菌、单核细胞增生李斯特菌等。

1）沙门氏菌

（1）危害与流行特点：沙门氏菌属（*Salmonella*）是肠杆菌科中一种重要的细菌，广泛分布于土壤、水、动物粪便等环境中。根据抗原构造分类，已发现沙门氏菌属有2600多种血清型，我国发现300多种，其中引起人类食物中毒的主要有鼠伤寒沙门氏菌、肠炎沙门氏菌、都柏林沙门氏菌、德尔卑沙门氏菌、鸭沙门氏菌等。

沙门氏菌是一种可以引起人畜共患病的食源性致病菌，由沙门氏菌感染而导致的疾病统称为沙门氏菌病，发病案例一年四季中均有报道，其中夏季与秋季发病率相对较高。人体感染后主要表现为急性肠胃炎，严重者可出现抽搐和昏迷等症状，病情轻重不一。

（2）检测方法与标准：沙门氏菌的检测方法包括传统检测法、免疫学检测法［免疫磁珠法和酶联免疫吸附试验（enzyme-linked immunosorbent assay，ELISA）］、分子生物学方法［聚合酶链反应（polymerase chain reaction，PCR）和环介导等温扩增（loop mediated isothermal amplification，LAMP）］。国家标准《食品安全国家标准　预包装食品中致病菌限量》（GB 29921—2021）中对肉制品沙门氏菌的限量标准规定为不得检出。

2）单核细胞增生李斯特菌

（1）危害与流行特点：单核细胞增生李斯特菌（*Listeria monocytogenes*）广泛分布于环境和各种食物中，能够在较广的pH范围（4.1～9.6）、高盐浓度（10%）和冷藏温度（4℃）等常见环境中生存。该菌是李斯特菌属中唯一能引起人畜共患病的病原体，主要以食物为传播媒介，并通过口腔-粪便的途径进行传播，一年四季均可发病，多发于夏秋两季，在11月至次年2月的发病率低。人畜感染后会患李斯特菌病，临床症状通常有很长的潜伏期，流行病学溯源非常困难；食物中毒的临床表现为败血症、脑膜炎、心内膜炎、急性肠胃炎等。

（2）检测方法与标准：李斯特菌的检测方法包括传统检测方法、免疫学检测方法（酶联免疫吸附试验、酶联免疫荧光分析法、侧向免疫层析法、免疫磁性分离法等）、分子生物学检测方法［常规PCR、多重PCR、实时荧光定量PCR（real-time fluorescence quantitative PCR，RT-qPCR）、环介导等温扩增、重组酶聚合酶扩增（recombinase polymerase amplification，RPA）、DNA微阵列（DNA microarray）、荧光原位杂交（fluorescent *in situ* hybridization，FISH）］等。国家标准GB 29921—2021中对预包装肉制品（即食生肉制品、发酵肉制品）中单核细胞增生李斯特菌的限量标准规定为不得检出。

2. 真菌　　真菌是一种具细胞核、产孢、无叶绿体的真核生物，包含酵母菌、霉菌等。

1）酵母菌　　酵母菌大多数为腐生真菌，能使肉类等食品或者食品原料腐败。在肉与肉制品中，常见的有害酵母菌有假丝酵母菌属、球拟酵母菌属、红酵母菌属、毕赤酵母属、汉逊酵母属、巴氏利酵母属、克鲁维酵母属、裂殖酵母属等。著名的汉逊巴德利酵母具有耐高盐特性，易在食品表面形成生物膜，常引起腌肉、香肠等食品腐败。

2）霉菌　　霉菌是部分丝状真菌的统称，肉制品中常见的霉菌主要有曲霉菌属，主要包括曲霉、杂色曲霉、赭曲霉等；真菌毒素是霉菌在生长繁殖过程中产生的有毒次级代谢产物，肉制品中较为常见的真菌毒素包括黄曲霉毒素、赭曲霉毒素A、脱氧雪腐镰刀菌烯醇、玉米赤霉烯酮、展青霉素、橘青霉素等，其中黄曲霉毒素B_1和赭曲霉毒素A是存在于肉制品中毒性较强的两种真菌毒素。此外，在200余种真菌毒素中，T-2毒素、HT-毒素、环匹阿尼酸、蛇形毒素、麦角碱、杂色曲霉素等为动物饲料中常见的毒素，它们不仅会对动物的健康构成威胁，还对人类的食品安全造成潜在的隐患，大多数霉菌毒素具有毒性、致癌、致畸和致突变性。表3-6列举出了肉中常见的霉菌毒素及其危害。

表3-6　肉中常见的霉菌毒素及其危害

毒素类型	主要霉菌	危害
黄曲霉毒素 （aflatoxin，AFT）	黄曲霉、寄生曲霉	黄曲霉毒素被公认为目前致癌力最强的天然物质，1993年，该类物质被国际癌症研究机构划为Ⅰ类致癌物，其毒性是氰化钾的10倍，具有致畸、致细胞突变和抑制免疫机能的作用
赭曲霉毒素 （ochratoxin）	赭曲霉、鲜绿青霉	赭曲霉毒素A（ochratoxin A，OTA）对食品的危害最大，抑制人体免疫力、致畸、致癌、致地方性肾病
脱氧雪腐镰刀菌烯醇 （deoxynivalenol，DON）	禾谷镰孢菌	DON（为呕吐毒素）是世界大部分农作物中都有检出的单端孢霉烯毒素，不仅对免疫功能有影响，也与食管癌的发生有关
玉米赤霉烯酮 （zearalenone，ZEN）	玉米赤霉菌	ZEN（F-2毒素）具有雌激素作用，对许多哺乳类动物有肝脏毒性、血液毒性、免疫毒性、遗传毒性、致畸性和致癌性。玉米赤霉烯酮具有雌性激素作用，能造成动物急慢性中毒，引起动物繁殖机能异常甚至死亡
展青霉素（patulin，PTL）	青霉属、曲霉属、丝衣霉属	有"三致"作用且具有广泛的生理及细胞毒性，对胃具有刺激作用，导致反胃和呕吐
橘青霉素（citrinin，CIT）	青霉属、曲霉属、红曲霉属	具有肾毒性、致畸性、致癌性和致突变性

3）检测方法　真菌毒素常用的检测方法有以下几种。①仪器分析法主要有高效液相色谱法、薄层色谱法、气相色谱法和液相色谱-质谱法等。②免疫学分析方法主要有酶联免疫吸附试验、胶体金免疫层析法、时间分辨荧光免疫分析法等。③光谱分析法主要有近红外光谱法、拉曼光谱法、荧光光谱法等。随着现代生物技术与科学技术的发展，一些新型真菌毒素的检测方法也得到了广泛的应用，如生物传感器法。

4）国家标准　真菌毒素的限量标准《食品安全国家标准　食品中真菌毒素限量》（GB 2761—2017）中规定了食品中黄曲霉毒素 B_1、黄曲霉毒素 M_1、脱氧雪腐镰刀菌烯醇、展青霉素、赭曲霉毒素A及玉米赤霉烯酮的限量指标。黄曲霉毒素 B_1 对六大类食品进行了限量指标要求，其中在特殊膳食食品中的限值最低，为0.5μg/kg，在其他类别食品的限值为5~20μg/kg。脱氧雪腐镰刀菌烯醇的限量指标为1000μg/kg，展青霉素的限量指标为50μg/kg，赭曲霉毒素A在酒类中的限量最低，为2.0μg/kg，玉米赤霉烯酮的限量指标为60μg/kg。

3. 病毒　病毒是一种非细胞生命形态，以病毒颗粒的形式存在，个体极其微小，无细胞结构，大多用电子显微镜才能观察到。食源性病毒会危害食品安全，它能以食物为载体并导致人类患病。例如，由人体感染甲型肝炎病毒引起的急性传染病——甲型病毒性肝炎，以伤害肝脏为主，发病率高，传染性强；由疯牛病病毒引发的牛海绵状脑病会侵犯中枢神经系统，是一种食源性、传染性、致死性、慢性的人畜共患病，这些食源性病毒会给人类生命健康带来极大的危害。

（二）寄生虫污染

寄生虫专指营寄生生活的动物，基本依靠在宿主体内寄生以汲取宿主养分，才可发育至成熟的动物，不可独立生活，肉品中存在的寄生虫会对消费者造成潜在的生物性安全风险。

因生食或半生食含有感染期寄生虫的食物而感染的疾病称为食源性寄生虫病，通过食品感染人体的寄生虫称为食源性寄生虫，主要包括吸虫、绦虫、原虫、线虫和旋毛虫等。食源性寄生虫大多在脊椎动物与人之间进行直接或者间接传播，可造成人畜共患的寄生虫病，会给人类健康造成严重危害，给生产经济带来严重损失。因此，防治食源性寄生虫对保证肉品加工安全具有重大意义。在日常生活中以旋毛虫和绦虫所引发的食源性寄生虫病最为常见。

1. 旋毛虫 旋毛虫的全称为旋毛形线虫，是寄生于人体肠道内最小的线虫，整体呈线状，表皮光滑，成虫呈毛发状，与幼虫寄生于同一个宿主，一般寄生于宿主小肠肠壁上。旋毛虫的幼虫和成虫均可致病，但以幼虫致病为主，对人体的致病程度与食入幼虫包囊的感染力、数量、侵犯部位和人体的免疫力强弱等诸多因素有关。由旋毛虫引起的寄生虫病称为旋毛虫病，人畜皆可感染，主要途径是食用被感染或含有旋毛虫包囊的肉制品，感染后的主要症状为常年肌肉酸痛，甚至失去劳动能力。

在日常生活中应采取如下的防控措施：杜绝生食和半生食肉与肉制品；生熟分开避免混染；加强对原料肉获取对象的饲养管理，加强肉品检验规章制度，严格执行肉品卫生监管政策，避免不合格肉品上市。

2. 绦虫 绦虫属扁形动物门绦虫纲，是一种庞大的肠道寄生虫，广泛寄生于人、畜禽、鱼和其他动物的体内。绦虫幼虫主要寄生在无脊椎动物中，或以脊椎动物作为中间宿主，成虫主要寄生于脊椎动物体内。已知的以食品为中间媒介传播的绦虫主要有复孔绦虫、膜壳绦虫、猪肉绦虫、牛肉绦虫、细粒棘球绦虫、阔节裂头绦虫等。

由绦虫感染引起的食源性疾病称为绦虫病，人食用未经充分煮制的含有绦虫的猪肉或牛肉等食品后，绦虫即可进入人体营寄生生活。绦虫留在肠道中不会引起太大的危害，但是会导致间歇性的轻微腹痛、食欲下降及肛门周围刺痒等相应症状。严重者会有少数虫体穿破肠壁引发腹膜炎等。如果让绦虫侵入肌肉则会引发肌肉坚硬酸痛，视力减退，严重者失明；侵入脑中则可能引起精神错乱、幻视、幻听、呕吐、抽搐等神经症状，更有甚者会突然死亡。绦虫病最主要的有猪肉绦虫病和牛肉绦虫病，人作为猪肉绦虫和牛肉绦虫的主要传染源和终末宿主，感染者可通过粪便排出猪肉绦虫和牛肉绦虫的虫卵，致使猪和牛的饲料、水源等被污染，导致猪和牛感染绦虫病。

防控措施有：加强肉品检验，严禁销售囊尾蚴病肉；在肉品加工过程中，生熟肉品及其加工器具要严格分开；合理处理绦虫感染患者的粪便，防止由粪便污染导致猪、牛等饲料、水源被污染；加强食品加工安全教育宣传，禁止生食或半生的卫生不达标准的肉制品。

二、化学性安全风险

化学性安全风险主要是指食用后能引起急性中毒或慢性积累性伤害的化学物质。长期大量接触有害化学物质可能会产生急性中毒、慢性中毒、过敏、影响身体发育等风险。造成肉品化学性安全风险的因素主要分为重金属污染、激素残留和兽药残留。当有害化学物质在人体积累到一定数量时，会对人类健康造成严重威胁。

（一）重金属污染

肉类产品中主要的重金属污染包括铅、砷、汞、铜和镉，通过与人体中的蛋白质相结合，引发蛋白质变性，损害肝功能，使血液循环系统紊乱，并引发一系列中毒症状和神经症状；

更为重要的是，重金属进入机体后会在脏器中长时间蓄积，达到一定数量后，将会引发严重的毒害作用，进一步引发致畸、致突变现象。

1. 来源 肉类产品中重金属残留主要来源于两个方面：一是养殖饲料中的重金属残留；二是环境中的重金属（土壤、空气、水等），动物长期生活在重金属含量超标的环境中，其体内的重金属含量必定会受到影响，环境中的重金属残留可通过食物链逐渐传递、富集（浓度可提升千万倍），最后进入人体，危害人体健康。

1）养殖饲料中重金属残留 生产饲料的原材料及饲料生产过程中存在一定被重金属污染的风险，其会随动物的食用进入体内，并残留在各种组织器官中，最终被人类食用，引起慢性中毒，严重威胁人类健康。例如，猪肉中的铅残留主要来源于饲料中的铅污染。

2）环境污染引入 重金属一般以天然浓度广泛存在于自然环境中，不同类型的土质都可能产生重金属污染，某些地区的自然地质条件特殊，成土母质重金属含量较高，因此在这一区域内生活的生物重金属暴露风险较高。土壤中富集的重金属可通过农作物进入饲料环节，水体中富集的重金属则被鱼和贝类体表吸附，这些重金属会通过食物链进入畜禽体内，引起肉中重金属含量超标。

3）人为添加和加工引入 有些元素如铁、锰、锌等是牲畜生长所必需的微量元素，在合理剂量内可以促进动物的生长发育，但许多养殖户在牲畜养殖过程中有超量使用的现象，导致动物处于亚健康的低浓度中毒状态。除此之外，在畜产品加工过程中的不规范操作，可能造成生产中混入重金属，如生产用水、生产包装用料等被污染。

2. 限量标准 在肉与肉制品的质量控制中，控制的重金属元素主要是镉、汞、铅、铬和砷。《食品安全国家标准 食品中污染物限量》（GB 2762—2022）对铅、砷、镉、汞、铬等重金属污染物在食品中的限量进行了规定。

（二）激素残留

为促进动物生长、增加体重、肥育，或用于疾病防治和同期发情等，畜牧业生产过程中会使用部分激素作为动物饲料添加剂，这也导致部分激素可能在肉品中残留。残留于肉中的激素一旦通过食物链进入人体，即会明显影响机体激素平衡，引发致癌、致畸及机体电解质、蛋白质、脂肪和糖的代谢紊乱等。激素的种类很多，其中引发重大肉品安全事故的激素有生长激素、β-兴奋剂和性激素三大类。

1. 生长激素 生长激素是动物脑垂体前叶的嗜酸性细胞分泌的一种天然蛋白性激素，其生物学效果主要为促进生长；生长激素在体内的半衰期较短，在血液中的半衰期只有8～9min；目前应用于畜牧业的动物生长激素主要有牛生长激素和猪生长激素。尽管牛和猪生长激素分别具有提高乳脂率和胴体瘦肉率等作用。但是，对于这两类生长激素的应用仍有争议，部分国家认为对人类健康无不良影响，并批准其应用于畜牧生产，而欧盟认为食用含生长激素的牛肉会对人体健康造成危害，因而禁止从美国和加拿大两国进口牛肉已达10多年，我国已禁止其在饲料添加剂中使用。

2. β-兴奋剂 β-兴奋剂是一类与肾上腺素或去甲肾上腺素结构和功能类似的苯乙醇胺类衍生物，其作用类似于生长激素，能促进动物生长，提高日增重和饲料转化率，改善胴体品质，但人们发现β-兴奋剂在畜产品中残留会严重危害人体健康。临床症状主要表现为面红、头痛、心悸、恶心呕吐、脉搏加快、心动过速、神经过敏等。若是高血压、心脏病、甲状腺功能亢进和青光眼等患者中毒后，危险性更大，甚至引起死亡。β-兴奋剂还可通过胎盘屏障进入胎儿体内产生蓄积，从而对子代产生严重的危害。为保证动物性食品卫生安全，我国已明令克仑特罗及其盐、沙丁胺醇及其盐、西马特罗及其盐等β-兴奋剂为禁止使用药物，不得在所有动物性食品中检出，并制定了相应的监管制度与检测方法。

3. 性激素 性激素是一类由动物性腺分泌或者由人工合成的低分子质量、高亲脂性、具有生物活性的类固醇类物质，对动物和人体的各种生理机能和代谢过程起重要的协调作用。大量使用性激素及其衍生物以后可在畜禽体内残留，具有潜在的危害性，对人体的危害主要表现在：对生殖系统和功能造成严重影响，促使少儿性早熟；诱发癌症，如长期食用雌激素可引起子宫癌、乳腺癌、睾丸肿瘤、白血病等；对人的肝脏有一定的损害作用；引起内分泌失调、肥胖、月经周期紊乱。20世纪70年代，国外开始禁止将己烯雌酚等性激素用于食品动物。1980年，FAO/WHO全面禁用己烯雌酚等人工合成类雌性激素化合物，欧洲共同体也于1988年完全禁止在畜牧生产中使用类固醇类激素。

（三）兽药残留

兽药残留是指动物产品的任何可食部分所含兽药的母体化合物及其代谢物，以及与兽药有关的衍生物。所以，兽药残留既包括原药，也包括药物在动物体内的代谢产物和兽药生产中所伴生的衍生物。

1. 原因 兽药残留主要由以下几个原因引起：滥用药物，为预防动物染病，不当使用或注射过量药物；不遵守规定，部分养殖户为缩短养殖周期从而滥用兽药，不按规定施行休药期；屠宰前用药，为掩盖动物病症突击使用兽药，掩饰有病畜禽临床症状，以逃避宰前检验；非法使用，添加已明令禁止的兽药，从而影响动物源食品的安全，如瘦肉精。

2. 检测方法与限量标准 兽药残留包括抗生素类、磺胺类、激素类及呋喃唑酮和硝呋烯腙等兽药残留，常用的检测方法包括金标检测法（金标检测卡）、酶联免疫吸附试验、理化分析结合法，其中理化分析主要是通过仪器进行检测分析，经常用到的仪器包括气相色谱仪、高效液相色谱仪、气相色谱-质谱联用仪、液相色谱-质谱联用仪等，国内兽药残留主要参考食品安全国家标准。

三、肉源性成分识别与溯源

肉源性成分识别与溯源已被用于鉴别肉与肉制品的真实性，溯源可以确认产品信息及来源，保证产品在任何阶段都能识别原产地。因此，对于不同的肉类掺假问题，开发和应用鉴别肉制品真实性的方法至关重要。

（一）肉源性掺杂掺假

肉类掺杂掺假主要是指不同肉类互掺和肉中注水。通常这种异质肉会失去原有品质，并严重影响消费者的身体健康。

1. 不同品类互掺 随着肉制品价格的日益上涨，不良商家为获取更多经济效益而在肉类中掺假，极大地危害了食品安全，"假肉门""马肉风波"等是此类事件的代表。

1）肉类掺假类别 按照严重性，肉类掺假可分为三类。第一类是将低经济价值的肉类（猪肉、鸡肉、鸭肉、马肉等）加入高经济价值的肉类（牛肉、羊肉、鸽子肉、兔肉等）中以获得高额利润。这种掺假方式在生活中最为常见，且通过调味在很大程度上掩盖了掺假肉的味道，使得消费者难以简单地从感官上进行辨别。第二类是可食用肉类中掺入了不以食用为目的的肉类，如猪、牛、羊肉中掺入狐狸肉、水貂肉等非可食用的肉类，这些肉类主要由生产毛皮为主的养殖场提供，存在很大的安全隐患。第三类是在可食用肉类中掺入不可食用肉类，将因病致死的动物肉类掺加到正常的畜禽肉中，食用这类肉制品的安全隐患极大。

2）检测方法　　传统肉类掺假鉴别方法主要有感官判断法和形态学检验法，但感官判断和形态学检验结果的准确度不高，随着科技的发展，兴起了多种检测技术，如光谱法、质谱法、仿真技术法、免疫学技术和DNA分析法，这些现代技术的应用大幅度提高了肉类掺假检验的精度和准确度（表3-7）。

表3-7　掺假肉的检测方法

检验方法	原理	优点	缺点
感官判断法	通过感觉器官对肉的色泽、形态、气味、硬度、咀嚼性等理化指标进行评判	操作简单，无场景、人员限制	主观性强，不易量化，结果易受许多因素影响，肉产品经加工后，感官判断的准确性会大大降低，难以判定真伪
形态学检验法	使用显微镜观察样品的形态学结构，区分不同动物组织，实现对掺假肉的鉴定	快速简便，成本低廉	结果有一定的主观性，常受制于技术人员的技术熟练程度和鉴别能力
聚合酶链反应鉴别法	基于PCR反应，将样品中的核酸进行体外扩增，根据不同物种的基因保守序列的特异性进行种属的鉴别	避免加工过程的检测误差，稳定性较高，灵敏度好。应用广泛，技术成熟，适用于多物种的鉴定	易交叉污染导致结果假阳性，检测成本高，易被DNA降解、复杂基质干扰检测结果
质谱法	根据不同来源的肉类产品中特异性蛋白质的差别，检测特征肽，从而识别不同物种	结果不易受外界干扰，准确性高、可靠性强	前处理过程烦琐、仪器成本较高，无法满足快速检测的需求，限制了其推广应用
光谱法	利用光谱对样品进行扫描，对得到的谱图数据进行分析，建立判别模型，以实现对掺假肉的检测	高效、快速、无损检测	建立判别模型需要大量样本数据，仪器昂贵，对操作人员的要求较高
免疫学技术	通过抗原和抗体的特异性识别反应和信号放大技术实现对肉不同成分的鉴定	灵敏性高、检测速度快	对于深加工食品有一定的局限性

2. 注水肉　　牛肉、羊肉、猪肉等是居民消费的主要品种，但其价格相对较高，部分商家为获取高额利润，这些肉类往往会被进行注水等不法操作。注水肉是屠宰后向肉内注水制成的，注水量可达肉类质量的15%～20%。

1）危害　　注水肉会降低肉类原有的品质，外界大量的水进入肌肉组织中，会破坏原有的结构和组织。这些水分会在一定时间后流出，此时会伴随着肌肉组织固有汁液的流失，进而对肉类的口感、色泽和营养价值等产生严重的影响。同时注水后的肉类常常会被微生物污染，进而导致肉品腐败甚至危及人体健康。

2）检测方法

（1）感官判断法：消费者通常可以通过观察肉的表面和切面特征进行判别。新鲜肉的表面呈现暗红色，而注水肉存在泛白现象。新鲜肉的弹性好，按压表面产生的形变会快速恢复且不会有汁液渗出；注水肉的弹性差，手压后难以恢复原状且有汁液渗出。正常肉的切面光滑、几乎没有汁液渗出，注水肉切面有明显的汁液渗出。

（2）新型检测方法：传统的检测方法并不能建立技术标准化，无法满足市场需求，一些新兴的检测方法近些年得到发展，主要包括电传感器检测法、低场核磁共振检测法、光谱分析技术检测法等。

（二）地理标记肉产品的识别与溯源

1. 地理标志产品　地理标志产品是指来源于某一特定地区，且该商品的特定质量、信誉或者其他特征主要由该地区的自然因素或者人文因素所决定的产品。地理标志产品既包括植物及其产品，也包括动物及其产品。依据是否经过特定工艺生产和加工的标准，地理标志产品可分为两大类：一类是未经特定工艺生产和加工的，来自该地区的种植、养殖产品（即初级产品），如"玉树牦牛""宁夏滩羊"等；另一类是原材料全部来自本地区或部分来自其他地区，并在该地区按照特定工艺生产和加工的产品，如赤峰市的"巴林牛肉干"等。

随着我国地理标志产品概念的建立，伴随而来的食品质量问题也日益凸显出来，由于地理标志产品不易被人们甄别，一些假冒伪劣的产品进入市场，以假乱真，严重损害了消费者权益和对地理标志产品的信任。

2. 溯源技术　溯源技术是用来鉴别真伪、追踪产品产地的技术，最早是欧盟为应对"疯牛病"问题而逐步建立并完善起来的食品安全管理制度。一旦出现质量问题，可通过溯源技术进行查询，获知食品的全部流通信息。在国际农产品的追溯体系中，常用脂肪酸含量及组成测定和电感耦合等离子体质谱、稳定同位素质谱等作为主要的溯源技术，稳定同位素质谱技术已在动物食品中得到了广泛应用，根据不同地区同种生物之间的同位素数值进行溯源分析。例如，该技术可对牛肉样品中的 ^{13}C、^{1}H、^{18}O、^{15}N 同位素进行测定，通过比较差异显著的同位素，推测出各地肉牛的饲料组成、放牧方式及产地等信息。现阶段，以同位素质谱为基础的溯源技术对牛肉、鸡肉、鸡蛋、水产品、有机食品及地理标志食品的研究已经相对成熟，但是对于产品溯源的准确定量问题还没有比较理想的方法，需进一步研究。

思 考 题

1. 如何判定肉品中的优势腐败菌？
2. 腐败微生物导致的常见肉品腐败表型有哪些？
3. 如何识别肉品新鲜度及其常见的检测方法有哪些？
4. 肉品减菌与保鲜技术主要有哪些，并简要说明其优缺点。
5. 肉类中的营养素有哪些，其主要功能是什么？
6. 肥胖是由能量摄取和消耗之间的极度不平衡而导致身体脂肪过多的一种状态。肥胖常常伴随许多其他疾病，如高血压、高脂血症、糖尿病等，严重影响人们的生活水平。因此，日常生活中应该如何科学食用肉及其制品来降低患肥胖的风险？

7. 哺乳期妇女的生理特点是什么？如何进行合理的营养补充？

8. 学龄儿童青少年在日常生活中如何科学食肉？

9. 简述食品中常见的致病细菌危害，其常用的检测方法有哪些？

10. 导致肉品化学性安全风险的因素有哪些？

11. 如何鉴别肉类掺假，主要的鉴别方法和各自的优缺点有哪些？

第四章 肉品加工原理与技术

本章内容提要： 掌握肉品加工原理与技术是科学指导肉类加工实践的前提。本章主要介绍肉品加工配料与添加剂、肌肉蛋白的功能特性等肉类加工基础知识，并进一步聚焦腌制、熏制、蒸煮等肉类加工关键技术，了解典型肉制品的加工工艺流程，帮助同学们迅速掌握肉类加工关键技术的原理、工艺参数及现代化设备。

第一节 肉品加工配料与添加剂

在肉品加工中，为改善肉制品的色、香、味、形、组织结构和贮藏性能，或为便于加工，往往需要加入一定量的天然或化学合成物质，这些物质统称为肉品加工辅料。正确使用辅料，对于提升肉制品营养和商品价值，增加产品品种，提高肉制品产量，保障生产企业和消费者权益有重要意义。肉品加工辅料按照用途可分为两类，即配料和添加剂。肉品加工配料包括调味料、香辛料和品质改良配料等；添加剂包括发色剂、发色助剂、品质改良剂、抗氧化剂、防腐剂等，其超量或超范围使用、劣质或过期使用等会带来一些食品安全问题。本节主要介绍肉品加工中主要的配料与添加剂的种类和特性。

一、加工配料的种类与特性

（一）调味料

调味料是指为了调节、改善肉品风味，能赋予特殊味感（咸、甜、酸、苦、鲜、麻、辣等），增进食欲，使产品鲜美可口而添加的天然或人工合成物质。

1. 咸味料　　咸味是一种非常重要的基本味，是调制各种复合味的基础。食盐（NaCl）的咸味最为纯正，其他一些化合物，如氯化钾、碘化钠、苹果酸钠等也呈现咸味，但这些化合物还带有其他的味道。在肉品加工中，食盐具有调味、防腐保鲜、提高保水性和黏着性等重要作用，但长期大量摄入高钠盐食品易导致高血压等疾病。目前常采用钾盐（KCl）部分代替钠盐，以降低食盐用量，但味道不佳；后来新开发出一种酵母型咸味剂（商品名为Zyest），在不影响咸味的情况下，可使食盐用量减少一半以上，且具有和食盐一样的防腐作用，现已广泛用于香肠等肉制品。另外，也可通过改变其物理化学性质来降低食盐摄入量。例如，采用精细研磨减小盐粒直径可促进钠离子更快溶出，应用于肉品加工时即可产生更浓的咸味。嘉吉（Cargill）公司开发出一种薄片空心盐（商品名为Alberger），这种盐粒为空心结构的锥形晶体，由于薄层内部中空，具有较大的表面积，在使用中可较快溶解，少量添加即可迅速产生咸味刺激。

此外，酱油、面酱、豆瓣酱等也可用作咸味料，有良好的提香生鲜、除腥清异的效果，其使用量不受限制，根据调味效果而定。

2. 鲜味料　　目前肉品加工中常用的鲜味料主要包括水解动物蛋白（HAP）、水解植物蛋白（HVP）和酵母提取物等。HAP主要以鸡肉、猪肉、牛肉等为原料，通过酸解法和（或）酶解法制备，主要用于生产高级调味品，以及作为功能性肉品的基料。此外，以豆粕粉、玉米蛋白、面筋、花生饼和棉籽饼等为原料生产的水解植物蛋白，近年来也用于生产高级调味品，并用作营养强化食品的基料和肉类香精原料。酶解法制备的水解植物蛋白可保留植物原料的大部分营养成分，水解产物只有短肽和氨基酸，符合卫生要求，是未来的发展趋势。酵母提取物是一种国内外流行的营养型多功能鲜味料和风味增强料，以面包酵母、啤酒酵母、原酵母等为原料生产而成。酵母提取物保留了酵母所含的各种营养素，将其添加到肉品中，不仅可增加鲜味，还可掩盖苦味、异味。另外，将鸟苷酸钠和肌苷酸钠加入酵母提取物中，可进一步提高其风味和鲜味。

除此之外，一些具有良好应用前景的新型鲜味料也被开发出来，主要包括以下两类。

1）有机碱类　　主要包括氧化三甲胺和甜菜碱。氧化三甲胺（TMAO）在自然界中广泛存在，具有特殊的鲜甜味，是水产品体内自然存在的内源性物质，也是水产品区别于其他动物的特征物质。

甜菜碱属于季铵型生物碱，是龙虾肌碱、β-丙氨酸甜菜碱和脯氨酰甜菜碱等一类化合物的简称，具有轻微甜味，是重要的呈味物质，可与谷氨酸钠、肌苷酸钠、琥珀酸钠等呈味物质共同作用使海产品呈现特有鲜味。有研究表明，三疣梭子蟹中的甜菜碱含量较高，甜菜碱的独特甜味使三疣梭子蟹口感更佳；鲍鱼中的甜菜碱含量与其他鲜味物质间相互作用赋予其独特鲜味和甜味。

2）鲜味肽类　　鲜味肽类是指从食物中提取或经氨基酸合成得到的具有鲜味特性的小分子肽。研究者于1973年从大豆蛋白水解产物中分离、纯化出3种二肽（Glu-Asp、Glu-Ser和Glu-Glu）和1种三肽（Glu-Gly-Ser），认为这些肽具有肉汤味道。1978年，人们从木瓜蛋白酶酶解牛肉的水解液中分离、纯化得到氨基酸序列为Lys-Gly-Asp-Glu-Glu-Ser-Leu-Ala的辛肽，将其命名为鲜味肽或牛肉辛肽（BMP），由此鲜味肽开始受到广泛关注。之后的研究中，在许多动植物及其提取物中都发现并分离出多种鲜味肽。鲜味肽不仅可直接增强肉品的口感，还可与食盐、谷氨酸钠等相互作用，提升肉品的醇厚感、圆润感和持久感。从天然食材中获取具有良好呈味特性的鲜味肽日益成为研究焦点。

> **📖 延伸阅读**
>
> **酵母提取物的优势**
>
> 酵母提取物是富肽呈味基料的典型代表。近年来，酵母提取物的年增长率大于20%。呈味肽、呈味氨基酸这两种成分可以从动植物提取物中提取得到，但呈味核苷酸钠是酵母提取物中独有的。酵母提取物与其他提取物相比具有很多优势：①作为食品配料，没有使用范围和限量的要求，是全球消费者都能接受的天然、洁净的咸味原料；②不含3-氯丙醇、转基因成分和动物成分，天然安全；③鲜味柔和而浓郁，并带有独特而浓郁的肉香气，呈味天然；④稳定性高，可长时间加热而不变味；⑤适用范围广，在低pH条件下也不产生混浊，溶解状态好；⑥经热处理，其中的氨基酸和多肽会与还原糖发生美拉德反应，产生逼真的肉香气。
>
> （资料来源：申海鹏，2015）

3. 甜味料　　甜味料通常是指能赋予食品甜味的物质。常用于肉品加工的甜味料主要有蔗糖、葡萄糖、蜂蜜等，可根据生产要求按需添加。此外，饴糖通常可作为酱卤、烧烤、油炸制品的甜味助剂和增色剂。

1）蔗糖　　蔗糖的甜度仅次于果糖，肉制品中添加少量蔗糖既可改善产品滋味，也能促进胶原蛋白的疏松和膨胀。其使用量在0.5%～1.5%为宜。

2）葡萄糖　　葡萄糖有助于胶原蛋白的疏松和膨胀，使产品柔软。此外，相比于蔗糖，葡萄糖因具有还原性，可通过美拉德反应使产品形成较好的风味和色泽，同时葡萄糖还具有较好的护色和保色作用。其使用量通常为0.3%～0.5%。

3）蜂蜜　　蜂蜜中含葡萄糖和果糖，含量为65%～80%，蔗糖含量少，不超过8%。蜂蜜甜味纯正，可通过美拉德反应增加产品的风味及色泽。

4. 其他调味料

1）酒类　　黄酒、料酒和白酒是多数中式肉品加工中必不可少的调味料，具有除腥膻、异味和一定的杀菌作用，赋予产品特有的醇香气味，增强风味特色。

2）食醋　　食醋是一种酸味调味料，按生产方法不同分为酿造食醋和人工合成食醋，酸度一般为2%～9%。食醋不仅可提供甜酸味，还具有防腐、去腥膻、促食欲和助消化等作用。目前一些具有保健功能的食醋被研发出来，如铁皮石斛醋、三七叶醋、青稞麸皮醋、番茄醋等。这些产品中有机酸、氨基酸、植物多糖和多酚类物质的含量丰富，对降血脂、降胆固醇、软化血管等有一定的作用，将其应用到肉品加工中，可提高产品品质和营养价值。

3）肉味香精　　肉味香精是一类由酮类、醛类、烯醇类等肉类风味物质组成的复合制剂，可模仿牛肉、猪肉、羊肉等多种味道。肉味香精大多以天然原料为主，再辅以部分人造香料使香气更加浓郁，被广泛应用于低温肉制品、高温肉制品和方便肉制品中。目前天然肉味香精的生产技术日趋成熟；人造肉味香精根据不同的原料和加工工艺，可分为混合型和热反应型香精。

（二）香辛料

香辛料是一类能改善和增强食品香味与滋味的天然材料或物质，可赋予产品特有风味，抑制或矫正不良气味，增进食欲，促进消化，部分香辛料还具有抗菌防腐、抗氧化及某些特殊生理药理作用等。常用香辛料主要包括葱、姜、蒜、大茴香、小茴香、花椒、胡椒、八角、肉蔻、砂仁、草果、丁香、桂皮、月桂叶等。根据其辛味成分的化学性质可分为酰胺类、含硫类、无氮芳香族类三类；根据组成和获取方法可分为非提取天然香辛料、混合香辛料、天然香料提取物三类。

延伸阅读

香辛料的分类

1. 根据其辛味成分的化学性质分类

（1）酰胺类（无气味香辛料）：辛味成分是不挥发性化合物，食用时所感到的强烈的辛味刺激的部位仅限于口腔内的黏膜，如胡椒、辣椒等。

（2）含硫类（刺激性香辛料）：辛味成分为含硫的挥发性化合物（硫氰酸酯或硫醇），食用时不仅刺激口腔，也刺激鼻腔，如葱、蒜等。

（3）无氮芳香族类（芳香性香辛料）：辛味成分具辛味兼芳香味。辛味一般较弱，香味成分主要来源于萜烯化合物或芳香族化合物，如丁香、桂皮等。

2．根据其组成和获取方法分类

（1）非提取天然香辛料：主要有葱、姜、蒜、大茴香、小茴香、花椒、胡椒、八角、丁香、桂皮、月桂叶等。

（2）混合香辛料：也叫预制香辛料，如咖喱粉、五香粉等，使用方便、卫生，是今后香辛料的发展趋势。

（3）天然香料提取物：采用蒸汽蒸馏、压榨、冷磨萃取、浸提、吸附等物理方法提取制得的一类天然香料，如迷迭香提取物、花椒提取物、薄荷油、野菊花浸膏等。

（三）品质改良配料

1．淀粉 常用的淀粉有玉米淀粉、马铃薯淀粉、小麦淀粉、木薯淀粉等，是良好的增稠剂和赋形剂，但用量过多会影响肉品质构特性。

2．大豆分离蛋白 大豆分离蛋白具有良好的持水性和乳化性，加热后经冷却能形成良好的凝胶结构，有利于改善产品的质地。

3．卡拉胶 卡拉胶能与蛋白质形成均一的凝胶，可防止制品中肉汁的流失，改善产品质构，提高制品的出品率。

4．酪蛋白酸钠 在肉馅中添加一定量的酪蛋白酸钠可以有效提高保水性，与卵清蛋白、血浆等并用效果更好。

二、主要添加剂的种类与特性

除上述在鲜味料、甜味料、酸味料等部分介绍过的一些肉品加工常用配料外，还有一些用于改善产品色、香、味、形，保持产品品质和安全性，满足产品加工工艺要求的添加剂，如鲜味剂、甜味剂、酸味剂、发色剂、发色助剂、着色剂、品质改良剂、抗氧化剂和防腐剂等。

（一）鲜味剂

根据《食品安全国家标准 食品添加剂使用标准》（GB 2760—2014），我国允许使用的鲜味剂为8种，按化学结构可分为氨基酸类（谷氨酸钠、丙氨酸、甘氨酸）、有机酸类（琥珀酸二钠）、核苷酸类（5′-肌苷酸二钠、5′-鸟苷酸二钠、5′-呈味核苷酸二钠）和辣椒油树脂。除琥珀酸二钠在调味品中最大使用量为20g/kg外，其他7种鲜味剂均可按需使用。谷氨酸钠最常见且应用最广泛，味觉阈值为0.03%，略有甜味或咸味，一般使用量为0.03%～0.15%。其中，5′-肌苷酸二钠有特殊强烈的鲜味，其鲜味比谷氨酸钠强10～20倍。5′-鸟苷酸二钠的呈味性质与5′-肌苷酸二钠相似。目前市场上较多见的5′-呈味核苷酸二钠是5′-肌苷酸二钠与5′-鸟苷酸二钠各含50%的混合物（商品名为I＋G）。在实际加工中，谷氨酸钠通常与核苷酸类鲜味剂配合使用，可提高增鲜效果。

（二）甜味剂

根据《食品安全国家标准 食品添加剂使用标准》（GB 2760—2014），我国允许使用的甜味剂共20种，可在肉制品中按需使用的为8种（赤藓糖醇、罗汉果甜苷、木糖醇、乳糖醇、D-甘露糖醇、麦芽糖醇、山梨糖醇、异麦芽酮糖），其余12种均规定了其使用范围及最大使用量或残留量。随着人们对食品安全和营养健康的关注，高甜度甜味剂（甜菊糖苷、安赛蜜等）、功能性甜味剂（低聚糖、三叶苷等）开始得到应用，其中功能性甜味剂不仅具有低热量、稳定性高、安全无毒等特性，还能够促进益生菌繁殖，抑制有害菌生长。

（三）酸味剂

常用的酸味剂包括柠檬酸、乳酸、酒石酸、苹果酸、乙酸等，使用时应注意其纯度。

（四）发色剂

1. 硝酸钠 硝酸钠可在各类肉制品中添加使用。硝酸钠在微生物作用下最终生成一氧化氮（NO），其与肌红蛋白生成稳定的亚硝基肌红蛋白，使肉呈鲜红色。生产过程长或需长期存放的制品，最好使用硝酸盐腌制。根据《食品安全国家标准 食品添加剂使用标准》（GB 2760—2014），硝酸钠的最大使用量为500mg/kg，最大残留量（以亚硝酸钠计）均不得超过30mg/kg。

2. 亚硝酸钠 亚硝酸钠可在各类肉制品中添加使用。亚硝酸钠可防止肉品腐败、提高保存性、改善风味、稳定肉色，其作用效果比硝酸盐高10倍。根据《食品安全国家标准 食品添加剂使用标准》（GB 2760—2014），亚硝酸钠的最大使用量为150mg/kg，最大残留量同硝酸钠。

3. 发色剂替代品 亚硝酸盐有对人体造成致癌性和致突变性的风险，因此人们一直在探索其替代品，目前还没有找到一种能够完全取代亚硝酸盐的物质。

延伸阅读

发色剂替代品研究进展

1）**腌肉色素** 通常是将猪血中的血红素与一定量的亚硝酸盐反应，再经加热后制得。腌肉色素替代亚硝酸盐用于腌肉制品不仅可降低亚硝酸盐的使用量，还可以作为补铁食品的功能因子。

2）**碳酸钠-五碳糖复配剂** 在碳酸钠和五碳糖复配基础上，添加10%～30%烟酰胺或适量的抗坏血酸及含硫氨基酸为发色助剂，有助于肉制品发色并缓解褪色。将上述复配盐应用于猪肉、牛肉及禽肉火腿中，发色效果与硝酸盐和亚硝酸盐近似，且安全性高。

3）**乙基麦芽酚和柠檬酸铁** 乙基麦芽酚是采用淀粉发酵制成的一种增香剂，柠檬酸铁是一种营养强化剂。在肉品加工中，加入乙基麦芽酚和柠檬酸铁，会使产品呈现与使用亚硝酸盐相同的色泽，并可达到长期护色的目的。乙基麦芽酚和氨基酸反应后，还能增加肉品的香味。

4）**一氧化氮** 向腌肉中直接加入一氧化氮饱和的抗坏血酸溶液，能使肉制品产生稳定的色泽，显著降低亚硝酸盐的含量。

5）**酚类物质和植物发色剂** 酚类物质如α-生育酚和苹果多酚等，可通过延缓脂质氧化而间接发挥护色作用。植物发色剂是指将胡萝卜、菠菜、洋葱等清洗后经压榨分离后煮沸获得液体，再添加抗坏血酸及其钠盐制得，添加这类发色剂的肉制品颜色显著改善。

（资料来源：江婷，2009）

（五）发色助剂

常用的发色助剂有烟酰胺、葡萄糖、抗坏血酸和异抗坏血酸及其钠盐等。发色助剂的助色机制与硝酸盐或亚硝酸盐的发色过程紧密相关，通过促进NO生成，防止NO及亚铁离子的氧化而促进发色，进而减少亚硝酸钠残留。抗坏血酸钠的使用量一般为0.02%～0.05%。

（六）着色剂

着色剂也称为食用色素，按其来源和性质可分为天然着色剂和人工着色剂两大类。目前《食品安全国家标准　食品添加剂使用标准》（GB 2760—2014）规定允许使用的食用色素有69种，其中天然着色剂48种，人工着色剂21种。天然着色剂的安全性较高，符合健康食品的发展趋势，但其稳定性稍差，价格较高，常用的主要有红曲红、高粱红、紫胶色素、焦糖、姜黄、辣椒红素和甜菜红等。人工着色剂在使用限量范围内是安全的，其色泽鲜艳、稳定性好、价格低廉，适用于调色和复配，主要包括苋菜红、胭脂红、柠檬黄、日落黄、亮蓝等。

（七）品质改良剂

1. 磷酸盐　　《食品安全国家标准　食品添加剂使用标准》（GB 2760—2014）规定生产中可用于肉制品的磷酸盐有三种：焦磷酸钠、三聚磷酸钠和六偏磷酸钠。在肉制品中使用磷酸盐的主要目的是提高保水性、增加出品率，而实际上磷酸盐对提高肉制品黏着力、弹性和赋形性均有作用。磷酸盐类添加量一般为肉重的0.1%～0.4%，用量过多反而会使品质下降。

2. 变性淀粉　　《食品安全国家标准　食品添加剂使用标准》（GB 2760—2014）规定可用于肉品加工的变性淀粉主要有乙酸酯淀粉、辛烯基琥珀酸淀粉钠、磷酸酯双淀粉、羟丙基淀粉、酸处理淀粉、氧化淀粉等10种，可作为增稠剂，提高产品保水性。使用时可按需添加。

（八）抗氧化剂

抗氧化剂主要包括脂溶性抗氧化剂和水溶性抗氧化剂两大类，每一大类又分为人工合成和天然物质两类。脂溶性抗氧化剂中常用的人工合成抗氧化剂有丁基羟基茴香醚（BHA）、二丁基羟基甲苯（BHT）和没食子酸丙酯（PG）等；天然抗氧化剂主要包括生育酚、类胡萝卜素、槲皮素等。水溶性抗氧化剂常用的人工合成抗氧化剂主要有L-抗坏血酸及其钠盐、异抗坏血酸及其钠盐等；天然抗氧化剂有异黄酮类、醌类、茶多酚、各种植物提取物等。肉制品在贮存期间氧化变质导致产品货架期的缩短仍然是肉类工业的突出问题，因此研发方便、多功能、高效、廉价、安全的肉用抗氧化剂是未来的发展趋势。

延伸阅读

天然抗氧化剂在肉制品中的应用

1）香辛料提取物　　从天然的香辛料，如肉桂、丁香、迷迭香、鼠尾草等获得的提取物具有较好的抗氧化性，可以降低肉制品中高铁肌红蛋白的含量，进而使肉制品保持较好的红色色泽。

2）果蔬提取物　　从果蔬如野生黄莓、甜菜、柳草、角豆果实、葡萄籽等获得的提取物也具有一定的抗氧化性，或起到协同增效作用，可防止熟猪肉发生氧化，改善肉品中脂肪的稳定性。

3）中草药提取物　　从中草药如甘草等获得的提取物含有丰富的黄酮，可与肉品中的金属离子结合，消除自由基，发挥抗氧化作用。中草药提取物应注意使用量，避免影响肉品风味。

（九）防腐剂

1. 化学防腐剂　　可用于肉品的化学防腐剂主要有山梨酸与山梨酸钾、乳酸及其钠盐、硝酸盐与亚硝酸盐、乙二胺四乙酸二钠、苯甲酸及其钠盐、乙酸及其钠盐、对羟基苯甲酸酯类及其钠盐等。

2. 天然防腐剂　　目前，已明确具有防腐作用的天然防腐剂主要有香辛料提取物、ε-聚赖氨酸、乳酸链球菌素（nisin）、茶多酚等。天然防腐剂符合消费者对健康和安全的需求，是今后肉用防腐剂的发展趋势。

第二节　肌肉蛋白的功能特性

肌肉蛋白的功能特性主要包括溶解性、凝胶性、保水性、乳化性等，这些功能特性共同决定了肉制品的多汁性、弹性、口感等食用品质及出品率。

一、溶解性

肌肉蛋白的溶解性与其乳化性、起泡性、凝胶性及黏度等功能特性紧密相关。在肉制品斩拌、乳化、腌制等加工过程中，功能性肌肉蛋白，即肌原纤维蛋白可充分溶出，之后在肉糜体系中作为黏合剂、乳化剂及热凝胶形成单元，赋予肉制品更高的得率及良好的口感。

（一）肌肉蛋白溶解机制

蛋白溶解性是指其在加工过程中从肌纤维中提取出或溶出的能力。根据溶解性的差异，肌肉蛋白可以分为三类：①可溶解于水或者低离子环境的肌质蛋白，占肌肉蛋白总量的25%～30%；②需高离子强度环境（>0.3mol/L NaCl或KCl）才能够溶解的肌原纤维蛋白，占肌肉蛋白总量的50%～60%；③在高离子强度环境中也无法溶解的基质蛋白，又称为结缔组织蛋白，占肌肉蛋白总量的10%～15%。

肌原纤维蛋白是肌肉中最重要的功能蛋白，其凝胶性与乳化性直接决定肉制品品质。其中，肌球蛋白是肌原纤维蛋白中最关键的组分，也是肌肉中最重要的功能蛋白，其结构见图4-1。由于其溶解性与加工特性紧密相关，并易受到加工环境的影响，因此许多研究都围绕肌球蛋白的溶解性提升展开。

导致肌球蛋白在低离子条件下溶解性低的原因在于，其在中性水环境中会受静电吸引力、疏水作用力及离子键等蛋白质间相互作用力诱导，通过自组装形成肌纤维聚集体。这种规律

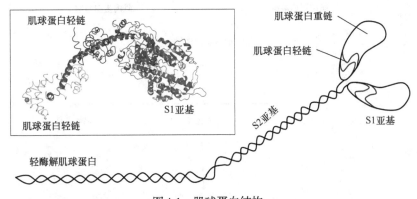

肌球蛋白轻链

肌球蛋白重链

肌球蛋白轻链

肌球蛋白轻链

S1亚基

S2亚基

S1亚基

轻酶解肌球蛋白

彩图

图4-1　肌球蛋白结构

内图结构数据来源于蛋白质数据库（Protein Data Bank）

的自组装或自聚集现象可以归因于，肌球蛋白尾部的间断重复性氨基酸分布使得蛋白质带电情况呈现区域式规律分布，因此尾部间能够发生静电吸引从而使蛋白质形成轴状分布的聚集体。当向环境中加入一定浓度的氯离子（＞0.25mol/L）后，氯离子能够中和蛋白质表面的阳离子，使得维系肌纤维聚集体的静电作用力开始被削弱；当离子浓度继续提升时，蛋白质表面的阴离子数目会持续增加，分子间因为静电斥力增加而彼此排斥，且蛋白质水合度升高；当NaCl或KCl浓度达到0.5mol/L时（当有磷酸盐存在时仅需0.4mol/L），肌纤维能够充分分散在水中，该过程也被称为"盐溶效应"。值得注意的是，当盐浓度或离子强度进一步增加时，肌原纤维蛋白又会转而从溶解液中析出，即发生"盐析效应"。盐析效应是指由于离子氛屏蔽导致蛋白质间排斥力下降，蛋白质间聚集成团从而沉淀，溶解度显著下降。

（二）影响肌肉蛋白溶解性的内在因素

影响肌肉蛋白溶解性的内在因素很多，主要包括肌肉来源、肌肉部位、宰后成熟条件等。

1. 肌肉来源　肌肉蛋白的溶解性不仅与物种有关，与品种也密不可分。有研究表明，鸡肉蛋白的盐溶性显著高于猪肉及牛肉。溶解度差异造成的肌肉凝胶、乳化等加工特性也有所不同。

2. 肌肉部位　除不同物种外，不同部位肌肉的溶解性也存在差异。例如，在鸡肉中，鸡胸肉盐溶蛋白的含量较鸡腿肉高，这是不同部位肌肉的肌纤维种类、肌原纤维蛋白亚基组成等不同导致的。

3. 宰后成熟条件　在宰后成熟过程中，肌肉蛋白的溶解性会呈现先降低后增加的趋势。这与宰后动物机体内的生理代谢引发的pH变化有关。

（三）影响肌肉蛋白溶解性的外在环境因素

影响肌肉蛋白溶解性的外在环境因素十分复杂，可以简要归纳为pH、盐浓度、离子种类、温度等。外在因素调节肌肉蛋白溶解性的本质在于改变蛋白质间作用力的平衡，当增加蛋白质间斥力（如静电斥力）时，肌肉蛋白的溶解度则增加；当增加蛋白质间吸引力（如疏水和静电相互作用）时，肌肉蛋白的溶解度则下降。

1. pH　pH对肌肉蛋白的溶解性有显著影响（图4-2）。在肌肉等电点，即pH5.5附近，

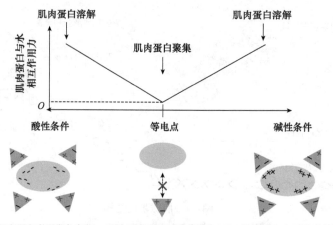

肌肉蛋白溶解　　　　　　　　　　　　肌肉蛋白溶解

肌肉蛋白聚集

酸性条件　　　　　　等电点　　　　　　碱性条件

肌肉蛋白表面带负电荷　肌肉蛋白表面的净电荷为0　肌肉蛋白表面带正电荷

彩图
图4-2　肌肉蛋白溶解性受pH影响的机制示意图

肌肉蛋白体系的净电荷为0。在等电点时，溶解在水中或盐溶液中的肌肉蛋白间疏水吸引力超过肌肉蛋白-环境水之间的静电吸引，从而发生沉淀现象。而当pH远离等电点时，肌肉蛋白-水之间的吸引力和肌肉蛋白-肌肉蛋白之间的静电斥力都持续增强，因此肌肉蛋白的溶解度持续上升。

2. 盐浓度　　肌肉蛋白溶解度随盐浓度的变化呈现先增加后降低的趋势，其原理见前面"（一）肌肉蛋白溶解机制"部分。

3. 离子种类　　在肉制品加工过程中常用的盐类包括氯化钠、磷酸盐等。不同阴离子和阳离子促进蛋白溶解的能力符合霍夫梅斯特序列（Hofmeister series）（详见本节"三、保水性"部分）。简单而言，肌肉蛋白可以被离液序列高的阳离子和亲液序列高的阴离子稳定，而亲液序列高的阳离子和离液序列高的阴离子则可能使肌肉蛋白变性溶解。

4. 温度　　在加热过程中，肌肉蛋白会逐渐发生变性，且温度越高，变性程度越大。肌肉蛋白变性后疏水基团暴露，肌肉蛋白间通过疏水作用聚集成团后溶解度下降，肌肉蛋白从溶液中沉降出来。

5. 氧化　　肉及肉制品在加工、贮运和销售过程中难以避免被氧化发生变性。这是由于：一方面，肉体系中含有较多的氧化前体物质和促氧化剂，如血红素、不饱和脂肪酸等；另一方面，肉类蛋白中含有丰富的氧敏性氨基酸，易被氧化生成氧化衍生物。因此，肌肉蛋白暴露在空气后易被氧化变性并发生聚集，从而溶解度下降。在肌肉蛋白中，肌球蛋白、肌动蛋白、钙蛋白酶和胱天蛋白酶（caspase）等蛋白质种类由于具有更高的巯基含量，相对其他蛋白质更易被氧化形成二硫键。

6. 糖化　　在适当水分、pH和温度条件下，肌肉蛋白中的氨基酸能够与碳水化合物之间形成共价交联，从而改变蛋白质网络中的带电状况，大幅增加亲水残基的数目。因此，糖化反应能够有效提高肉类蛋白的溶解性。

二、凝胶性

（一）凝胶形成过程

蛋白凝胶是指由蛋白质构建的具有一定黏弹性的三维网络矩阵结构，其中可以存续大量水分。凝胶类肉制品熟制过程即肌肉蛋白的凝胶形成过程。除肌原纤维蛋白外，肌质蛋白和结缔组织蛋白在肉制品凝胶形成过程中也发挥了一定作用。然而，关于它们的功能并无定论。肌质蛋白自身无法形成凝胶结构，因此有学者指出肌质蛋白的加入可能阻碍肌原纤维蛋白正常的凝胶行为，从而降低肉制品的凝胶品质。但也有研究表明，肌质蛋白的添加可能有助于形成更好的凝胶质构。总体而言，肌质蛋白在凝胶过程中的作用受到蛋白质来源、蛋白质浓度等的影响。

此外，虽然水解后的结缔组织蛋白，即胶原蛋白具有形成良好凝胶的能力，但是结缔组织蛋白的水解或降解需要充分的条件方能发生，即长时间高湿度热处理。这在大部分肉制品加工过程中难以满足。

因此，在本小节中主要探讨肌原纤维蛋白的凝胶特性及其主要影响因素。作为最关键的凝胶贡献组分，肌球蛋白的热凝胶形成行为可以分为热变性、聚集和交联三个阶段（图4-3）。

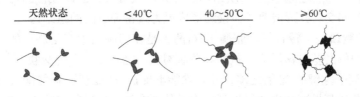

图4-3 肌球蛋白凝胶形成行为图示（引自 Xiong et al., 2010）

（1）热变性主导阶段：当加热至20～40℃温度时，肌球蛋白头部率先变性发生解折叠，暴露出硫基和疏水基团，之后随着活性基团暴露，蛋白质间通过头-头相互作用形成二聚体与低聚体。

（2）聚集主导阶段：当加热至40～50℃温度时，上述低聚体在二硫键和非共价作用力（如氢键、静电和疏水相互作用等）的作用下进一步发生聚集，同时肌球蛋白尾部开始发生解螺旋，蛋白质尾部互相缠绕发生尾-尾交联。

（3）交联主导阶段：当加热至≥60℃后，上述交联进一步拓展，最终形成稳定的三维网络结构。需要注意的是，上述热变性、聚集和交联行为并不是单独发生的，而是在加热过程中交替共同发生的。

（二）影响肌肉蛋白凝胶性的内在因素

肌肉蛋白凝胶性的影响因素包括内在因素和外在环境因素。内在因素主要包括肌肉种类、肌肉部位及宰后成熟条件等。与牛肉、羊肉、猪肉和鸡肉等畜禽肉相比，鱼肉的肌原纤维蛋白更易受到外界影响而发生变性，形成的凝胶质构也更软。这种凝胶特性之间的差异也与肌肉体系中蛋白质的浓度紧密相关。

（三）影响肌肉蛋白凝胶性的外在环境因素

外在环境因素主要涉及pH、蛋白质浓度、盐浓度、加热方式、转谷氨酰胺酶、氧化、新型加工方式、外源添加物等。

1. pH 在不同pH条件下，肌肉蛋白的凝胶行为和最终的凝胶强度都会发生改变。通常而言，在靠近pH6.0时，肌肉蛋白的凝胶强度能够达到最大值，当pH继续增大或者减小时，凝胶体系则可能因为蛋白质间相互作用的失衡而出现凝胶品质的下降。

2. 蛋白质浓度 形成凝胶的前提是体系中蛋白质浓度达到一定阈值。由于肌球蛋白是肌肉中形成凝胶的关键组分，因此其具有极强的凝胶形成能力，即使在很低的蛋白质浓度（低至2%）下也能形成具有自持力的凝胶。当体系中蛋白质浓度超过阈值后，凝胶的硬度与其浓度之间存在正向线性关系，即越高的蛋白质浓度越有利于形成稳定的凝胶体系。

3. 盐浓度 在肌肉体系中，盐溶性肌原纤维蛋白的充分溶出是良好凝胶形成的前提。因此，在肉制品加工过程中往往需要添加2%的食盐，以保证盐溶蛋白从肌纤维中充分溶出。当盐浓度过低时，肌肉蛋白难以形成均匀致密的凝胶结构，但当盐浓度过高时，也可能发生上述"盐析"现象，对凝胶品质造成不利影响。

4. 加热方式 加热温度、速率和方式都对肌肉蛋白的凝胶特性有显著影响。与100～120℃高温加热相比，较为温和的加热温度（70～80℃）更有利于形成更好的肌原纤维蛋白凝胶质构。由于加热能够使蛋白质结构展开并形成凝胶，因此较慢的加热速率能保证蛋白质间有充裕的时间交联并形成凝胶，最终形成更为致密细腻的网络结构。

5. 转谷氨酰胺酶 转谷氨酰胺酶（TG酶）是在肉制品中广泛添加的一类酶制剂，其能够催化蛋白质间的酰基转移反应，从而导致肌肉蛋白之间发生共价交联。由TG酶催化形成的共价键键能相当于氢键的20倍之多，并且除能够促进谷氨酰胺-赖氨酸共价键形成外，它还能够帮助酪氨酸残基暴露至更加极性环境中，从而有利于氢键的形成。因此，添加TG酶能够明显改善肉制品凝胶的组织结构。

6. 氧化 中低强度的蛋白质氧化能够通过诱导肌肉肌原纤维蛋白适度解折叠进而提升凝胶特性，然而过强的氧化则会导致肌原纤维蛋白在二硫键、二酪氨酸键及异肽键等共价键作用下发生过度不可逆聚集，从而对蛋白凝胶特性造成不利影响。

7. 新型加工方式 近年来，诸多新型非热加工方式被用来改善肉制品的凝胶特性，如超高压技术、超声波技术、高压静电场技术及低温等离子体技术等。这些物理加工方式通过改变肌肉蛋白的结构、溶解性等物化特性，提高其凝胶形成能力。

8. 外源添加物 除上述主要的影响因素外，许多外源添加物也会对肉与肉制品的凝胶特性产生显著影响。这些外源添加物可以被分为两类：首先为蛋白质类添加物，如大豆分离蛋白、乳清蛋白、麦谷蛋白等，这些蛋白质的加入能够增加体系中蛋白质浓度并与肉蛋白质发生互作，从而提高最终产品的品质；其次为多糖类添加物，如瓜尔豆胶、可得然胶、卡拉胶等，引入的多糖可以通过填补凝胶空洞、增强蛋白质交联等方式提高凝胶品质（图4-4）。

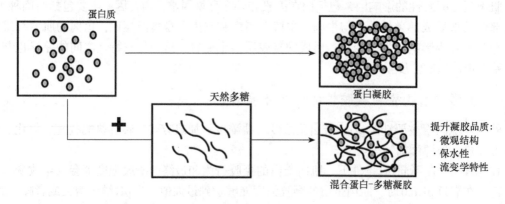

图4-4 添加多糖对蛋白凝胶品质的影响（引自 Cortez-Trejo et al., 2021）

三、保水性

（一）肌肉保水机制

在肌肉体系或凝胶体系中，普遍认为用于维系水分的作用力主要包含以下三种。

1）静电作用力　　由于肌肉蛋白中的部分氨基酸具有极性侧链，这些氨基酸侧链能够与水分子之间通过范德瓦耳斯力发生相互作用，使得极性水分子能够有秩序地排布在蛋白质表面。由此可见，蛋白质的保水性与其表面净电荷数量有关，因此容易受到pH和体系介电性的影响。

2）渗透压力　　肌肉纤维能够将钠离子等阳离子吸附至肌纤维表面，使得介质水环境中钠离子的分布均衡被破坏。这样不同区域间离子浓度的差异能够造成一定的类渗透压，使得水分向渗透压高，即离子浓度高的区域进行迁移，从而促进水分在蛋白质体系中的分布。

3）毛细管作用力　　在肌纤维及凝胶网络中，水分子能够通过彼此之间的吸引力渗入空间，并通过界面张力被维系在体系内部。

（二）影响肌肉蛋白保水性的内在因素

肌肉蛋白的凝胶质构与保水性都由凝胶网络的微观结构决定，因此影响保水性的因素与凝胶性的影响因素一致。当网络结构越为致密时，能够维系水分的孔隙则越多。但是当凝胶不均匀且呈现较大孔洞时，水分则可能从通道中流出，凝胶保水性下降。值得特别注意的是，PSE肉等异质肉的发生会对肉及肉制品的保水性造成极为显著的不利影响。

▌延伸阅读

PSE肉保水性差的原因

PSE肉保水性差的原因主要分为两个方面：一是肌肉pH降低，环境pH降低使得主要功能性蛋白（肌原纤维蛋白）表面电荷数下降，蛋白质与周围水分子结合的氢键结合位点数量下降，同时三维凝胶网络形成能力下降，依靠毛细管力留存水分的凝胶网状结构被破坏，凝胶持水能力及质构变差；二是PSE肉形成过程中肌肉蛋白变性，加工过程中肌原纤维蛋白提取率变低，功能性下降，且肌质蛋白中磷酸酶A_2和蛋白酶活性发生改变，肌质蛋白聚集，结缔组织收缩使得肌肉纤维纵向不可逆缩短，从而共同导致肌肉保水性下降。

（三）影响肌肉蛋白保水性的外在环境因素

肌肉蛋白的溶解性和凝胶性与其保水性紧密相关，在肉和肉制品体系中，蛋白质-水之间的相互作用、凝胶网络的致密度等都影响体系存续水的能力。因此，肉的保水性也同样受到pH、离子强度、离子种类等的影响。

1. pH　　当体系中pH靠近等电点时，蛋白质的净电荷约为0，蛋白质-蛋白质相互作用较强但蛋白质-水相互作用最弱，此时肌肉蛋白维系水分的能力最差。但是，当pH太高或太低时，蛋白质间因静电斥力的阻碍难以形成良好的凝胶，此时凝胶的保水性也将下降。

2. 离子强度　　离子强度的大小与静电屏蔽能力有关，溶液中的离子能够屏蔽并减弱蛋白质之间的静电相互作用。当离子强度适度增加时，这样的屏蔽效果也进一步增加，使得肌肉肌纤维之间的空间增加，或有利于肉制品凝胶网络的形成，从而提高肉或肉制品的保水性。

3. 离子种类　　如上文所述，添加的离子能够通过改变蛋白质表面带电性从而影响肌肉的保水性，这种稳定或溶解蛋白质的能力与离子在霍夫梅斯特序列中的排序有关。

霍夫梅斯特序列是由霍夫梅斯特（F. Hofmeister）在1888年提出的，指的是不同离子种类稳定蛋白质的能力符合图4-5所示规律。通常认为，蛋白质可以被离液序列高的阳离子和亲液序列高的阴离子稳定，而亲液序列高的阳离子和离液序列高的阴离子则可能使蛋白质变性溶解。与KCl相比，NaCl由亲液型阳离子和离液型阴离子构成，而KCl中阴、阳离子都为离液型，因此NaCl表现出更强的溶解蛋白质能力。值得注意的是，现有研究证明，促进蛋白质溶解主要是阴离子的功劳。

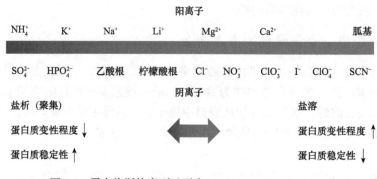

彩图　　　　　　　　　　图4-5　霍夫梅斯特序列（引自 Zhang and Cremer，2006）

四、乳化性

经典的乳化类肉制品包括法兰克福香肠、博洛尼亚香肠等，是由乳化肉糜加工制备而成的。乳化肉糜属于水包油体系，在加热过程中，蛋白质包裹的脂肪油滴均匀镶嵌在肌肉蛋白凝胶矩阵网络中，最终形成美味、多汁且口感润滑的乳化肉制品。市售乳化肉制品中脂肪含量通常达到30%及以上，油脂含量低于该值时乳化产品的品质下降。肌肉蛋白的乳化能力直接决定了乳化类肉制品的品质。

（一）肌肉蛋白乳化机制

乳化是指将一种液体以微小液滴均匀地分散到另一种与之互不相容的液体中的过程。其中，分散在体系之中的液体成为分散相或非连续相，承载分散相的液体为连续相。乳化油滴由界面蛋白膜层和连续相凝胶矩阵共同稳定。在肉制品乳化过程中，油滴表面形成一层厚度达到数纳米的蛋白层，即界面蛋白膜，界面蛋白膜通过提供静电斥力和空间阻力避免油滴之间融合聚集。肌肉蛋白，尤其是肌原纤维蛋白能够稳定油滴的重要原因在于其具有较高的乳化活性，主要体现为均匀的亲水/疏水基团分布、较高的柔韧性，以及在界面上改变自身结构以形成稳定界面网络结构的能力。

在水/油界面上，肌肉蛋白乳化界面层的形成可以分为三个阶段：一是扩散，即蛋白质从连续相扩散至水油界面；二是界面吸附，当扩散至界面上后，蛋白质通过抵抗切向剪切来防止液滴膨胀破裂，此时蛋白质分子结构发生改变，体系自由能降低；三是蛋白质分子在界面发生结构重排、交联并固化成膜防止液滴絮凝，此时界面网络结构形成，疏水基团充分暴露，蛋白质分子间的相互作用增强。

值得注意的是，乳化界面层并非一个单层膜，而是由许多层不同蛋白质结构构成。最内层紧靠脂肪油滴，可能是由肌球蛋白单分子层构成的，第二层结合在内层蛋白之外，两层蛋白膜密度和组成接近，第三层在第二层之外，为一层较厚且分散性较强的稳定蛋白膜结构（图4-6）。

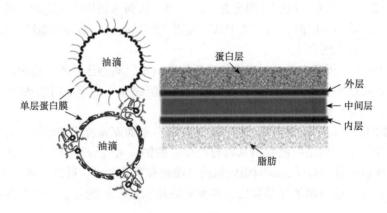

图4-6 肌肉蛋白乳化界面层结构示意图（引自 Jiang and Xiong, 2015）

彩图

肌肉蛋白的乳化学说分为两类：一是水包油型乳化学说，该学说认为脂肪颗粒为分散相分布在蛋白质溶液中，在脂肪球的表面包裹着一层蛋白质，有效地阻止了脂肪球的聚集以使乳化体系稳定；二是物理镶嵌学说，是指在肌肉绞碎、斩拌过程中萃取出的蛋白质、纤维碎片、肌原纤维及胶原纤丝间发生相互作用，形成黏稠的蛋白基质，脂肪颗粒被包裹在基质中形成相对稳定的乳化体系。脂肪球周围界面蛋白膜的形成及黏稠蛋白基质的存在都可以减少脂肪液滴的聚集与絮凝以维持乳化体系稳定，两种理论在不同体系中均有一定的适用性。

（二）影响肌肉蛋白乳化性的内在因素

肌肉蛋白的来源、品种等内源因素能够通过影响蛋白质的溶解性从而对其乳化性产生影响。除此之外，由于乳化油滴分散于连续相中的蛋白质构成的凝胶矩阵中，乳化体系中蛋白质的凝胶形成能力也将影响到乳化肉制品的稳定性和品质。

1. 溶解性 肌肉蛋白在发挥其界面性质作用之前，需要先溶解并移动到界面。通常，肌肉蛋白的溶解度越大，越有利于蛋白质分子迅速扩散并吸附在油水界面形成蛋白膜包裹脂肪球，阻止脂肪球之间的聚合，从而起到乳化作用。

2. 半胱氨酸比例 半胱氨酸经氧化后能形成二硫键，其是稳定界面蛋白膜最重要的共价键，能够提高界面膜厚度，防止液滴之间发生聚集及絮凝。因此，半胱氨酸在蛋白质一级结构中的比例越高，蛋白质形成稳定界面膜的能力越强。

（三）影响肌肉蛋白乳化性的外在环境因素

1. 脂肪种类 肌肉蛋白的乳化性及乳化体系的稳定性受到分散相脂肪特性的影响。当分散相为猪油、牛油、鸡油等动物脂肪时，由于油脂中饱和脂肪酸含量较高，因此整体流动性较小，乳化体系稳定。当选用不饱和脂肪酸含量更高的植物油脂进行乳化时，体系整体流动性更强，乳化体系更易出现失稳现象。

2. pH 维持两个乳滴之间分散不聚集的主要作用力为静电斥力和空间位阻作用。调整体系 pH 远离等电点能够通过提高液滴间静电斥力，防止乳滴之间由碰撞、融合等导致的失稳现象，从而保证乳液稳定。

3. 离子强度 为充分吸附并固定在油滴表面，从而达到稳定乳滴的目的，功能性肌原纤维蛋白必须充分溶出。因此，当体系中盐浓度逐渐增加时，盐溶蛋白能够从肌纤维中溶出，从而表现出良好的乳化能力。

4. 乳化工艺 新型非热加工技术如高压均质技术、高静压技术、超声波技术、微波处理技术等能通过高速剪切、高频振荡、空穴效应和对流碰撞等物理作用起到微乳化、超微化、均一化等效果，提高肌肉蛋白乳化体系的稳定性。

5. 外源添加物 在乳化肉制品加工中，往往会添加商业乳化剂作为外源添加物，提高乳化产品的品质。常用的蛋白质类添加物有酪蛋白酸钠、大豆分离蛋白等。这些常用的商业乳化剂能够辅助界面膜的形成，同时增强肌肉的凝胶和乳化特性。除此之外，多糖类添加物，如葡聚糖、卡拉胶等能够增加体系黏度，避免分散相和连续相的分层，从而提高乳化体系的稳定性。

第三节 腌 制

腌制（curing）是指在食品体系中添加食盐等腌制原料，使其渗透进入食品组织，从而提高渗透压、降低水分活度、抑制微生物的生长，进而防止食品腐败，实现食品货架期延长的操作。因此，腌制技术是食品保藏的主要方法，同时也是一种提高产品风味及质构的重要的食品加工方法。

肉类腌制主要是用食盐，辅以硝酸盐和（或）亚硝酸盐及糖类等腌制材料来处理肉类产品，以延长肉类的保质期，同时可以改善其嫩度、多汁性，丰富其风味。最初，肉类的腌制是在生肉块上添加食盐，以降低水分活度，进一步防止微生物生长。随着食品工业的发展，研究人员发现硝酸盐类成分可以稳定肉品的颜色，磷酸盐类成分可以提高产品的持水性等，所以硝酸盐、磷酸盐、蔗糖等成分发展成为腌制过程中必不可少的腌制剂。经过腌制加工出的产品称为腌腊制品，是我国传统的肉制品之一，如腊肉、咸肉、腊肠等。

一、腌制原理与作用

（一）腌制原理

在肉品腌制过程中无论添加食盐还是其他成分，都是为了在制备成溶液后，使之产生渗透压，溶质扩散进入组织内，同时使其内部的水分子渗透出来，从而大量减少其内部的游离水，降低水分活度，抑制有害微生物的生长繁殖，以达到防腐的目的。由此可见，扩散和渗透理论是指导腌制加工的基础。

扩散是分子的热运动而使体系中固体、液体或气体浓度均匀化的过程。由于扩散作用是由高浓度向低浓度进行的，因此浓度差是最重要的影响因素。渗透作用与扩散相似，是溶剂从低浓度经半透膜向高浓度扩散的过程，溶液的渗透压就是在溶质的影响下形成的。腌渍速度取决于渗透压的大小，根据渗透压值计算公式可知，渗透压与温度和浓度成正比。

$$\Pi = [\rho_1 / (100M_r)] CRT$$

式中，Π 为渗透压（MPa）；ρ_1 为溶剂的密度（kg/m^3 或 g/L）；R 为气体常数［8.314J/（K·mol）］；T 为热力学温度（K）；C 为溶液浓度（100g 或 1kg 溶剂中溶质的质量）；M_r 为溶质相对分子质量。

腌制肉类决定渗透压的主要因素包括盐浓度和腌制温度。因为骨骼肌细胞内的蛋白质分子质量很大，所以细胞内蛋白质溶液的摩尔浓度很小，这就使盐分子能进入肉的组织细胞中，同时水分子从细胞内渗出。盐分浓度越高，产生的渗透压越大，则水分渗出得越快。而腌制时的温度高，分子运动加快，扩散作用加强，腌制时间则缩短。但温度过高，微生物也容易生长繁殖，肉容易发生腐败，所以腌制时的温度一般以 10～20℃ 为宜。

（二）腌制剂种类及作用

1. 食盐　　食盐是腌制过程中的基础原料之一，在腌制过程中发挥着重要的作用。首先，食盐的添加可以降低肉制品的水分活度，减少微生物生长所需的自由水，该过程是保证食品安全和延长保质期的重要加工步骤。其次，食盐可以通过对肌原纤维蛋白的增溶作用，来提高蛋白质结合水的能力，增加产品的多汁性。这主要是由于溶解在水中的盐离子与肉类蛋白质中氨基酸侧链的带电基团相互吸引，如 —COO^- 或 —NH_3^+，使这些被水包围的离子会扩散到肌纤维的蛋白质链间，从而使其蛋白质侧链间的相互吸引力减弱，肌纤维发生溶胀，促使更多的水分子在蛋白质链之间移动。最后，食盐的钠离子是腌制肉类特有风味的主要来源。食盐的添加同时也可以促进其他腌制剂向肌肉深层渗透。

2. 硝酸盐和亚硝酸盐　　之所以在腌肉制品中添加亚硝酸盐主要是由于亚硝酸盐可以通过与水溶肌红蛋白和血红蛋白发生反应，从而固定腌制肉色。添加到肉类中的硝酸盐通过细菌降解还原为亚硝酸盐。除对色泽的影响外，亚硝酸盐还能起到抑菌的作用，可以有效抑制肉毒梭状芽孢杆菌等腐败菌的生长。另外，亚硝酸盐的还原性还可以延缓氧化酸败的进程，对腌制肉的风味形成具有重要影响。

3. 磷酸盐　　碱性磷酸盐具有一定的缓冲能力，最主要的作用是调节腌料的 pH 至适宜范围。PO_4^{3-} 可增强肌原纤维蛋白链间的相互排斥作用，引发肌原纤维体积膨胀，这将有利于更多的水分子与蛋白质发生相互结合，从而增强持水力。常用的焦磷酸盐和三聚磷酸盐还具有解离肌动球蛋白的作用，可将其分解为肌动蛋白和肌球蛋白，而肌球蛋白的持水能力更强，因而进一步提高了肉的持水能力。除此之外，磷酸盐能够螯合铁离子或其他过渡金属离子，延缓其促氧化作用，有助于肉制品货架期内风味的保持，同时避免肉源色素氧化所致的色泽劣变。

4. 其他成分　　除了起到延长保质期的作用，在腌制过程中添加一些功能性成分还可以增加风味和改善嫩度，提高产品的持水力和多汁性，同时可以提高出成率。这些功能性成分主要包括非肉类蛋白质、碳水化合物和抗氧化剂等。

1）非肉类蛋白质　　以蛋白质为基础的功能性成分通常可以结合水分子，提供乳化特性，改善质地。腌肉制品中常用的蛋白质包括大豆蛋白、乳蛋白等。

大豆蛋白的添加可以使得腌肉产品获得更高的持水性，改善产品的颜色，增加蛋白质与脂肪结合，同时可以提高乳化性和胶凝性能，对产品的多汁性和嫩度有重大贡献。乳蛋白的添加会使得腌肉制品具有更高的保水性能，可以通过凝胶来改善产品质地，与大豆蛋白相比，不会向产品引入豆腥味等异味，所以常作为黏合剂和保水剂添加到腌肉制品中。

2）碳水化合物　　改性淀粉是在淀粉链上插入聚合大分子，这些分子有效地占据了空间，最大限度地减少了回生效应，从而稳定了淀粉链。而将改性淀粉添加进腌肉制品后，淀粉会结合肌肉基质中的水，改善产品的多汁性和持水性，并减少包装、储存和加工过程中的料液损失。

卡拉胶、刺槐豆胶和黄原胶等是腌肉制品中常添加的亲水胶体，主要是利用这些成分较强的持水能力来改善产品的多汁性。其中卡拉胶具有高度的协同性，可以与其他亲水胶体配合使用，产生协同增益效果。

蔗糖等甜味剂的添加可以弱化盐味的刺激性，丰富腌肉制品的风味。此外，糖类极易被氧化生成酸，使肉的酸度增加，利于肌肉蛋白的膨胀和松软，因而增加了肉的嫩度。而葡萄糖等还原性糖的添加可以通过抗氧化来防止肉褪色，有利于保持腌肉制品的颜色。在后续的加热过程中，还原糖和氨基酸之间可以发生美拉德反应，产生醛类等多羰基化合物；而且还可以产生含硫化合物，从而丰富产品风味。

3）抗氧化剂　　抗氧化剂的作用原理主要分为三个方面：首先，抗氧化剂的羟基可以作为氢供体附着在过氧化物上，减缓氧化反应的速度；其次，它们还可以作为过渡金属离子的螯合剂，抑制脂肪酸和磷脂的氧化与水解；最后，抗氧化剂还可以防止肌红蛋白血红素环中亚铁离子的氧化，保持腌肉制品的红色。例如，番茄红素作为一种高效的抗氧化剂，已被证实将其添加到冷藏牛肉、牛肉饼、干发酵香肠中可使抗氧化效果显著提升，且不会对产品在整个储藏过程中的质量特性产生负面影响。

（三）腌制的作用

1. 腌制的防腐作用　　腌制的防腐作用主要来自两方面：一是所用的腌制盐溶液的抑菌作用；二是添加的硝酸盐、亚硝酸盐本身的抑菌作用。

1）食盐溶液的抑菌作用　　微生物细胞是由细胞壁保护和原生质膜包围的胶体状原生质体。当其处于外界溶液渗透压高于微生物细胞的渗透压的高渗溶液时，细胞内的水分会向外界渗透，进而使得细胞发生质壁分离，导致微生物生长活动受到抑制，脱水严重时就会造成微生物的死亡。由于不同的微生物细胞本身的渗透压不同，因此其所能忍受的盐溶液浓度也不同。一般来说，当盐含量为1%～3%时，大多数微生物就会受到暂时性抑制；当盐含量达到6%～8%时，大肠杆菌、沙门氏菌、肉毒杆菌的生长受到抑制；但酵母菌和霉菌的耐受能力较强，盐含量超过20%时，才会对其生理活动起到抑制作用，所以腌制制品常常易受到酵母菌和霉菌的污染而变质。

食盐解离出的钠离子和氯离子均会与极性的水分子发生静电相互作用形成水化离子。这些被结合的水分子不再属于自由状态，这就导致体系的水分活度降低，此时可供微生物生长利用的自由水不足，进而起到抑制微生物生长的作用。

除此之外，微生物对Na^+很敏感，它能与细胞原生质中的阴离子结合，从而对微生物产生杀灭作用。酸性pH能够加强Na^+的作用，所以可通过加入一些酸性成分，如柠檬酸、乙酸、乳酸等，来减少NaCl的用量。食盐分子还可以和酶分子中的肽腱结合，减弱微生物酶对蛋白质的作用，阻断微生物利用蛋白质进行代谢的途径，进而抑制微生物的代谢过程。食盐溶液同样可以减少氧的溶解度，形成缺氧的环境，抑制好氧菌的生长。

2）硝酸盐、亚硝酸盐本身的抑菌作用　　硝酸盐、亚硝酸盐的添加可以提供腌肉制品独特的颜色和风味，更重要的是，还可以抑制肉毒杆菌的生长与产毒。

肉毒杆菌中毒是一种摄入肉毒杆菌营养细胞产生的蛋白神经毒素引起的神经麻痹疾病。目前，亚硝酸盐抑制肉毒杆菌的作用机制包括如下几个方面。首先，亚硝酸盐会和其他肉类成分产生抑制物质；亚硝酸盐或其中间体会对肉毒杆菌细胞内的各种酶起到氧化或还原的作用。其次，亚硝酸盐会限制肉毒杆菌生长所必需的铁或其他金属，从而干扰生物体的新陈代谢或生物修复系统。最后，亚硝酸盐还会与细胞膜发生反应，以限制代谢交换或底物运输。在腌肉制品这种复杂的生物系统中通常可能存在不止一种机制，一些诸如乙二胺四乙酸等金属螯合剂的存在，会增强亚硝酸盐的抑制活性，而过量的铁则导致抑制作用的减弱。

2. 腌肉制品颜色变化　　腌肉制品的颜色是产品质量的重要因素之一，其红色的保持与亚硝酸盐密切相关。

肌红蛋白的辅基血红素是一种以铁离子为中心的卟啉环，其中铁离子常以Fe^{2+}或Fe^{3+}的形式存在。在天然状态下，肌红蛋白与卟啉环中的Fe^{2+}除水分子外，不与其他任何配体结合。在氧气存在的情况下，卟啉可以与O_2分子结合，使其变成鲜红色。处于Fe^{2+}状态的铁离子在氧气和亚硝酸盐等氧化剂存在时可以被氧化成Fe^{3+}，形成高铁肌红蛋白，呈棕色。肌红蛋白在肌肉中主要以三种状态存在，即原始肌红蛋白（Mb）、氧合肌红蛋白（MbO_2）和高铁肌红蛋白（MMb），这三种形态的肌红蛋白会一起存在于肉类中使肉制品表现出不同的色泽。

硝酸盐可在肉品中脱氮菌（或还原物质）的作用下被还原成亚硝酸盐，亚硝酸盐会与乳酸反应生成亚硝酸，进而会被分解产生NO，而NO可以与肌红蛋白结合，形成亚硝基血色素，呈现鲜艳的粉红色，以硝酸钠为例主要进行的反应如下：

$$NaNO_3（+2H^+）\longrightarrow NaNO_2+H_2O$$
$$NaNO_2+乳酸\longrightarrow HNO_2+乳酸钠$$
$$2HNO_2\longrightarrow NO+NO_2+H_2O$$
$$NO+肌红蛋白\longrightarrow 亚硝基肌红蛋白$$

NO与肌红蛋白、高铁肌红蛋白均会反应形成粉红色的肉品颜色，如图4-7所示。其中NO与肌红蛋白结合形成的亚硝基肌红蛋白不稳定，热加工将其转化为稳定的浅粉色的亚硝基血色素。此外，肌红蛋白也可以先与亚硝酸反应，氧化成高铁肌红蛋白，高铁肌红蛋白又与NO反应形成亚硝酰高铁肌红蛋白，进而可以被还原剂还原成亚硝基肌红蛋白，从而在加热下形成粉红色。目前已有研究对亚硝基肌红蛋白的形成机制进行了阐明：亚硝酸盐可以将铁细胞色素e氧化为亚铁细胞色素e（由细胞色素氧化酶催化）；亚硝基团可以通过NADH-细胞色素e还原酶的作用从亚铁细胞色素e转移到高铁细胞色素e上，形成亚硝基高铁肌红蛋白；而亚硝基高铁肌红蛋白被肌肉线粒体的酶系统还原为亚硝基肌红蛋白。

在酸性条件下，亚硝酸盐生成的HNO_2不稳定，会快速分解，得到亚硝基化反应重要的前体物质——N_2O_3（亚硝酐），进而生成亚硝胺类物质。不稳定的亚硝胺进入人体后最终被分解异构为烷基偶氮羟基化合物，此化合物作为致癌剂，可诱发体内癌症的产生。目前已有较多研究使用天然蔬菜提取物来代替亚硝酸盐添加入肉制品中以减少致癌物的产生，提高产

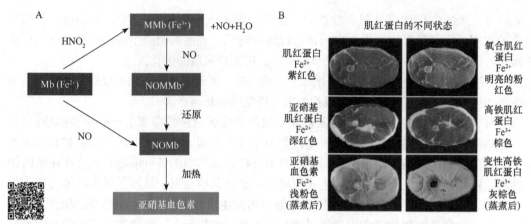

图4-7 亚硝酸盐形成腌制肉色的机制（A）及不同状态下肌红蛋白的颜色变化（B）
（引自 Parthasarathy and Bryan, 2012）

品安全性。例如，迷迭香提取物的使用可以有效延缓脂质氧化并抑制微生物生长。除此之外，一些新型加工技术的使用也可以部分代替亚硝酸盐，如等离子体处理可以生成易被还原的 NO_2；脉冲电场技术具有促进亚硝酸盐扩散和缩短腌制时间的潜力。但目前上述新型加工技术的安全性仍待进一步验证。

3. 腌肉制品风味物质的生成　腌肉中形成的风味物质主要为羰基化合物挥发性脂肪酸，组氨酸、谷氨酸、丙氨酸等游离氨基酸，含硫化合物等物质。当腌肉受热时，这些物质就会释放出来，形成特有风味。目前已有许多研究证实游离氨基酸是肉制品中风味产生的前体物质，腌肉在成熟过程中，游离氨基酸的含量会不断增加，这主要是肌肉内源性组织蛋白酶水解的结果。

亚硝酸盐是特色腌制肉类风味产生的主要来源，但腌制肉类中亚硝酸盐的这一功能尚未与任何特定的风味成分联系在一起。亚硝酸盐本身就是腌制肉类中一种非常有效的风味增强剂，而食盐是一种增加脂质氧化和酸败的催化剂。

4. 腌制过程中持水力的变化　持水性也称保水性，是指肉类在加工过程中对肉中的水分及添加到肉中的水分的保持能力。未经腌制的肌肉中的蛋白质处于非溶解状态，腌制后由于受到离子强度的影响转变为溶解状态，肌球蛋白被解离释放，提升了持水性。处于溶胶状态的蛋白质分子表面分布着许多带电基团，这些带电基团可以与食盐、磷酸盐等腌制剂解离出的离子发生静电相互作用，使无数极性分子吸附到表层周围，因而形成吸附水层，这是腌制后肉持水性增加的根本原因。

磷酸盐是腌料中影响持水力的主要成分，其可以通过调节体系的pH使蛋白质间的静电斥力增加，从而截留水分。肉类产品中使用的大多数磷酸盐都是碱性的（酸性焦磷酸钠除外），pH增加可引发肌肉纤维的溶胀，进而捕获和固定添加到肉中的水分，提升持水力。磷酸盐还可螯合肌动球蛋白复合体中存在的金属离子，如钙离子、镁离子和铁离子，以增加肉的持水性。加入的磷酸盐可以与肌动球蛋白复合体中的离子结合，使肌动球蛋白解离成肌动蛋白和肌球蛋白，通过解聚粗肌丝和细肌丝对肉蛋白质产生增溶作用，从而提高持水力、乳化和凝胶特性。

磷酸盐可与氯化钠协同使用，以提高产品质量。由前可知，氯化钠对肌原纤维蛋白的溶解性有积极作用，氯离子会引起肉蛋白质之间的静电排斥，导致肉的膨胀。一般而言，从肌肉中提取肌原纤维蛋白需要至少0.5mol/L的氯化钠，但通过在肉制品配方中添加磷酸盐可以有效地减少氯化钠的添加量。因此，通过磷酸盐促进肌动球蛋白的解离，肌球蛋白更容易被氯化钠溶解，进而保持大量的水分。研究表明，将磷酸盐与氯化钠一起添加进腌肉制品中可以增强盐溶蛋白的提取，提高产品后续加热过程中的保水性，减少体积收缩。从图4-8中可以看出在添加了0.5%的不同磷酸盐下，氯化钠添加量在1%时会显著降低肉品的收缩，在3%～5%的氯化钠浓度下，肉的收缩持续减少，而5%以上的氯化钠浓度对肉的收缩率有不利影响。磷酸盐的存在并没有改变这一趋势，但除六偏磷酸盐外有一定的协同作用，其中多聚磷酸盐的相对收缩率最大，复合磷酸盐次之，六偏磷酸盐相对最小。

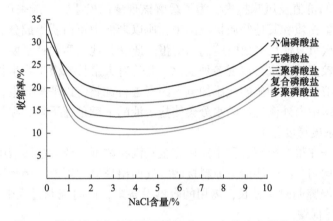

彩图

图4-8　氯化钠对含有多聚磷酸盐（0.5%）的鸡肉蒸煮（70℃）
收缩的影响（引自Kpta et al., 2019）

二、腌制方法

根据用盐方式的不同，可将肉类的腌制方法分为干腌、湿腌、注射腌制和混合腌制。无论采用哪种方法，都要求腌制剂渗入肉品的内部且在其中分布均匀，所以腌制的时间取决于腌制剂在食品内均匀分布所需的时间。

（一）干腌法

干腌法是利用食盐或混合盐，先在食品表面擦透，使之出现汁液外渗现象，然后层堆在腌制架上或腌制容器内，各层之间也同时需要撒上食盐，并依次压实，在外加压力或不加压的条件下，依靠外渗汁液形成的盐溶液进行腌制。由于腌制过程中使用的是食盐而不是盐水，所以称为干腌法。使用干腌法进行腌制时需要注意定期将上下层的肉品进行依次翻转，以防止出现上下层腌制不均匀的现象，且需要再次加盐进行复腌。在食盐的渗透压和吸湿性的作用下，其溶解于食品组织渗出水中形成食盐溶液，常被称为卤水。腌制剂在卤水内通过扩散向肌肉组织内部渗透，较为均匀地分布于食品内。但因卤水形成得较缓慢，盐分向食品内部渗透得较慢，所以干腌法所用的时间一般较长。由于其腌制过程缓慢，目前已不作为主要的腌制方法，但因腌制品的风味较好，一些名产的火腿、咸肉仍采用此法腌制。

干腌法的优点是对腌制设备要求简单、操作方便、腌制成品的含水量低，同时食品营养成分流失较少。其缺点是容易产生腌制不均的现象，腌制后的产品咸味相对更重且产品外观颜色较差。

（二）湿腌法

湿腌法又称为盐水腌制法，该腌制主要是将食品原料浸没在盛有一定浓度腌制剂溶液的容器设备中，利用溶液的扩散渗透作用使腌制剂均匀地渗入原料组织内部，直至原料组织内外溶液浓度达到动态平衡。湿腌法一般在冷库中进行，将洗净的肉块放入加有腌制液的腌渍池中，在腌制肉块的上方常压上重石以防止肉块上浮。

湿腌时肉块会因水分和可溶物的流失而减重，而食品中蛋白质和其他物质的流失会导致腌制肉中营养物质的价值及风味损失。为了缓解该现象的发生，一般采用老卤来进行腌制。因每次腌制时总有蛋白质和其他物质扩散出来，所以老卤中蛋白质等成分的浓度随着多次腌制而逐渐增加，再次重复使用老卤时腌制肉的蛋白质和其他物质损耗量要比用新盐液腌制少得多。但使用次数较多的卤水会出现各种变化，并伴有大量特殊微生物生长，所以需要对腌制过程的温度、盐溶液浓度和硝酸盐添加量等因素进行调整，以平衡微生物的生长。同时湿腌过程中，从肉组织中向外渗透出的水分会使盐溶液的浓度迅速下降，在腌制过程中必须不断添加新盐来维持浓度梯度差。

湿腌法的优点是在整个腌制过程中肉块完全浸没在浓度一致的盐溶液中，既能保证原料组织中的盐分分布均匀，同时能避免原料接触空气而出现氧化现象。湿腌法的缺点是产品的色泽和风味较差，但腌制时间较长，需用的容器设备多，同时腌制过程中蛋白质流失较大，且因所含水分多不易保藏。

（三）注射腌制法

注射腌制法是对湿腌法进行改进，进一步加速腌制时的扩散过程，从而缩短腌制时间，主要包括动脉注射腌制法和肌肉注射腌制法。

1. 动脉注射腌制法　　动脉注射腌制法是用泵及注射针头将腌制液经动脉系统送入原料肉的腌制方法。因为完整的前、后腿具有较完整的动脉系统，此法一般用于腌制前、后腿。该法在腌制肉时先将注射用的针头插入前、后腿的股动脉内，然后将盐水或腌制液用注射泵压入腿内各部位上。动脉注射腌制法的优点是腌制速度快，产品得率较高；缺点是只能用于腌制前、后腿，同时在分割原料肉时要注意保证动脉的完整性，并且产品易腐败变质，需冷藏。

2. 肌肉注射腌制法　　肌肉注射腌制法与动脉注射腌制法类似，主要的区别在于肌肉注射腌制法不需经动脉而是直接将腌制液通过注射针头注入肌肉中。肌肉注射过程需要使用盐水注射机来完成，其注射通常是将盐水装在带有多针头、能自动升降的机头中，针头通过泵口压力，将盐水均匀地注入肉块中。为了使注入肌肉组织中的腌制剂均匀分布，通常会和嫩化机进行连用来对肌肉组织进行破坏，加速腌制液的扩散和渗透。

（四）混合腌制法

混合腌制法是将两种或两种以上的腌制方法结合使用的腌制技术。对于腌肉制品来说，常将干腌法与湿腌法相结合，先在原料肉表面涂抹干的食盐，再放入腌制液中或注射腌制液。所得到的产品色泽好、营养成分流失少、咸度适中，同时因为食盐及时溶解于外渗水内，可避免由湿腌导致的食品水分外渗而降低盐水的浓度。但同时该方法的缺点是生产工艺较复杂，周期长。

三、典型腌制工艺与装备

腌肉制品的主要加工工艺为拌料、注射腌制、滚揉按摩等。其中拌料工艺主要用于使用绞碎的原料肉进行加工的产品，如腌制香肠、肉饼等，此工艺需要使用搅拌机或均质机来将原料肉与其他原料进行搅拌混合。注射腌制常用于块状原料肉的腌制，所使用的设备为盐水注射机。为了使注射的盐水能够在肌肉组织中快速均匀分布，需要使用嫩化机或滚揉按摩机对腌制肉块进行进一步加工。

（一）拌料

原料肉与腌制剂的混合是生产大多数深加工肉制品的关键步骤，在这一步骤中包括配料混合、提取肌原纤维蛋白及混合不同的肉类。当生产所需原料肉类颗粒较小时，通常采用浆状/带状搅拌机或斩拌机进行混合操作。混合操作依赖于搅拌机中的滚筒旋转时从顶部向底部掉落过程中对原料产生的作用力，以及肉块之间相互摩擦以提取肌原纤维蛋白。

1. 搅拌机　搅拌机（图4-9）可以通过带有叶片的轴在圆筒或槽中旋转将多种原料进行搅拌混合，是生产小块肉火腿、混合香肠、午餐肉等肉制品的常用设备。搅拌机可以将肉类和非肉类成分（如食盐、亚硝酸盐等）进行充分混合，获得良好的均匀度，同时有利于促进盐水溶液吸收到肌肉结构中，另外通过机械搅拌可以促进肌肉中盐溶蛋白的提取。

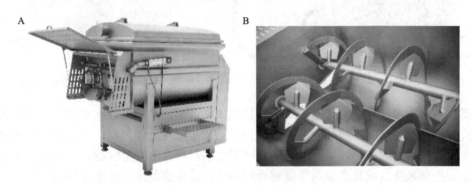

图4-9　浆状肉类搅拌机

A. 主机；B. 桨叶

搅拌机种类多样，按是否带有真空装置分为真空搅拌机和敞口式搅拌机；按搅拌器形状不同分为浆状叶片搅拌机和带状叶片搅拌机。其中浆状叶片搅拌机的叶片通常安装在水平轴上，可以提供相对温和的混合；而带状叶片搅拌机每个色带的直径和节距被设计为可以实现最大程度的混合，这种类型的搅拌器通常对产品所起的作用比浆状叶片搅拌机更大，有利于蛋白质溶解。

搅拌机都需要通过精确控制混合过程来确保均匀。当使用新配方或改变搅拌计划时，可以使用可食用着色剂或放置在搅拌器一角的小冰块来检查是否均匀混合。为了确保适当的混合，搅拌机应该根据制造商的规格进行填充，因为填充不足或过度填充都会导致达不到最佳的混合效果。混合过程通常需要经过12～24h，这为腌制盐提供了更多的时间来溶解一些肉类蛋白，如肌动蛋白和肌球蛋白，从而提高了腌肉制品的持水性和多汁性。

2. 斩拌机 斩拌机（图4-10）是利用高速旋转斩切刀所产生的斩切力，在短时间内将肉块、辅料和冰屑等物质斩切并搅拌成比较均匀的肉馅或肉泥的设备。因此，斩拌机除了具有斩拌和搅拌的一般功能，还具有乳化功能，主要用于乳化型香肠的加工。

（二）注射腌制

与耗时费力的干腌法及盐水浸泡法相比，使用注射设备可以快速地将腌制剂溶液引入大型或全肌肉产品中。盐水注射机（图4-11）通过特制针头直接将肉块预先配制成固定浓度的腌制液注入肉块，使其快速均匀地分布在肉块中，可显著提高腌制效率和出品率；再经过后续的滚揉处理，使肌肉组织松软，大量盐溶性蛋白渗出，可提高产品的嫩度和保水性。采用盐水注射机可比传统方法缩短1/3以上的腌制时间，已成为大块肉制品加工的关键设备之一。

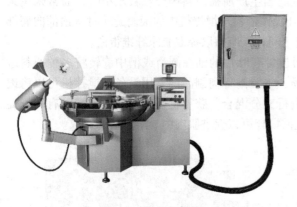

图4-10 真空斩拌机

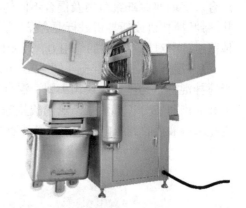

图4-11 盐水注射机

提供精准浓度及用量的腌制液对于满足风味要求和添加剂限量水平至关重要。当所用腌制液注射量低于要求时，则可能会导致盐和亚硝酸盐浓度低于预期，这不仅会导致风味的改变，更会对微生物的抑制效果产生影响，可能会引起严重的安全问题；而在过量注射的情况下会出现产品风味过咸且添加剂含量超标的问题。精准定量注射是通过连接到针头上的特殊传感器来实现的，这些传感器可以测量压力和针头移动。另外，注射针的物理形状和直径也很重要，注射针的选择与原料肉的种类息息相关。对于低结缔组织鸡胸肉来说，应采用直径较小的针，以免对肌肉外观造成损害；而在其他情况下，如腿肉，使用大针头甚至小的穿透刀片则利于腌制液在原料肉体系中混合。

（三）滚揉按摩

滚揉按摩是为了在注射后将盐水均匀分配到大块肌肉中，或通过翻滚将小尺寸的肉条浸泡在盐水中。该过程主要通过滚揉机或嫩化机来实现，两种设备都是通过机械过程使食盐和其他成分在体系中均匀混合，增加了肌原纤维蛋白的溶解，同时将盐溶蛋白质带到产品表面，有助于提高产品的水合能力和黏结性。此外，滚揉按摩还有许多其他加工好处，如通过机械作用使肉品变嫩，改善产品柔韧性、外观与形状的一致性，提升产品风味和产量等。

1. 滚揉（按摩）机 滚揉机（图4-12）的工作原理与搅拌机类似，都是通过机械作用将内部原料进行混合，但与搅拌机相比其作用力更温和。根据滚揉的方式可以将其分为滚筒式和搅拌式。滚筒式滚揉机主要是依靠滚筒的转动作用来带动原料肉在筒内上下翻动，先是被不锈钢滚筒内壁的螺旋形叶带动上升，然后靠肉料自身重力下落拍打滚筒低处的腌液。搅拌式滚揉机的外形也是滚筒形，但不能转动，主要依靠筒内能转动的桨叶来带动原料肉在筒内上下滚动，使原料肉相互摩擦而变松弛。

2. 嫩化机 嫩化机（图4-13）主要通过机械作用，使用尖锐的刀或针来对肉块进行深层切割、穿刺以增加表面积，使肉块肌束被打破，加速腌制液的扩散，导致肌肉释放出更多的蛋白质，进而提高肉的黏着性、持水性，强化腌制效果。根据刀具的形状，嫩化机可以分为滚刀型和多针型。其中滚刀型嫩化机的刀具是由多把圆刀组成的旋转刀轴，在嫩化时经过旋转刀具的肉块正反面都会被切割出许多交错平行刀口，在这个过程中肉不会被切断，而肉的表面积得到明显增大且组织软化；多针型嫩化机是通过多个针、刀垂直扎割肉块的方式来完成嫩化工序的，能够有效破坏肌肉的结缔组织，释放出更多的蛋白质，达到嫩化的目的。

图4-12　真空翻转滚揉机

图4-13　嫩化机

第四节　熏　　制

熏制是以烟为主要媒介，利用木屑、茶叶、甘蔗皮、红糖等材料的不完全燃烧而产生的烟进行熏制，可以改善肉制品的风味，提高产品质量。熏制工艺过程伴随着物料中酶的活化、微生物的增减、水分的散发、物质的浓缩及烟气味的附着。食品经熏制后可获得特有的烟熏风味，并且能够抑制细菌的生长，延长食品贮藏期。过去常以提高产品防腐性作为熏制的主要目的，当前则以提高香味为主要目的。熏肉制品因其独特的烟熏风味而深受消费者喜爱，具有烟熏特征的挥发性风味物质决定了烟熏肉制品的品质，这些物质对风味的贡献不仅与其种类、含量有关，还与阈值有关。

一、熏制原理与作用

（一）熏制的原理

熏制的主要原理如下：①原料中水分逐渐减少，水溶性成分向表面转移，制品表层的食盐浓度增大；②由于微生物的耐盐性随pH的降低而减弱，熏烟中的有机酸附着在食品表面使其pH下降，增强了食盐对微生物的抑制作用；③由于加热及醛、酸和酚类的作用，食品表层的蛋白质发生变性，形成一层蛋白质变性膜，该膜外部含有一层由醛与酚类反应而形成的树脂膜；④熏烟中的各种成分作用于原料，使之形成熏制品特有的风味，并提高保藏性。

（二）熏制的作用

1. 熏制对肉制品风味的影响　烟熏风味主要在熏制工艺过程中产生，烟熏肉制品中的风味物质种类众多，气味特征各异，特征风味物质主要为酚类、呋喃类、酮类和吡嗪类等物质（表4-1）。其中，酚类物质多数具有烟熏味且阈值较低，特别是酚类中的愈创木酚与4-甲基愈创木酚是烟熏肉制品典型的特征风味物质；呋喃类物质可以缓和酚类物质强烈的烟熏味，形成令人愉悦的、易接受的混合烟熏风味；酮类物质对烟熏风味的形成也具有一定贡献，其对烟熏肉制品风味的贡献小于酚类物质，但对烟熏风味的整体感官效果有增强作用。由于木材含有氮源，常被检出吡嗪类化合物，该类化合物的阈值较低，主要提供烤香、坚果香等风味，可对肉制品的烟熏风味起修饰作用。烟熏肉制品中特征挥发性化合物的种类和数量具有差异性，不同种类挥发性化合物对烟熏风味的贡献也不尽相同。熏制过程产生的羰基化合物和有机酸类化合物对形成烟熏味也起着很重要的作用。此外，烟熏的加热作用促进肉制品中酶蛋白和脂肪的分解，生成氨基酸、低分子肽、脂肪酸等，使肉制品产生独特的风味。

表4-1　烟熏风味物质与其气味描述

气味描述	部分呈味物质	气味描述	部分呈味物质
烟熏味	愈创木酚、4-甲基愈创木酚、4-乙基愈创木酚、2-甲氧基苯酚	烧焦味	3,4-二甲基苯酚、苯酚
香甜味	邻苯二酚、愈创木酚	面包香	十六烷醛、糠醛
坚果香味	丁酸、吡嗪		

2. 熏制对肉制品色泽的影响　色泽是评价熏制品的一个非常重要的指标，熏肉制品表面色泽与燃料种类、烟熏程度、脂肪含量、温度和肉制品表面水分的不同紧密相关。例如，使用山毛榉、枫木或椴木作燃料，有利于制品呈现金黄色；使用赤杨、栎树等作燃料，利于制品呈现深黄或棕色。熏制时，肉中的脂肪受热常会外渗，赋予肉色光泽感。烟熏产生的羰基类化合物与食品组分中氨基酸的反应（美拉德反应）等均可使烟熏肉制品表面形成特有色泽。此外，用硝酸盐腌制的肉类制品经过熏制干燥形成烟熏的茶褐色，内部肌肉组织呈红色。

3. 熏制对肉制品的防腐作用　肉类食品腐败最主要的原因是微生物大量繁殖，微生物的存在会使肉制品出现黏液、变色、霉变及产生异味。熏烟可通过抑制微生物的生长，延长食品的保质期，但是熏烟对细菌、酵母菌和霉菌生长的抑制效果具有较大的差别。受到熏烟抑制作用最明显的是细菌，霉菌和酵母菌则表现出一定程度的耐受性。此外，不同的木材在热分解时会产生不同的酚、有机酸和羰基化合物。酚类化合物（尤其是甲氧基苯酚）可以改变微生物细胞膜的渗透性，引起胞内液体泄漏，从而抑制微生物的生长；有机酸可以与肉中的氨、胺等碱性物质中和，其本身的酸性使肉制品向酸性方向发展，而腐败菌在酸性条件下一般不易繁殖；醛类物质，如甲醛不仅本身有防腐性，还可与蛋白质或氨基酸等含有的游离氨基结合，使碱性减弱，酸性增强，从而增加肉的防腐作用。需要注意的是，烟熏肉制品的污染物主要来自多环芳烃，如苯并芘、二苯并蒽等是烟熏制品中致癌性物质多环芳烃产生的标志物。另外，有研究表明，烟熏制品中存在甲醛、N-亚硝基化合物和β-咔啉生物碱等污染物。

烟熏的抗菌性能不仅受到木材类型的影响，而且致病微生物对烟熏的成分有不同程度的敏感性。烟熏杀菌主要体现在肉制品表面，烟熏加热反而可能会促进深层微生物的繁殖，所以由烟熏产生的杀菌防腐作用有限。通过烟熏前腌制、烟熏中和烟熏后脱水干燥可以赋予熏制品良好的贮藏性能。通过改良传统烟熏方式，开发出更加科学的烟熏技术，如液态烟熏和水蒸气渗透烟熏，能够有效提高烟熏肉制品的安全性，并进一步改善烟熏肉制品的风味和色泽。烟熏液中富含酚类和有机酸，可以防止烟熏制品受到有害微生物的侵染，可抵抗一系列微生物。因此，在食品工业中经常使用商用烟熏液替代传统烟熏技术以满足消费者对食品的需求，保持制品的安全性。与传统的熏制技术相比，液熏还具有多个优点，包括易于应用、熏制速度快、产品品质良好。将烟熏液应用于食品工业不仅能够获得与传统烟熏制品相似的色泽和风味，而且烟熏液中不含3,4-苯并芘等多环芳烃，使用起来更加简便安全，对环境的污染少。

4. 熏制对肉制品的抗氧化作用及对食品营养成分的影响　肉和肉制品中含有丰富的蛋白质和脂肪，其在加工和贮运阶段会发生脂质氧化和美拉德反应等，导致食品的功能性质下降及营养价值损失，并且产生对人体健康有潜在风险的危害物。木材烟熏或液体烟熏剂可以提高肉类产品的抗氧化性，主要的抗氧化成分也是酚类化合物。酚类化合物作为氢供体，供给氧化自由基并将其稳定，从而抑制游离基的形成，最终阻止氧化反应的发生。熏烟中许多成分具有抗氧化作用，其中以邻苯二酚和邻苯三酚及其衍生物的抗氧化作用尤为显著。利用熏烟的抗氧化作用还可以较好地保护脂溶性维生素不被破坏，减少维生素等食品营养成分的损失。熏烟中酚类和蛋白质的巯基、羰基和胺基产生不可逆的反应，导致食品中部分氨基酸减少，使营养价值降低。

5. 熏制对食品质构的影响　硬度、弹性等质构参数是反映烟熏食品品质的重要指标。烟熏食品质构的影响因素很多，原料品质、辅料类型、烟熏工艺、烟熏操作、烟熏温度、烟熏成分与食品组分之间的相互作用等都会影响烟熏肉制品的质构。例如，热熏制的俄罗斯鲟鱼鱼片比冷熏鱼片的硬度、弹性、内聚性、咀嚼性更高。对香肠进行液熏和木熏加工后，液熏香肠由于失水相对较少，弹性高于木熏香肠，且液熏香肠的品质在一定程度上优于木熏香肠。

二、熏制方法

传统烟熏作为一种沿用多年的肉制品加工方式，操作简单，易于产品加工，主要采用直接氧化烟熏来增加食品风味，改善食品的烟熏色泽，并使其具有较长的保质期。目前，我国市场上的烟熏制品中仍有相当大一部分是采用传统的烟熏方式加工而成的，这种烟熏方式不仅生产设备等投资成本高、熏制耗时长，操作不当易发生火灾等安全隐患，并且极易使烟熏食品形成多环芳烃类等有毒有害致癌物，与我国当前倡导的大健康理念不符。基于此，目前衍生出多种肉制品熏制方法，分类方法各有不同，可根据熏制加工方式、温度高低、食材状态等进行分类。总体而言，肉制品熏制方法可以分为三大类：直接熏烟法、间接熏烟法、速熏法。

烟熏工艺
视频

（一）直接熏烟法

直接熏烟法是指在熏烟室内，用直火燃烧木材直接发烟熏制。直接熏烟法历史悠久，应用广泛，不需复杂的设备，其缺点包括：①熏制条件受多因素的影响（熏材、燃烧情况等），很难获得组分一定的熏烟，故熏制品质量不易控制，容易造成产品质量不稳定；②熏制时间长，特别是冷熏法，时间长达数小时乃至数十小时之久，即使热熏法也需要数十分钟至若干小时；③作业环境差、劳动强度大；④生产效率低、能源消耗大、利用率低，难以实施机械化、连续化生产。根据熏烟的温度不同可以将其分为冷熏法、热熏法、温熏法。

1. 冷熏法　　冷熏法是指制品周围熏烟和空气混合物气体的温度不超过22℃的烟熏过程。冷熏法熏烟成分渗透较均匀且深，制品内盐含量和熏烟成分的聚集量大，制品内脂肪熔化不显著或基本没有，其制品耐藏性较其他烟熏法稳定，因此冷熏法主要被应用于干制香肠（如色拉米肠、风干香肠）及带骨火腿和培根等熏制品。冷熏法熏制前物料需要腌渍，实现熏制的同时对制品进行了干燥，促进成熟，增加风味。冷熏法的缺点是需要低温长时间熏制方可制得产品，制品失重较大，存在干缩现象，在夏季及气温较高地区很难控制。

2. 热熏法　　热熏法通常是指在50~80℃进行熏制的方法，温度一般控制在60℃，常用来熏制灌肠类制品。热熏时因蛋白质凝固，制品表面很快形成干膜，妨碍了制品内部水分的渗出，延缓了干燥过程，也阻碍了熏烟成分向制品内部渗透，因此，熏烟成分内渗深度比冷熏浅，风味弱，色泽较浅。因熏烟温度较高，肉制品短时间（4~6h）内就能形成熏烟色泽，而且在此温度下，蛋白质几乎全部变性，制品表面较硬而内部含水较多，富有弹性。热熏法所用熏材量大，温度调节困难，所以一般在白天进行，很少在夜间作业。热熏法制品含水量高、盐分及熏烟成分含量低，且脂肪因受热容易熔化，不利于储藏，热熏肉的耐贮藏性不如冷熏产品。

3. 温熏法　　温熏法主要被用于西式火腿和培根等制品的加工中。原料经过适当腌制后，肉制品在30~50℃的温度内进行烟熏，此温度超过了脂肪熔点，脂肪易流失且部分蛋白质受热凝结，肉质稍硬，一般多用橡木、樱木和锯末熏制。温熏法的烟熏时间一般在5~6h，最长不超过3d，由于温熏法温度范围利于微生物的生长，因此应尽量缩短烟熏时间。

（二）间接熏烟法

间接熏烟法是指不在熏烟室直接发烟，而是利用单独的烟雾发生装置发烟，浓烟通过洗涤净化后被送到加热循环系统，将燃烧好的具有一定温度和湿度的熏烟导入烟熏室，对肉制品进行熏制。这种方法不仅可以克服直接烟熏时熏烟的密度与温、湿度不均的问题，而且可以通过调节熏材燃烧的温度和湿度及接触氧气的量来控制烟气的成分，减少有害物质的污染，因而得以广泛应用。当前的全自动烟熏炉、半自动烟熏炉均采用这种熏制原理。根据烟的发生方法和烟熏室温度条件，可将其分为燃烧法、摩擦发烟法、湿热分解法、流动加热法、二步法、炭化法等方法。

1. 燃烧法　　燃烧法是将木屑倒在电热燃烧器内燃烧发烟，通过送风机把烟气送入熏烟室，通过减少空气量和降低木屑的温度来调节发烟量。为了防止烟灰和焦油附着在肉制品上，可将烟道加长。熏烟室内的温度基本上是由烟的温度及空气温度所决定的，当需要中温或高温熏烤时，则需使用空气换热装置，如热风炉等。

2. 摩擦发烟法　　应用钻木取火的发烟原理，在硬木棒上压块重石，硬木棒抵住带有锐利摩擦刀刃的高速旋转轮，通过剧烈摩擦产生的热使削下的木片热分解产生烟，发烟量易控制，发烟快，但成本高。

3. 湿热分解法　　将水蒸气与空气适当混合，加热至300~400℃，使高温气体通过木屑热分解而发烟，由于烟和蒸汽同时流动而成为湿的高温烟，因此需事先将制品冷却，利于烟的凝结和附着。送入熏烟室烟的温度一般为80℃。

4. 流动加热法 木屑通过压缩空气飞入反应室内，经300～400℃的热空气作用于浮动的木屑而使木屑热分解，产生的烟随气流送入熏烟室。由于气流速度较快，灰化后的木屑残渣很容易混入其中，为了防止灰和木屑分散，可用分离机将两者分开。

5. 二步法 首先将氮等惰性气体加热至300～400℃，使木屑热分解而发烟；然后当烟达200℃时与氧和空气中的气流混合，再送入熏烟室。烟在第一步时不氧化，在第二步接近200℃时引起缩合、氧化，可以得到酚和有机酸含量高的烟。

6. 炭化法 将木屑装入管子容器内，利用电热炭化装置调温至300～400℃，使其炭化发烟。由于缺乏空气，在低氧情况下发生的烟的状态与干馏相同。

直接熏制和间接熏制均将肉制品放在货架上，送入熏烟室内进行熏制，熏制的温度、时间根据各种制品的工艺要求而选择。室内上层悬挂肉制品，下面用木材直接加热发烟（图4-14）。

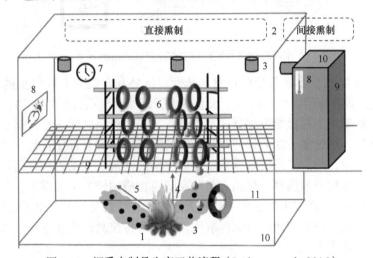

图4-14 烟熏肉制品生产工艺流程（Ledesma et al., 2016）

彩图

1. 燃料；2. 直接/间接熏制；3. 烟雾发生器；4. 与制品的距离；5. 相对制品的位置；
6. 脂肪含量与液滴；7. 烟熏持续时间；8. 烟熏温度；9. 设备清洁度；10. 烟室设计；11. 罩；● 焦油

熏烟室分为单层炉床式和多层炉床式。多层炉床式熏烟室中，较大肉制品如培根、火腿放在下层，较小的肉制品（灌肠类）悬挂在上层，这种熏烟法历史悠久，应用广泛。现在大型肉品加工企业多采用全自动熏烟室，熏制条件可以自控，燃烧效率高，从熏制到冷却可连续作业，成本低，肉制品损耗小。

（三）速熏法（特殊熏烟法）

1. 焙熏法 焙熏法的温度为90～120℃，是一种特殊的熏烤方法，包含蒸煮和烤熟两个过程，常用于火腿、培根的生产。由于熏制温度较高，熏制时间短，熏制可达到熟制的目的，肉制品不需再次热加工即可直接食用。其缺点是产品的耐储藏性较差、脂肪熔化较多，适合于瘦肉含量较高的制品。

2. 液熏法 液熏法是在传统木材烟熏法的基础上发展而来的加工技术，利用烟熏液对产品进行熏制，以替代传统的熏烟方法。以天然植物（如枣核、山楂核等）为原料，将木材放置在巨大的蒸馏器中，施加热量，通过控制其最低热解温度制成木制熏烟。将熏烟在冷凝器中迅速冷却液化，再通过精炼槽并过滤，去除含有多环芳烃等有毒致癌物质，提取出含有和气体烟几乎相同气味的液体，制成烟熏液（图4-15）。通过涂抹或者喷涂等方式使烟熏液附着在肉制品表面，是当前主流的熏制方法。

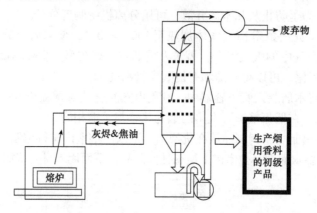

图4-15 水溶性初级烟雾浓缩物的生产（Simon et al., 2005）

烟熏液除了可以赋予食品理想的烟熏风味，对体外和食物中几种常见的食源性病原菌（如单核细胞增生李斯特菌、沙门氏菌、致病性大肠杆菌和葡萄球菌等）均有抑制作用。相比于传统烟熏，液熏法不需熏烟发生器，节省设备投资，熏制时间缩短，烟雾浓度可控，对环境更友好；此外，经过滤分馏和提纯等步骤，消除了潜在的有毒化合物，并且不会产生木屑使烟熏室清理不便，减少了清洗烟熏炉所需的化学清洗剂、劳动力和时间。一般来说，用于制备液体烟雾的木材一般选择低树脂含量与高防腐物质的硬木（如果木、山核桃木、桦树木），该类硬木不易产生高浓度的多环芳烃。天然烟熏香味料是按照严格的质量标准生产的，风味均匀、成分稳定，用量和用法更加标准化，操作容易控制，重现性好，易于生产出风味和颜色更稳定的高质量产品。

延伸阅读

液熏法能否保障烟熏食品的安全

液熏法作为一种新型的烟熏加工工艺，可以在很大程度上降低烟熏过程中危害物的生成，减轻烟熏食品对人体的危害。目前液熏有两种使用方法：一种是将烟熏液代替木材加热，使其挥发移向肉制品；另一种是将烟熏液直接添加到制品中。液熏法避免了烟气与食物的直接接触，它是先将烟气收集、冷凝，再经过一系列的工艺，在去除烟气中的固体杂质后得到烟熏液，熏烟的风味成分能较好地保留，且几乎不含苯并芘等致癌物，从而保证了烟熏食品的安全。

目前，我国已制定标准来保障烟熏液的安全性。《食品安全国家标准 食品添加剂 山楂核烟熏香味料Ⅰ号、Ⅱ号》（GB 1886.127—2016）中就规定了以山楂核为原料制备烟熏液的过程、参数和质量检测方法。如今，烟熏液已经被列为一种食品添加剂，广泛应用于各类熏制食品的生产之中。可见，严格按照国家标准进行规范生产的烟熏食品，只要适量食用，不会损害消费者的身体健康。

（资料来源：朱蓓薇，2022）

液熏法的实施方式包括直接添加法、喷淋浸泡法、肠衣着色法、雾化发烟法。

1）直接添加法　　烟熏液作为一种食品添加剂，经水稀释后，通过注射、滚揉或其他方式被直接添加到产品中，经调和、搅拌均匀即可，多用于红肠、小肚、圆火腿、午餐肉等肉糜类产品中。这种方式主要偏重于产品风味的形成，但不能促进产品色泽的形成。

2）喷淋浸泡法　　在产品表面喷淋烟熏液或者将产品直接放入烟熏液中浸渍一段时间后取出干燥，该方法有利于产品表面色泽及风味的产生。烟熏色泽的形成与烟熏液的稀释浓度、喷淋和浸泡的时间、固色和干燥过程有关。在浸渍时加入0.5%左右的食盐可提高制品的风味。烟熏液可循环使用，但应根据浸泡产品的频率和浸泡量及时补充以达到烟熏液所需浓度。

3）肠衣着色法　　烟熏工艺的一种新技术是使用烟熏液浸渍的预烟熏纤维素肠衣。灌入此类肠衣的产品将会在蒸煮过程中吸收肠衣的颜色和风味。在产品包装前利用烟熏液对肠衣或包装膜进行渗透着色或烟熏，煮制时由于产品紧挨着已被处理的肠衣，烟熏色泽就被自动吸附在产品表面，同时具有一定的烟熏味。

4）雾化发烟法　　雾化发烟法是液熏法应用中效率最低的方式，但因非常适用于批次型烟熏炉而被广泛应用。雾化发烟法最常用的方式是雾化-凝露，即产品在液熏前通常先干燥一段时间，然后关闭烟熏炉，烟熏液被雾化吹进烟熏炉内；在雾化结束后，雾化的烟雾需要经过一段时间在产品表面凝露，然后重启烟熏炉。为了节省烟熏液常采用间歇喷雾，产品先进行短时间的干燥，烟熏液被雾化后送入烟熏炉，使烟雾充满整个空间，间隔一段时间后再喷雾，根据需要重复2或3次，间隔时间为5～10min，以使整个熏制过程中保持均匀的烟雾浓度；也可将烟熏过程分两次进行，即在两次喷雾间干燥15～30min，干燥过程中打开空气调节阀，干燥的气流有助于烟熏色泽的形成。采用喷雾发烟法时，产品色泽的变化主要与烟熏液的浓度、喷雾后烟雾停留的时间、中间干燥的时间、炉内的温度和湿度等参数有关。这种方法虽然要在烟熏室进行，但容易保持设备清洁，不会有焦油或其他残渣沉积。液熏法引起的颜色变化问题可通过缩短凝露时间或在凝露的最后阶段开启循环风机促进液体烟雾流动来解决。另一种雾化发烟法的方式是持续雾化发烟，这种方式更像是自然烟熏的过程，非常低的烟熏液流动速率有助于减少烟熏液的消耗，但此方法会使烟熏炉难以清理。

3. 电熏法　　电熏法是将熏烟通过一个20～60kV电压的连续管道，熏烟中的化合物和微粒在静压电场作用下充电，荷电的化合物和微粒很快沉积在带相反电荷的肉品表面，并被吸收。熏烟由于放电而带电荷，可以更深地进入肉内，以提高风味，延长储藏期。电熏法的优点有：贮藏期增加，不易生霉；缩短烟熏的时间，只有温熏法的1/2。缺点：使用电熏法时在熏制品的尖端部分沉积物较多，造成烟熏不均匀，再加上成本费较高等因素，目前电熏法还不普及。

三、典型熏制工艺与装备

一个典型的烟熏肉制品生产工艺通常包括以下大部分或全部的工艺步骤：调整、预干燥、烟熏、固色、预蒸煮、蒸煮（图4-16）。在实际应用中，这6步工艺操作可以有多种组合形式，特定步骤也经常被添加或删除，但是对于烟熏肉制品生产商而言，这些工艺步骤的基本作用都应服务于生产工艺的优化。本部分重点讲述前5步操作，蒸煮单列为一节内容讲述。

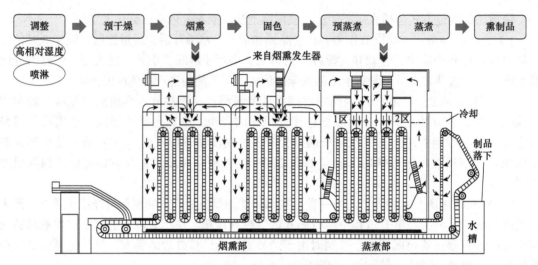

图4-16 典型熏制工艺流程（夏文水，2007）

（一）调整（烟熏前处理）

调整的主要目的是保证所有将要加工的产品在烟熏、蒸煮前表面状况一致。产品在干燥环境中裸露的时间及入炉的时间不一致，可引起产品表面色泽不一。喷淋是最基本的调整工艺形式，其也可清洗产品表面的污物；另一种有效的调整方式是在入炉的第一步使用暖风和高相对湿度的工艺，这种工艺步骤可在产品较冷的表面建立一层薄的冷凝水，完成产品表面均一的调整。

（二）预干燥

预干燥步骤的目的是形成均一的干燥产品表面，以保证烟熏过程中产品表面具有期望的水分含量，这将影响烟熏过程中产品对于烟雾的吸附及形成均一的烟熏色。烟熏过程中湿润的产品表面对烟雾的吸附效果比干燥的产品表面更好。如果需要较深的烟熏色泽，干燥的时间则需相应缩短，但是干燥时间不足，产品表面的水分太大，会导致产品呈深棕色，甚至黑色；反之，干燥时间过长，产品呈黄色或棕红色。干燥步骤的温度及时间设定取决于产品的种类，一般温度设定为50～70℃，相对湿度为30%以内。

（三）烟熏

烟熏步骤可以是自然烟熏或者液体烟熏。自然烟熏时保持烟熏炉内高温、干燥的环境将使得烟雾中的羰基化合物与肉中的氨基化合物发生美拉德反应，使产品表面呈现茶棕色，但是表面过度干燥也会减少烟雾吸附、延长烟熏的时间。典型的天然木质烟熏温度为干球温度48～73℃，湿球温度0～53℃。如果烟熏的湿球温度设定值高于之前的干燥步骤设定值，水分将会在产品表面凝结，在烟熏步骤的开始阶段使产品表面重新湿润，因此最好使用同样的湿球温度设定值来避免这种情况的发生。而在批次型的烟熏炉中使用液体烟熏时，烟熏液会被雾化（包括雾化-凝露）喷入烟熏炉内。无论液体烟熏的时间是多长，液体烟熏凝露时间最好也不超过10min。

（四）固色

固色是为了在高湿度蒸煮工艺之前生成和固定产品表面的烟熏色，常采用干热条件促进期望色泽的形成和稳定。湿式传感器的温度在这一步应设定为0℃以打开阀门，以促进熏制颜色的形成和稳定创造干燥的条件。典型的颜色调整温度设定值为干球温度60～82℃，湿球温度0～49℃。如果工艺步骤包括液体烟熏，那么在液熏步骤之后必须立即进行颜色固定来生成和固定烟熏色。

（五）预蒸煮

预蒸煮是从低湿度颜色固定步骤到高湿度蒸煮步骤的一个过渡步骤。典型的温度设定值为干球温度70～85℃，湿球温度54～64℃。某些产品不需要这一步，可以省略。

第五节　蒸　煮

蒸煮加工是保证肉食用品质的关键。蒸煮能够杀死食源性病原菌，灭活抗营养酶，保障微生物安全，赋予肉制品良好的口感、质构和芳香的风味，是肉从生鲜转为可食用的必经环节。由于加热是食品生产中重要的耗能环节之一，对于蒸煮工艺的选择不仅仅要考虑其对肉制品品质的影响，也要考量加工效率。

一、蒸煮原理与作用

（一）蒸煮过程中的热传递方式

世界卫生组织预估，蒸煮和烹饪所需的生物燃料与煤炭占据全球能量消耗的10%～15%。为达到联合国设定的发展目标，需要节省约900TW[①]当量能量，其中大部分规划为食物加热所消耗的能量。不同煮制方法中涉及的热传导方式不同，总体而言，热量的传递可以分为热传导（heat conduction）、热对流（heat convection）及热辐射（heat radiation）三类（图4-17）。其具体定义如下。

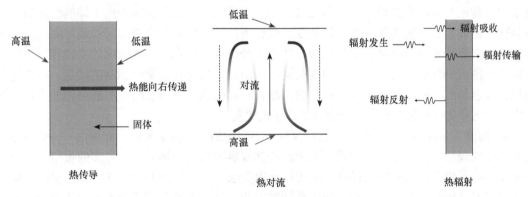

图4-17　蒸煮过程中的热传导方式示意图

---

① 1TW=10^{12}W

（1）热传导：不使物质发生运动，直接通过干预物质发生的热量传递，如炖煮和欧姆加热等。

（2）热对流：通过气体或液体等流动介质进行热量传递，如煎炸、焙烤等，二者分别通过油和空气传热。

（3）热辐射：不需要物质存在，热量可以通过空间传递，如近红外加热炉等。

在肉制品煮制加工过程中，通常存在不止一种热量传递方式，而是三种热传递方式互相结合。传统的加热方式主要通过燃烧燃料或是通电进行加热，物体外部受热产生热量并通过热空气对流或是传导的方式来传递到物料中。

（二）蒸煮对肉品质的影响

1. 货架期　　肉制品富有营养，极易被微生物污染造成腐败变质。蒸煮是肉制品加工过程中最常见、最高效的杀菌手段之一。加热灭菌的效果与许多因素有关，如初始菌的数量和种类、热传导的速度和方式、肉制品的品质（如脂肪含量、pH等），以及肉的形状和尺寸等。常见的肉品腐败关键微生物包括沙门氏菌属（*Salmonella*）、李斯特菌属（*Listeria*）及大肠杆菌（*Escherichia coli*）等。在不同加热温度下，上述微生物杀灭90%所需的时间（*D*值）如表4-2所示。由表4-2可知，不同种类微生物的热敏感程度不同，蒸煮灭菌的效果也与肉制品初始菌种类息息相关。

表4-2　不同温度下烤牛肉经热处理后不同微生物杀灭90%所需的时间（引自McMinn et al.，2018）

温度/℃	*D*值		
	E. coli	*Salmonella*	*Listeria*
54.4	34.11±3.68	9.34±4.71	48.14±12.1
60.0	1.26±0.60	0.70±0.07	7.25±0.47
65.6	0.17±0.09	0.14±0.03	1.71±0.10
71.1	≤0.02	≤0.02	0.34±0.01

2. 颜色　　肉和肉制品的颜色与蒸煮条件、蒸煮参数息息相关，也是常用于判别肉生熟程度和可食用与否的重要信息。在蒸煮过程中，负责维持肉色的呈色蛋白（即肌红蛋白）发生氧化，使得血红素铁向非血红素铁转变。肌红蛋白是肌质蛋白中热稳定性最好的蛋白质种类之一，需要外界环境温度达到80℃以上才会充分变性。因此，肌红蛋白的变性程度极大程度取决于蒸煮的终点温度。在终点温度相同时，加热形式也将影响肉制品的颜色。加热速度越快，肉色越红；而在特定温度下保持时间越长，则肉色越苍白。除了肌红蛋白的变化，肌肉中焦糖化和美拉德反应也会影响肉制品的颜色性质。

3. 嫩度　　在本章第二节中，已经探讨了不同的加热温度下关键功能蛋白——肌球蛋白的变性成胶规律和温度之间的关系。在未经斩拌或嚼碎的肌肉体系中，更多的蛋白质参与到肉品质构的形成中，共同影响最终产品的口感和质地。第一阶段（40～52.5℃），肌纤维中肌质蛋白和肌原纤维蛋白发生变性，使得肌纤维中的水分逐渐流失到肌纤维外周环境中，并且此时肌纤维未发生收缩；第二阶段（52.5～60℃），肌纤维中的水分加速流出，在59℃时损失程度达到最大，但是肌肉整体未发生收缩；第三阶段（64～94℃），肌内膜、肌束膜等位置的胶原蛋白发生收缩，使得肌肉整体和肌间线区域均发生明显缩紧，伴随着较为严重的蒸煮损失；第四阶段，伴随着长时间高温蒸煮或者炖煮，肌肉中的胶原蛋白充分凝胶化，形成具有软嫩特色的肉制品口感。在蒸煮过程中肌肉的收缩不仅直接决定了肉的嫩度，也对肉的保水性、多汁性等产生影响。

4. 多汁性　　肉制品的多汁性是评价肉品质的重要指标，由其中的水分和脂肪的含量及比例决定。在完整的肌肉中，80% 的水分保持在肌纤维中细肌丝和粗肌丝之间的位置。因此，肌纤维的收缩和扩张决定了肉制品的保水性和多汁性。

5. 风味　　在肉制品蒸煮过程中，通过肌内脂氧化、美拉德反应等途径产生许多挥发性芳香化合物，构成肉制品独特的气味和滋味。根据化合物的组成不同，可以将其大致分为三类：①含氧芳香化合物，如糠醛、呋喃酮等；②含氮芳香化合物，如吡嗪、吡咯等；③含硫芳香化合物，如噻唑、呋喃硫醇等。

6. 营养特性　　在蒸煮加热过程中，肌肉蛋白结构会发生变性，适度变性后的肌肉蛋白在消化道中更易被消化吸收，消化率显著增加。但是，过高的蒸煮温度往往会对肉制品的营养特性产生不利影响，如产生糖基化终末期产物，或蛋白质过度聚集使得消化吸收率下降。部分加热方式对肉品宏量及微量营养素的影响情况见表4-3。

表4-3　部分加热方式对肉品宏量及微量营养素的影响情况（引自Sobral et al.，2018）

加热方式	营养素			
	氨基酸	脂肪酸	维生素	矿物质
焙烤	—	≈	≈或↓	↑
煮沸	≈或↓	↑	↓或↓↓	↓
水煮	—	—	↓	—
微波加热	↑或↓	↑	≈或↓	—
低温真空煮制	↓	↑	—	—
蒸煮	—	—	↓	—
熏煮	↑或↓	—	—	—

注："≈"表示无显著影响；"↑"表示增加；"↓"表示下降；"↓↓"表示大幅下降；"—"表示无数据

7. 有害物生成　　在肉制品加热过程中，高温会引起大量化学变化，导致一些对身体健康有害的致癌、致畸、致突变产物如杂环胺、多环芳烃等形成，这些有害物的形成量与加热方式密切相关。通常而言，煎炸、烧烤等高温加热方式更易引起这些有害物的生成，而在炖煮、蒸煮等较为温和的加热条件下（＜120℃），这些有害物几乎不或者很少形成。

（三）蒸煮过程中肉的化学变化

1. 活性巯基被氧化生成二硫键　　二硫键是肌肉蛋白经氧化后最易形成的化学键之一，不仅能够由热介导形成，在贮藏、包装及零售的各个环节都有可能形成。经加热后，肌肉蛋白中半胱氨酸间能够被氧化形成二硫键，二硫键的含量和分布对肉制品的质构、保水性等品质特性有显著影响。

2. 羰基衍生物的形成　　肌肉蛋白在加热过程中，精氨酸、脯氨酸、赖氨酸等碱性氨基酸会被氧化形成γ-谷氨酸半醛、氨基己二酸半醛等产物。这些氧化产物进一步发生化学反应，使得氨基酸侧链受到修饰，并导致蛋白质分子内和分子间发生交联或聚集，最终改变肉制品的嫩度、持水性、色泽等食用品质。

3. 脂质氧化　　加热能够导致大量自由基产生，并使肌肉中的内源抗氧化剂失活，从而使脂肪更易受到氧化攻击并发生一系列氧化反应。脂质氧化可以分为链的引发期、增殖期和终止期三个阶段：在引发期，不饱和脂肪分子丢失一个氢原子形成脂肪自由基，并与氧反应生成过氧化自由基，这些过氧化自由基能够通过攻击新的脂肪分子形成反应链；在增殖期，上述反应不断重复直到没有氢原子可以被替代或反应链被抗氧化物质打断，在该阶段形成脂质过氧化物，这些过氧化物极不稳定，能够进一步分解形成二级氧化产物，如酮、醇及挥发性化合物等；在终止期，自由基通过彼此耦合或歧化反应形成稳定的非自由基产物，氧化反应终止。肉制品脂质氧化形成的二级产物十分丰富，既包括一些肉品特殊芳香类物质，如中长链醛类等，也包括标志油脂酸败的不良气味物质。

4. 美拉德反应　　蒸煮过程中，在一定温度和湿度条件下，肌肉中的氨基酸和还原糖之间能够发生美拉德反应，最终产生丰富的挥发性风味物质，这些物质也是"肉香"的重要来源。通常而言，美拉德反应可以被人为划分为三个阶段：在第一阶段，还原糖和氨基酸发生反应生成氨基糖，随后氨基糖发生阿马道里重排（Amadori rearrangement），生成Amadori或海恩斯（Heyns）重排化合物；在第二阶段，重排产物进一步降解形成还原酮或α-二羰基化合物；在最后一个阶段，这些中间产物发生一系列反应并最终形成类黑素。在美拉德反应过程中形成的呋喃、噻吩等数百种化合物是构成肉香味和部分色泽的重要来源。在蒸煮加热过程中，影响美拉德反应发生程度和反应途径的外界环境因素十分复杂，包括温度、环境湿度、pH及加热时间等。相对湿热加工，煎炸、烘烤等干热加工更有利于美拉德反应的发生。

蒸煮工艺　　熏蒸烤一
视频　　体化工艺
　　　　　视频

5. 焦糖化反应　　当外界环境温度升高至120℃及以上时，肉中糖类之间发生异构化并进一步降解，在该过程中形成丰富的风味和色素类化合物，该过程称为焦糖化反应。焦糖化反应的许多产物与美拉德反应是一致的，如α-二羰基化合物等。但是，由于肉中糖的含量相对较低，焦糖化反应发生的程度也相对较小。

二、肉制品加热工艺与装备

（一）欧姆加热

欧姆加热（ohmic heating），又称为焦耳热加工，自20世纪90年代被发明出来，近20年来逐渐在食品领域被广泛应用。欧姆加热是指使电流通过物料从而实现加热目的的食品加工方法，在加热客体中电能直接转化为热能，其加工原理见图4-18。欧姆加热的优势在于，在加热过程中能量不会在固-液界面或固体内部颗粒间传递，因此加热速度快、加热均匀且能量耗散少。

利用欧姆加热处理肉制品时，产品的升温速度取决于体系中各物质的电导率、热导率及比热容。下述条件能够通过改变肉及肉制品的电导率而影响欧姆加热的升温速率。

（1）食盐、磷酸盐等盐类物质的添加能够显著提高肌肉的电导率，使得升温速率大幅提高。

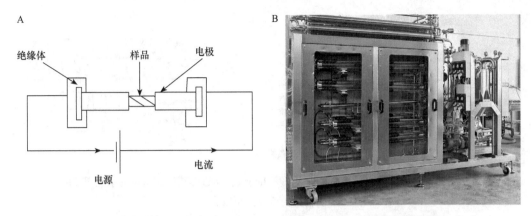

图4-18　欧姆加热原理图（A）和Emmepiemme Srl公司工厂化欧姆加热设备（B）

（2）随着加热温度增加，肌肉的电导率随之提高，加热速度随之增快。

（3）肌内脂肪的存在或外源脂肪的添加均能够提高肉制品的电导率，使得加热速度增加。

（4）加热时肌纤维和电流的排布方向会直接影响欧姆加热的效率，二者平行时电导率大于二者垂直时的电导率，加热速率增加。

除上述参数外，不同的肌肉种类、添加剂的种类等均可能改变欧姆加热过程中肉体系的电导率。常见的不同种类肌肉在加热过程中的电导率变化见图4-19。

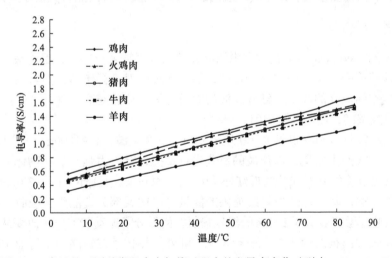

图4-19　常见的不同种类肌肉在加热过程中的电导率变化（引自Zell et al., 2009）

（二）过热蒸汽加热

过热蒸汽（superheated steam）是通过向蒸汽提供额外的热量，使其温度在给定压力下高于饱和点而实现的，即将水加热至沸点形成水蒸气后，在常压下继续加热饱和蒸汽，使蒸汽温度继续上升超过饱和温度从而形成过热蒸汽。由于过热蒸汽需要吸收物料中的水分以转化为饱和蒸汽，因此过热蒸汽可被作为一种能够吸水的气体，也可作为干燥介质来进行热、质传递。常见的过热蒸汽装备设计如图4-20所示。过热蒸汽加热常常用于肉制品的煎炸、干燥等工艺，其优势主要包括以下几点。

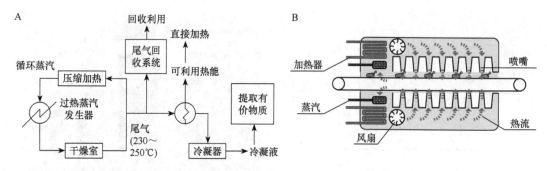

图4-20　过热蒸汽加热系统示意图（A）及Hicook公司过热蒸汽装备设计示意图（B）
（引自楚倩倩等，2022）

（1）过热蒸汽加热能够通过热传导、热对流、热辐射三种方式进行热量传递，因此传热速度快，传热效率高。

（2）蒸汽可以回收并循环使用，因此能耗低、环境污染小。

（3）由于加工过程保持低氧环境，因此可以避免过度的脂肪或蛋白质氧化，抑制高温有害物如杂环胺、多环芳烃等的生成。

（4）有利于维持食品良好的食用品质，避免水浴、风干等加热方式引起的营养物质流失。

（5）较高的表面传热系数有助于实现表面瞬时抑菌，整体灭菌能力大幅度提升。

（三）红外加热

红外加热（infrared heating）技术在肉制品领域的应用越来越广泛，目前被应用于肉品的煎烤、解冻、杀菌等中。在红外加热过程中，热量通过辐射进行传递，能够在加热物料的同时不引起设备内空间温度的改变。红外光波的波长越短，热能越高。红外加热的优点包括加热速度快、加热效率高、加热效果均匀。

红外射线是指波长范围在可见光（0.38～0.78μm）和微波（1～1000mm）之间的电磁波，其以电磁辐射的方式产生能量，以声波的形式进行传播，穿透力强并能在物体内部产生热效应。根据波长又可以将红外射线分为近红外（0.78～1.4μm）、中红外（1.4～3.0μm）和远红外（3.0～1000μm）三类，其中远红外射线提供的能量可以被大部分食品组分吸收，如水分、蛋白质和碳水化合物能够吸收大于2.5μm的红外辐射，使得分子振动状态发生改变从而产热，因此在食品加工中表现出很高的优势。一般来说，红外加热技术在食品加工行业中的应用主要以中、远红外辐射为主，因为大部分食品的组分吸收的红外辐射范围主要集中在中、远红外波段上。在第五章第二节红外技术部分，将进一步探讨红外技术和装备的特点，并总结其在杀菌、解冻等肉类加工工艺中的运用。

（四）低温真空煮制

低温真空煮制（sous vide cooking）由"*sous vide*"翻译而来，其是指食材在真空包装条件下，通过可控温度、可控时间热加工制备的食品。自20世纪90年代以来，低温真空煮制受到了肉品科学家的广泛关注。与传统热加工方式相比，低温真空煮制的关键特点在于，在加热过程中，食品材料需要真空包封在热稳定且食品级的塑料袋中。低温真空煮制存在下述优势。

（1）能够使水或蒸汽中的热能高效地传递到食品中。

（2）可以避免因食品氧化产生的不良气味，同时避免一些芳香挥发性物质和水分的流失。

（3）通过抑制需氧型微生物的生长延长了食品的保质期。

（4）避免了高温引起的营养物质损失。

低温真空煮制通常包括以下步骤：预加工（如腌制、嫩化、腌渍等）—真空包装—加热或杀菌—加工完成；预加工（如腌制等）—真空包装—加热或杀菌—快速冷却—冷链运输—二次加热—加工完成。与传统食品相比，低温真空煮制后的产品更需要冷链运输，因为低温加热使得肉制品残余的初始微生物含量更高。

低温真空煮制加工方式通常需要利用浸入式循环器加热设备实现，其在基础水浴锅基础上装配了浸入式加热元件和循环泵，能够高效实时控制容器中的水温。

（五）微波加热

微波是一种波长很短的电磁波，波长为1～1000mm。因为它的波长与长波、中波、短波相比来说，要"微小"得多，所以它也就得名为"微波"。微波具有极高的频率，为300MHz～3000GHz，故微波也称为"超高频电磁波"。微波整体范围介于红外线与超短波之间，根据微波波长范围的不同，又可将微波分为分米波、厘米波、毫米波及亚毫米波。

为了平衡经济效益和加工效率，家用微波设备的频率通常为2.45GHz，而食品工厂所用的微波设备频率则为915MHz或2.45GHz。世界范围内不同微波频率的应用场景如表4-4所示。

表4-4 世界范围内不同微波频率的应用场景

频率/MHz	允许的频率变动范围	国家或地区
433.92	0～2%	奥地利、荷兰、葡萄牙、德国、瑞士
896	10MHz	英国
915	13MHz	北美洲和南美洲
2375	50MHz	阿尔巴尼亚、巴拉圭、匈牙利、罗马尼亚、俄罗斯
2450	50MHz	世界范围内可用
3390	0～6%	荷兰
5800	75MHz	世界范围内可用
6780	0～6%	荷兰
24 150	125MHz	世界范围内可用

微波场是一种交变磁场，极性分子在其中的随机热运动会根据磁场方向的改变而发生改变，改变速度可达24.5亿次/s。与传统加热方式相比，微波加热具有操作简单、能耗低、加热用时短、风味和活性物质损失率小等优势，已被广泛应用于蒸煮、煎烤、杀菌、烘干等肉制品加工工艺中。然而，微波加热也存在不均匀性，即在加热物料中，通常同时存在"聚热点"和"聚冷点"，当某个区域电磁场密度更高时，该区域在微波加热中升温速度则更快，且易出现过热现象，导致产品均一性和品质下降。

在肉制品工业化加工中，微波加热往往与传统加热方式结合使用，其中微波的应用能够加速烹饪过程，加工过程中肉品表面形成的水分能够通过气体对流蒸发。微波加热装置已在肉制品加工中得到广泛使用。在第五章第二节微波技术部分，将进一步探讨微波技术和装备的特点，以及其在杀菌、解冻等肉类加工工艺中的运用。

第六节　其他加工原理与技术

一、乳化

在前述章节已深入探讨了肌肉蛋白的乳化特性及相关影响因素，肌肉蛋白的乳化特性决定了乳化肉制品的品质和产率。在本节中将进一步探讨乳化肉制品的定义、加工工艺和典型装备。乳化肉制品是指通过斩拌等工序，将肉和非肉组分（如盐、大豆蛋白、淀粉等）充分混合，使其相间界面张力下降，形成的均一、具有相对稳定性的肉制品。乳化肉制品的保水性好，具有独特风味，组织状态也不同于传统肉制品。乳化肉制品主要由蛋白质、脂肪、水和盐构成。蛋白质基质是主要的结构成分，其中盐溶性蛋白、微小的肌肉纤维和胶原纤维起到吸持水分和脂肪的作用。经过斩拌机或乳化机的绞制后，肌肉颗粒减小，组织结构打开，脂肪颗粒的稳定性增强，从而形成均一的体系。肌球蛋白是乳化肉制品中的主要乳化剂，具有降低水相和脂质之间界面张力的能力。需要注意的是，由于乳化肉制品中脂肪颗粒可能大于20μm，因此乳化肉制品并不是真正的乳化体系，仅具有相对稳定性。因此，在制作乳化肉制品时，要防止烹饪加工过程中发生脂肪和水分分离。

乳化肉制品主要包括低温乳化肉制品和高温乳化肉制品，二者的工艺流程如图4-21所示。在乳化肉制品加工过程中，乳化步骤之后需进行热处理，以稳定多相体系，保证最终产品的感官特性。随着人们对健康生活的重视，低脂型肉制品备受青睐，预乳化技术应运而生。预乳化是指将水、油脂、乳化剂等预先分散后再添加到肉糜基质中，这种非肉蛋白的水包油预乳化技术可以提高体系的脂肪结合能力，将油脂稳定于蛋白质基质中。预乳化形式的植物油可能会产生更小的脂肪球，具有更大的表面积，有利于蛋白质的乳化覆盖，从而使更多的脂肪球与肉基质结合，形成更稳定的乳化凝胶体系。这种水包油乳状液作为一种脂肪成分添加到肉制品中，可改善乳化肠的品质特性，为低脂型替代香肠的生产提供了新思路。

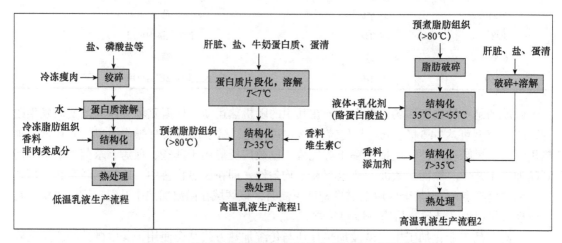

图4-21　低温乳化肉制品和高温乳化肉制品工艺流程图

乳化这一过程常在斩拌机或乳化机中完成。斩拌是指用一组刀片将肉切碎，肉品颗粒的大小取决于旋转刀片的数量及其与斩拌盘的距离。斩拌的程度受斩拌时间、刀片数量和转速控制，这些参数也不同程度地影响斩拌后肉制品的性质。斩拌通常用于生产精细粉碎的乳化型产品，如香肠、腊肠等。对于混杂粗颗粒的乳化型肉制品，也可先制备精细的乳液，然后再采用反向运动刀片（无切割作用）使粗颗粒均匀混入乳液。盘式斩拌机有一个斩拌盘，将肉放入其中，斩拌盘以相对缓慢的速度旋转，由一组镰刀形刀片以每分钟几千转的速度切割肉块。具备两套切割头的机器可加速斩拌进程。乳化机把切碎和粉碎过程结合在一起，可产生更好的乳化效果。预绞肉被送入乳化机，通过快速旋转的刀片后穿过多孔板。刀片和多孔板的设置类似于绞肉机，可垂直或水平定位。带有真空系统的斩拌机，通过圆顶盖来封闭斩拌盘，去除空气，实现真空，这样就能最大限度地减少脂质氧化（易导致异味或褐色）和成品中气泡或空洞的产生，对产品品质有益。因此，真空斩拌机在工业生产中很受欢迎。

二、发酵

发酵肉制品是指在自然或人工控制条件下，利用微生物或酶进行发酵，使原料肉发生一系列变化，形成具有特殊品质的肉制品。食品工业中常使用发酵来延长肉制品的货架期，并获得具有独特风味的肉制品。在发酵肉制品的生产中常见的微生物有酵母菌、霉菌、乳酸菌、微球菌、葡萄球菌、链球菌等，不同的微生物发酵后往往会产生不同的发酵风味，有时也会使用多种微生物进行混合发酵。微生物发酵产生乳酸，导致 pH 下降，从而抑制腐败和病原微生物生长，同时也可诱发蛋白质凝聚，释放水分，促进组织蛋白酶 D 和溶酶体酸性脂肪酶的水解反应。乳酸发酵产物也可以通过与肠道微生物群甚至人体免疫系统相互作用，对肉制品的营养价值产生多重影响。

发酵肉制品生产时，先将瘦肉和脂肪绞碎并充分混合，加入腌制剂、抗坏血酸钠、亚硝酸盐、碳水化合物和香辛料等，搅拌均匀；然后加入发酵剂，发酵香肠中最常用的发酵剂是乳酸菌；混合好的肉馅随后被填充进肠衣。对于一些发酵香肠而言，肠衣表面生长的霉菌和酵母菌可促进产品形成良好的感官特性。发酵完毕后，经干燥、成熟最终得到发酵香肠。

在发酵肉制品的制作过程中，由于原材料的类型和数量、发酵和干燥条件不同，优势微生物种群往往具有多样性，从而产生了具有独特感官特征的产品。例如，加入的异源发酵乳酸菌会产生乙酸乙酯和双乙酰等副产物；糖的添加量对最终 pH 起决定性作用，并会对风味产生影响。考虑到患有高血压的敏感人群，乳化过程中食盐和脂肪的替代是一个受关注的问题，发酵香肠配方的重新配制有望解决其饱和脂肪酸和胆固醇含量高的问题，有利于降低心血管疾病风险。

三、干制

干制是指通过自然或人工手段脱去肉品中的水分，是一种常用的肉品加工方法。微生物活动是肉类腐败变质的主要原因，而微生物的生长繁殖需要水分。一般来说，在一定 pH 条件下，不同微生物在特定的水分活度（a_w）下才能够生长繁殖，不同 pH 条件下保持体系稳定的 a_w 范围见图 4-22。因此可以通过降低肉品水分活度的方式抑制微生物的生长。干制的原理与作用可总结如下：降低肉品的水分含量，从而降低水分活度，抑制微生物生长。

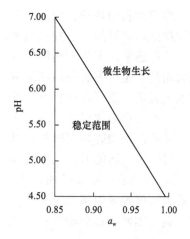

图4-22　不同pH条件下
保持体系稳定的a_w范围
（引自Toldrá，2010）

水分被除去的同时会导致酶活力的降低，使产品的质量下降，体积减小，肉的质地变硬，产品的保藏期或货架期得到延长。

干制方法种类众多，在肉类加工中一般会用到自然干燥、热传导干燥、对流热风干燥、低温升华干燥和微波干燥的方法。热传导干燥是通过间壁传热进行间接热交换，以达到干燥的目的。对流热风干燥的热源是高温热空气，能耗较高。低温升华干燥是指在真空、低温条件下，将物料中的冰升华为水蒸气，该方法能最大限度地保留蛋白质的结构。微波干燥是在微波电场作用下，物料中带电分子运动并摩擦产生热量，可以短时间均匀干燥。其中干燥的速度至关重要，干燥速度过快会使外层变性，发生不可逆的表面硬化，失去弹性，随着进一步干燥，外层将会与内层分离，产生空洞和破损，空气就进入这些空洞，成为好氧细菌生长的温床，从而降低肉的保藏期。自然干燥是最传统的干制方法，用于制造干肉类产品。在自然干燥过程中，生肉的脱脂部分必须含有6.6%的氯化钠才能达到$a_w=0.95$，因此采用这种方法的产品通常咸味较大。在混合物中加入脂肪可以降低咸味；另一种降低成品咸味的方法是使用含盐量较低的原料，再将其干燥到一定程度。在这种情况下，由于蛋白质和脂肪含量较高，咸味会减轻。盐处理的另一个好处是可促使肉膨胀，从而改善产品的咀嚼和切片性能。

除上述传统加工方法外，许多新型加工方法如超高压处理、超声波处理及微波处理等也因其绿色、高效、非热等优势在肉类加工中得到了更广泛的应用。在第五章中，本书将深入讨论这些新型加工方法的特点和优势。

第七节　典型产品的加工工艺

一、腌腊肉制品工艺

基于腌制、干制、烟熏等工艺加工而成的腌腊肉制品是我国典型的传统非即食肉制品，具有独特的风味。常见的腌腊肉制品包括广式腊肉、板鸭、咸猪肉、腊鱼等。以广式腊肉为例，将主要加工工艺介绍如下。

1. 典型工艺流程　广式腊肉典型工艺流程如图4-23所示。

图4-23　广式腊肉典型工艺流程

2. 主要加工过程　精选肥瘦层次分明的五花肉进行修整，刮净残毛与污垢后，将五花肉分割成大小合适的肉坯；肉坯经过漂洗并沥干水分后，加入食盐、曲酒、酱油等调味料，在适宜温度下腌制一段时间；随后将腌制完成的肉坯悬挂在烘架上，在特定温度下，肉坯经烘烤或熏制处理，使腊肉产生独特的腊香和熏制风味；当肉坯皮层干燥，瘦肉呈玫瑰红色，肥肉呈透明或乳白色时，表明肉坯烘烤或熏制完成；最后将肉坯转入干燥、低温、通风的冷却间，使肉坯温度快速降至室温。

二、酱卤肉制品工艺

基于腌制、蒸煮、炸制、酱制（卤制）等工艺加工而成的酱卤肉制品风味浓郁，各地均有生产，形成了具地方特色的多个产品，如道口烧鸡、镇江肴肉、苏州酱汁肉、德州扒鸡等。以道口烧鸡为例，将主要加工工艺介绍如下。

1. 典型工艺流程　道口烧鸡典型工艺流程如图4-24所示。

图4-24　道口烧鸡典型工艺流程

2. 主要加工过程　选取合适月龄和体重的鸡宰杀清洗后，根据道口烧鸡的要求，使鸡胴体呈现两头尖的半圆造型；接着用饴糖或蜂蜜配制的蜜糖水在鸡胴体全身均匀涂抹，然后在特定的油温下进行翻炸上色，至鸡体呈金黄色后捞出，油炸时需防止鸡体破皮；油炸后的整鸡在特制的卤汁（包括肉桂、草果、砂仁、良姜、陈皮等）中煮熟；熟制后，在保证整鸡造型不散不破的情况下出锅。烧鸡可进行冷却鲜销，也可以经真空包装、杀菌、冷藏保存。

三、灌肠制品工艺

基于腌制、乳化、蒸煮、熏制、发酵、干制等工艺加工而成的灌肠制品种类繁多，是最古老的肉制品之一，如鸡肉早餐肠、广式香肠、法兰克福肠、图林根肠、火腿肠等。以鸡肉早餐肠为例，将主要加工工艺介绍如下。

1. 典型工艺流程　鸡肉早餐肠典型工艺流程如图4-25所示。

图4-25　鸡肉早餐肠典型工艺流程

2. 主要加工过程　将鸡胸肉剔除脂肪、筋膜和结缔组织后与鸡皮进行低温绞制；肉糜与腌料、冰水、蛋白粉等配料混合，放入斩拌锅中进行高速斩拌乳化；待肉馅色泽均匀、黏度适中后，利用灌肠结扎机将肉馅灌入肠衣中，并用铝线结扎，该过程应避免气体混入肉糜，有利于提高产品的均匀性并降低破肠率；接着用清水喷淋去除肠体表面肉泥等污物，在适宜的温度下蒸煮；将熟制的火腿肠置于散热间，经冷却后即可包装。

四、火腿制品工艺

基于腌制、干制、发酵、蒸煮、熏制等工艺加工而成的火腿制品制作流程烦琐，周期较长，主要包括金华火腿、西班牙火腿、盐水火腿、烟熏火腿等产品。以金华火腿为例，将主要加工工艺介绍如下。

1. 典型工艺流程 金华火腿典型工艺流程如图4-26所示。

图4-26 金华火腿典型工艺流程

2. 主要加工过程 选取合适质量的鲜猪腿，将其修整成"竹叶形"，随后进行分次上盐（5～7次，总用盐量约10%）腌制，一个月左右加盐完毕；腌制完成的火腿需要经过浸腿、洗腿、晒腿、盖印、整形和燎毛等过程。为了使腿内的水分继续蒸发，进一步干燥，并产生特殊的风味物质，将洗晒完毕的火腿送入发酵房内发酵。在发酵成熟阶段由于水分的散失，腿皮和肌肉干缩等，火腿外观受到影响，因此火腿需要进行修割整形；火腿发酵结束后进行落架分级，刷拭火腿表面的霉菌孢子和灰尘并涂上植物油促进肌肉回软，阻止脂肪进一步氧化；最后将火腿移入成品库内堆叠后熟。

五、熏烧烤肉制品工艺

基于腌制、蒸煮、熏制、干制、烤制等工艺熟制而成的熏烧烤肉制品是备受人们喜爱的特色肉制品，具有色泽诱人、香味浓郁等特点，常见的产品包括烤鸭、叉烧肉、培根、熏肉等。以北京烤鸭为例，将主要加工工艺介绍如下。

1. 典型工艺流程 北京烤鸭典型工艺流程如图4-27所示。

图4-27 北京烤鸭典型工艺流程

2. 主要加工工艺 合适日龄和体重的北京填鸭经宰杀、放血、褪毛后进行造型。鸭坯先用低温清水洗净腹腔，再用沸水淋烫表皮，使表皮蛋白质变性凝固，减少烤制时脂肪流出；随后将麦芽糖水均匀地浇淋在烫好的鸭坯上，进行浇挂糖色；将上色完毕的鸭坯挂在晾坯间内进行干燥，并在体内灌入沸水，这有利于鸭坯进炉烤制时能汽化，达到外烤内蒸的效果，赋予烤鸭皮脆肉嫩的品质；待整炉膛至合适的温度后，将鸭坯挑入鸭炉并悬挂在炉膛前后梁上烤制。其间使用翻、转、烤等技术使鸭坯受热均匀，直至鸭体全身呈枣红色并熟透。

六、干肉制品工艺

基于腌制、蒸煮、干制等工艺熟制而成的干肉制品常作为休闲方便食品，种类丰富，多呈片状、条状、粒状、絮状。根据形态不同，干肉制品主要包括肉干、肉松、肉脯等。以肉松为例，将主要加工工艺介绍如下。

1. 典型工艺流程 肉松典型工艺流程如图4-28所示。

图4-28　肉松典型工艺流程

2. 主要加工工艺　将新鲜的精瘦肉切成合适的肉条，并清洗干净，沥水备用；将肉条加入配料和等量的清水后进行煮制，期间需要不断翻动并去除浮油；待肉煮烂之后将肉坯轻轻拍开，利用烘箱进行烘烤使肉适度脱水。接着对肉进行炒压或搓松处理，使肉中的肌纤维分散；随后通过炒制炒干肉的水分并获得适宜颜色和风味的肉松。搓松和炒制通常使用搓松机和炒松机代替人力完成。由于肉松的吸水性强，不宜散装，需要将肉松进行包装，常用复合膜、玻璃瓶和马口铁罐等包装。

七、油炸肉制品工艺

基于腌制、干制、炸制、蒸煮等工艺熟制而成的油炸肉制品在市场上占据着重要地位，具有香、嫩、酥、松、脆、色泽金黄等特点，如炸猪排、炸丸子、炸鸡等。以中式油炸猪排为例，将主要加工工艺介绍如下。

1. 典型工艺流程　中式油炸猪排典型工艺流程如图4-29所示。

图4-29　中式油炸猪排典型工艺流程

2. 主要加工工艺　将猪大排（带骨）洗净后剁成合适的片状大块后，加入盐、料酒、胡椒粉、味精、葱段等配料搅拌均匀，腌制一段时间；然后在肉块两面拍上面粉放入适当油温的油锅内略炸；最后捞出炸制的肉块上屉蒸熟。

八、调理肉制品工艺

基于腌制、蒸煮、炸制、速冻等工艺加工而成的调理肉制品是一种即食或加热即食的方便食品，通常分为三种类型：①未经加热熟制调理的制品；②部分加热熟制调理的制品；③完全经过加热熟制的速冻调理制品。常见的调理肉制品包括油炸鸡柳、三明治等。以油炸鸡柳为例，将主要加工工艺介绍如下。

1. 典型工艺流程　油炸鸡柳典型工艺流程如图4-30所示。

图4-30　油炸鸡柳典型工艺流程

2. 主要加工工艺　将鸡胸肉洗净切条后与腌料一起加入真空滚揉机内进行滚揉；随后将肉条放入冷藏间腌制一定时间，使其充分吸收腌料；腌制完成的肉条经过上浆、裹粉后，在合适的油温中油炸一定时间出锅；最后将鸡柳分散平铺在托盘上经速冻冷却处理，然后将其放入塑料包装袋中密封并送入冷库保存。

思 考 题

1. 鲜味料的分类和特性分别有哪些？
2. 试述肉品加工中常用磷酸盐的种类及特性。
3. 试述肉品加工中发色剂替代品的发展趋势。
4. 为什么盐离子浓度会影响蛋白质的溶解性？溶液中盐离子浓度越高则肌肉蛋白溶解度越大吗？
5. 请简述肌肉蛋白溶解性和凝胶性、乳化性之间的关联。
6. 简述腌制的原理及在肉品加工过程中的主要作用。
7. 简述腌制的呈色机制及影响腌制肉品色泽的因素。
8. 熏烟中有哪些主要成分？它们在熏制食品品质形成中分别发挥怎样的作用？
9. 传统熏烟存在哪些安全隐患？如何在保证产品品质的基础上提高安全性？
10. 相比传统烟熏，液熏法有哪些优势与缺点，实现的形式包括哪些？
11. 鱼类中含有较多的不饱和脂肪酸，但经熏制后，抗氧化效果明显，原因是什么？
12. 蒸煮中热量传递的方式主要有哪些？
13. 低温真空煮制与传统加热方式相比存在哪些优点？
14. 干制的原理是什么？肉品的干制方法有哪些？
15. 金华火腿的主要加工工艺流程是什么？与西式火腿加工相比，有什么不同？
16. 北京烤鸭皮脆肉嫩在加工工艺中是如何实现的？
17. 灌肠制品加工中，斩拌的目的是什么？

第五章 智能制造与未来肉制品

本章内容提要：未来市场对肉制品的需求将引发传统肉品加工的变革，而智能制造则为未来肉品发展奠定基础。本章介绍了中央厨房和未来肉品的加工特点，以及典型物理场辅助技术装备和代表性未来肉制品的加工过程，以便更好地让同学们掌握未来肉品的发展趋势。

第一节 中央厨房与肉品智能制造

一、中央厨房与肉品加工

（一）中央厨房的定义

中央厨房是指具有独立场所及设施设备，集中完成食品半成品或成品的加工制作，并配送给餐饮服务行业的经营机构。中央厨房在国外的起源可以追溯到20世纪70年代，其在传统意义上是一种餐饮行业的集中制作模式，主要任务是将食品原料制作成为预制主食和菜肴的半成品或成品，而后配送到各个餐饮连锁店，再经二次加热或组合后提供给消费者。目前，中央厨房的服务渠道已经涵盖：以餐盒产品形式为终端团体人群提供配餐；以预制主食和大包装菜肴形式向快餐连锁店提供成品或半成品，经再加热或再调配后分餐食用；以大包装方式冷链配送烹饪原料，用于餐馆、食堂、酒店及宾馆等进一步制作菜品；以常温或冷链的小包装形式为商超等提供成品或半成品，作为家庭代用餐或方便的烹饪配料等。

中央厨房是预制主食和菜肴工业化应用于餐饮行业的实施载体。预制主食和菜肴是指将畜禽肉、谷物、薯类、果蔬等经清洗、分切、成型或热处理、调味、包装及冷藏（或速冻）或杀菌等工艺预先加工而成的即食食品，或经过简单的加热或简单的再调理即可食用的半成品或成品。预制主食和菜肴的工业化则是指应用现代科学技术和先进装备，以定量化、标准化、机械化、自动化加工代替传统手工制作方式，实现工业化生产的过程。通过工业化的方式，手工操作变为机械化生产，人为控制变为自动化控制，使模糊性变为定量定性化，随意性变为标准化，从而实现餐饮烹饪的规模化、标准化和自动化生产。这不仅是厨房工程的一场革命，将人们从烦琐的厨房劳动中解脱出来，而且对提高餐饮产品的标准化制作水平和产品质量及人们的饮食健康具有重要意义。中央厨房在餐饮食品加工过程中将复杂的分拣、清洗、切配、烹饪、调味等加工工艺实现标准化，在保持传统中式美食色、香、味、形等品质的基础上，通过选用科学合理的产品配方，采用先进的食品加工技术与装备，实行严格的卫生安全管理制度，使食物更加符合美味、方便、营养、安全的消费需求。

（二）中央厨房的生产特点与优势

1. 中央厨房的生产特点

1）标准化

（1）原料标准化：为实现原料的标准化，中央厨房企业一般都有专业的原料生产基地和指定的原料供应商，通过制定统一的原料规格、质量要求、储运方式、验收等标准，以保证原料品质的一致性与稳定性。同时，通过统一采集原料样品，按照统一的检测标准进行食品安全检测，提高原材料的安全性。

（2）工艺标准化：中央厨房生产通过采用现代食品加工技术与装备，将中式餐饮业预制肉食加工过程中复杂的清洗、切配、烹饪等加工环节进行流程标准化和优化，制定统一的原料种类、数量和加工顺序，加工中的温度、湿度、压力、得率、速度、纯度，以及物料消耗定额和能量消耗定额等工艺参数，以保证产品质量的稳定性。

（3）产品标准化：集采购、加工、检验、包装、冷冻、储藏和运输为一体的中央厨房打破了传统中式快餐无法标准化快速复制的模式，通过对各种肉类菜品进行深入研究，制定统一的品质标准，以保证滋味和风味的统一。预制肉类菜肴通常以食谱的形式列出用料配方，制定加工程序，明确装盘形式和盛器规格，指明肉类菜肴的质量标准、口味特点等。

2）专业化

（1）设施专业化：中央厨房的设施主要包括执行特定功能的原料库、制作车间、分装与配送间、成品库、餐具清洗与干燥消毒间、厨余垃圾处理间、更衣室、洗手消毒区等，每处设施都有其对应的操作要求。依据中央厨房的作业流程还需要设置相应的卫生设备、水电安全设施等。

（2）装备专业化：专业化的中央厨房生产装备有利于保持食品原有营养品质特性，保证食品加工性质的充分发挥和最终产品品质的形成，满足人们的不同需求或不同人群的需求。中央厨房装备的工作部件及技术参数应充分考虑到肉类原料的加工适应性，并符合最终产品的特定加工要求；同时，加工装备结构设计合理、易拆卸、清洗，以保证肉品的卫生安全；装备的制造、安装、检验等技术条件满足相关技术标准，保证装备的使用性能和产品质量。

（3）人才与管理专业化：中央厨房根据岗位职责，综合考虑经营规模、岗位设置、装备自动化程度、肉类产品的种类等因素，合理配置岗位。中央厨房供应链管理是将供应商、制造商、仓储、配送中心和连锁门店及其他客户等有效地组织在一起来进行原料供应、产品转运及销售的管理措施，可使整个供应链系统管理成本最小化。中央厨房生产系统负责对预制肉类菜肴的产品制作、产品质量、产品成本、制作工艺流程进行管理，制定标准菜谱、菜单，对产品加工、配餐和烹调等规格进行标准化。

2. 中央厨房的优势

1）提高员工的工作效率　　通过采用标准化的中央厨房加工工艺流程，可有效节省加工环节的耗时，减少不必要的等待时间，实现人员的最佳配置，从而提高员工的工作效率。

2）提高厨房装备利用效率　　中央厨房可根据生产计划，按照统一的品种规格和质量要求，将大批量采购来的原辅材料加工成成品或半成品，再依据连锁店或客户对包装的要求，对各种成品或半成品进行一定程度的统一包装。这种集中加工处理的方式可显著提高厨房装备的利用效率，节约投资，降低生产成本。

3）采用大型厨房装备实现高效生产　　将传统的模糊化工艺经过工业化适应性改造（时间、温度、数量和加工顺序等），采用自动化、连续化程度高的大型厨房装备，可显著提高中央厨房食品的加工效率，在保证产品品质的同时，实现高效生产。

4）集中采购，集中配送，降低成本　　中央厨房汇集各连锁门店与客户提交的货物需求，结合库存状况，制订采购计划，统一从市场采购原辅材料，有利于降低采购成本。同时，中央厨房配有专门的运输车辆，可根据货物需求，制订科学合理的配送计划，按时按量将产品送到连锁门店或终端客户，降低物流成本（图5-1）。

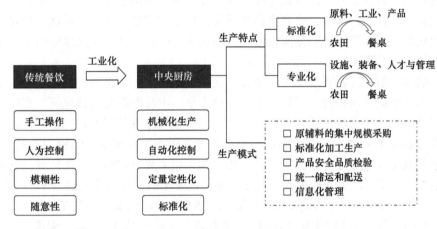

图 5-1　中央厨房生产模式

（三）中央厨房肉品加工设备与技术

1. 中央厨房原料肉解冻设备与技术　　肉类解冻是冻结肉在食用前或再加工过程中的必要工序，是使冻结肉块快速恢复到冻前状态的加工方法。解冻是冻结的逆过程，应以最快速度通过最大冰结晶生成区。就水分子结构而言，当外部施加一定热量时，六角形冰结晶阵变形，存在于冰中的氢键结合被破坏，冰融化成水，解冻过程完成。

原料肉—体化前
处理（Marel）

1）低温高湿解冻　　解冻装置内的空气温度为0～5℃、湿度为90%～98%、空气流速为1～3m/s，解冻时间为14～15h，一般在夜间解冻，为白天的加工作准备。可采用半解冻或全解冻，解冻后易于加工，品质较好。解冻的不同阶段中温度的设置有所差异：解冻初始阶段温度控制在14～15℃，以提高初始解冻速度；中间阶段温度控制在10℃左右，解冻速度稍低于初始解冻速度；最后阶段温度控制在0～5℃，保持慢速解冻，避免汁液流失。

2）真空解冻　　在真空状态下，水在低温时就可以沸腾，沸腾时形成的水蒸气遇到温度更低的冻品时就在其表面凝结成水珠，蒸汽的凝结热使冻品的温度升高而解冻。真空解冻装置主要由解冻系统（解冻仓、解冻架、加热器）、制冷系统、捕水系统、真空系统、水系统等组成。加热器装设在解冻仓最下部的水槽内，一般采用电加热或水蒸气加热。当水被加热到10～15℃时，由于真空的作用，水迅速沸腾蒸发并生成低温水蒸气，大量的低温水蒸气作为解冻介质释放冷凝热，对冻肉进行解冻。

3）内部加热解冻　　内部加热解冻方法是热量对食品内外同时加热的方法。利用电阻、电加热、超声波、红外辐射等内部加热方式，解冻速度要快得多。电加热解冻方法按频率分为低频解冻方法（电阻型）、高频解冻方法（感应型）和微波解冻方法（感应型），其解冻装置则相应称为低频解冻装置、高频解冻装置和微波解冻装置。

2. 中央厨房肉品加工调制设备与技术

1）全自动盐水注射 全自动盐水注射是指在预设好机器运行参数的情况下，全自动地将一定浓度的盐水（广泛含义的盐水，包括腌制剂、调味料、黏着剂、填充剂、色素等）通过特制的针头直接注入肉制品内，使盐水能够快速、均匀地分布在肉块中，增加肉块内部一定比例的含水量，有利于后续的嫩化工序，提高腌制效率和出品率；再经过滚揉，使肌肉组织松软，大量盐溶性蛋白渗出，提高产品的嫩度，增加保水性、颜色、层次、纹理（填充剂与肉结合得更好）等，使得产品品质得到极大的改善。因此，全自动盐水注射装备是中央厨房大块肉类加工的重要设备。

全自动盐水注射的工艺要求如下。①关键注射参数确定：中央厨房使用的全自动盐水注射机，要在充分掌握产品种类、工艺要求、肉块大小、出品率高低的情况下，根据机器推荐的模式确定好注射压力、步进速度、步进距离、压肉板间隙等关键参数，这样才能在注射加工中充分发挥机器的自动化效能，满足中央厨房的高效率生产要求。②腌制液使用：首先，盐水配料最好直接在工业化配料公司生产，用户购买相关复合配料，在生产前按配方比例将复合料加水配制，这样配制的盐水各项成分含量是标准化的，对肉类所起的作用也是一致的，能保证产品质量；其次，根据肉制品加工的原则和国标规定的食品添加剂在最终产品中的最大允许量及产品的种类进行合理认真计算用量。③控制盐水和原料肉的温度：温度是影响肉类食品货架期最重要的环境因素，配制盐水时一般加入冰屑，使盐水温度控制在 $-1\sim1^\circ\mathrm{C}$，最高不能超过 $5^\circ\mathrm{C}$，原料肉的温度控制在 $6^\circ\mathrm{C}$ 以下。④卫生管理：每次注射结束后应彻底清洗设备和盐水容器，以减少肉料被微生物污染的风险。

2）变压滚揉 滚揉一般用于盐水腌制或盐水注射后的肉块，是使用滚揉机的物理动能加快腌制速度和提升肉嫩度的一个过程。滚揉产生的转动冲击使肉料之间相互碰撞、摩擦、挤压，降低肌纤维和结缔组织的完整性，从而改善肉类原料的嫩度；同时肌肉挤压变形可促进溶质迁移扩散，使盐分均匀分布，提高蛋白质的溶解度。

传统滚揉机滚筒内的空气保持大气压力，而现代肉品加工一般使用变压滚揉机。最初的变压滚揉是在滚揉的同时，能够给滚筒内提供一定的恒定负压，肌肉的内外压差促使组织间隙中的空气通过不断挤压而排出，合适的真空度能够快速排出肉块中的空气，使渗透液能够有效地进入肉块中，在真空条件下肌肉发生膨胀，伴随机械作用，腌制液不断向针孔四周渗透，注射孔眼不断缩小，可以在一定程度上恢复肌肉的完整性；真空同时可以加速盐水向肉块中渗透的速度，加快腌制速度，提高腌制效果；还可以防止肉制品在后续热加工处理时产生空气膨胀，从而破坏产品结构。但真空度过高时，会使得原料肉中原本的水分被挤压出来，滚揉时使得肉块变得破碎。因此，肉品原料进行滚揉时，一般真空度选择在 $60.1\sim80.0\mathrm{kPa}$。

真空滚揉的气体压力可以进行周期性变化，又称为呼吸式滚揉腌制技术，是在真空和压力交替变换的环境中对肉块进行滚揉腌制的技术。在呼吸式滚揉的真空阶段，原料肉中组织结构膨胀，迫使肉块内部的液体和气体向外渗出，使肉组织中产生细小空隙；在常压阶段时，腌制液就会渗透到肉质结构的孔隙中，如此反复循环，肉块内部交替出现松弛和压缩，使得腌制液周期性地进入肉块组织结构中或从其中排出，从而提高腌制效率。与传统不可变真空度的滚揉相比，在变压滚揉过程中，物料在滚筒内不仅需要克服因翻滚作用产生的摩擦阻力，还需克服由于压力的变化产生的结构周期性改变，加快嫩化速度。

除上述真空滚揉机外，还有一种可用于中央厨房肉类产品加工的类似于滚揉机的调味混合机。这种设备不带真空（因为滚揉时间很短，肉块很小，真空作用不大），但改变了滚揉机滚揉桶内部结构（因中央厨房加工的肉类产品需要的是温柔按摩、拌和，不是强力挤压和摔打），使其比滚揉机滚揉桶的工作效率高（缩短了滚揉时间）。由于是敞开式，故还可以在滚揉过程中观察肉类产品及添加辅料过程，加料、出料也非常方便。

3）高速真空斩拌　　在制作各种灌肠和午餐肉罐头时，常要把原料肉斩碎。斩拌的目的，一是对原料肉进行细切，使原料肉馅乳化，产生黏着力；二是将原料肉馅与各种辅料进行搅拌混合，形成均匀的乳化物。斩拌机是加工乳化型香肠最重要的设备之一。

斩拌机由刀盖组件、卸料组件、刀动力组件、电控箱、机架、液压系统和锅传动组件等组成，大型斩拌机还加有上料组件。与普通斩拌机相比，真空斩拌机增加了真空泵及与之相适应的机械结构。

真空斩拌机除了具有普通斩拌机固有的特点，还具有以下优点：在真空状态时，所加入的原、辅料均呈自由状态，在高速旋转刀的斩切下，能快速达到斩切效果；能避免斩拌时将空气带入肉糜中；能减少产品中的含菌量，适当延长产品保质期；能防止脂质氧化，保证产品风味；能使肉馅溶出更多的蛋白质，得到最佳乳化效果；能稳定肌红蛋白的转化，以保持产品的最佳色泽；能相应减少约8%的肉糜体积，减少灌肠中的孔洞。

真空斩拌机与非真空斩拌机的操作总体基本一致，但真空斩拌机操作时需增加抽真空和释放真空的加工步骤。使用前需开盖检查斩拌锅内是否有异物，斩拌刀是否安装正确，斩拌刀螺母是否锁紧，机器各安全开关是否正常工作。然后设定斩拌刀速及锅速，盖上刀盖后将机器空机操作一遍，确认设备无误后才可用于生产加工。工作过程为：将需斩拌的物料放置在料盘内，随着料盘的旋转，物料受高速旋转刀的斩拌而被斩碎。斩拌完成后，放下出料器，随着料盘和出料器的旋转，斩碎后的物料被排出料盘。需要注意的是：①不得用机器斩切带骨肉和大块冷冻肉，以免损坏斩拌刀；②斩拌机合适的装料量为锅容积的60%，装料过多时会使肉温升高；③注意斩拌刀的使用情况，定期磨刃，且磨刃后必须称重，并检测外形；④斩拌机装有较多的安全开关，必须经常检查其完好性。

3. 中央厨房肉品加工熟制设备与技术

1）蒸烤一体加工　　蒸烤是中央厨房肉类产品加工的一个重要工序，蒸烤一体机（linear oven，LO）也是最现代的热加工设备（图5-2）。中央厨房的肉品烤制是在烤制隧道中进行，前端为进料口，后端为出料口，中间为烤制区，烤制区由侧板、上层板和底层板进行密封。在烤制隧道内设置有机架和输送链条，输送链条在动力装置带动下运行，链轮与输送链条固定连接，链轮在输送链条的带动下在链轮轨道上运行。挂钩与链轮连接，用于烤制物料的吊挂。根据烤制隧道中的气流运动方式不同，烤制设备可分为自然对流式、强制对流式和蒸烤一体式。与传统的自然对流式烤制设备不同，强制对流式烤制设备在箱体内设有加速热风循环的风机，促使热风强制对流，提高了热传导效率。而现代中央厨房蒸烤一体式烤制设备是指通常在烤制设备上组装高压过热蒸汽发生装置。过热蒸汽发生装置包括蒸汽输送管路，其一端连接蒸汽源，另一端分为多个分管道，多个出气管路均匀设置在烤制隧道侧板的内壁上，与蒸汽输送管路的分管道连接，出气管路上设置有喷气孔。加热器设置在出气管路的喷气孔处，用于加热喷气孔喷出的蒸汽使之形成过热蒸汽。加装了过热蒸汽的烤制系统，其热传导效率显著提高，食品中心温度上升较快，可缩短加热时间，减少水分蒸发量。蒸烤

图 5-2　蒸烤一体机

Marel蒸烤
系统（MOS）

一体式烤制设备设有温度、湿度感应器和中央智能控制柜，可以编制不同的烤制程序，实现整个烤制过程的智能化控制。可同时满足烤、蒸等不同调理加工需求，根据菜肴的加工要求调节调理模式、加热温度与时间，实现中央厨房菜肴的标准化加工。

2）真空低温油炸　传统的高温明火油炸是一种被普遍使用且快速简单的烹饪方法，因其独特的风味和酥脆的口感，深受消费者青睐。但高温明火油炸由于其油温较高、环境开放等因素，产品表面水分大量流失，硬化严重，在油炸过程中营养成分易被破坏，挥发性成分随水分一同溢出。高温长时间油炸会严重破坏食品的营养成分，导致产品质量下降，以及有害物质的生成。

真空低温油炸又名低压油炸，使产品中的水分在较低温度下蒸发逸散，从而达到脱水干燥的目的。真空低温油炸技术的工作原理是在密闭系统中降低内压，使得内压低于标准大气压，即负压的条件下，利用环境真空度升高，水沸点降低的原理，使水分在较低温度下蒸发逸出，完成产品脱水干燥和熟化的一种技术。真空低温油炸将真空技术和油炸技术结合，加工温度相对较低，因此对产品营养成分和香味呈香物质的破坏程度较小，尤其是对富含热敏性营养成分的食品效果更佳。由于真空低温油炸是在密闭、低氧系统中进行的，减少了油脂与氧气的接触，可以起到抑制油脂发生氧化反应，提高油脂的利用率和安全性的作用。在油炸过程中不易发生褐变及褪色反应，可有效保持食品原来的色泽，同时原料的水溶性呈味物质在密闭系统中也不易溶出挥发，从而可以极大地保留原料的风味，保证了产品货架期内的风味强度。

油炸机（图5-3）是中央厨房食品加工必需的加工设备，能保证产品标准化生产，提高产量（效率），且可以节省人工。现代的真空油炸通常还具有连续式操作和油水一体的功能。油炸设备安装有自动恒温器，操作者只需要设定温度即可实现自动控

图 5-3　油炸机

温，温度自调，无过热干烧现象；方便、高效、节能，可大大减少大气污染。自动连续式油炸机的工作原理是当油温达到规定值时，启动传送电机，输送带开始运转，根据被炸食物设定油炸时间，并以此来调节传送链速度，油温上升到规定数值后，向投入口均匀地投入需炸食品（投入量占总面积的50%~60%为宜），完成油炸的食品由牵行装置送到输出口后由容器接取。新型油炸设备为油水分离方式，机内下层水分能自动过滤油中的杂质，可保证所炸制的食品不互相串味，色泽鲜亮。将油炸过程中产生的残渣全部沉入水中，不产生烧焦的问题，下层水分又能不断产生水蒸气给高温的炸油补充微量水分，从而延长换油周期，节能节油。

3）自动烹饪　中式肉类菜肴烹饪的工艺与动作复杂，而中央厨房自动烹饪设备要将其进行分解与定义，找出中式烹饪的核心工艺与核心动作，并用机器专业与烹饪专业人员均能理解的语言进行描述；之后设计出机器人运动系统，包括锅具动作机构、送料机构、火控机构、出料机构等；研制出的自动烹饪机器人掌握了中国烹饪工艺的晃锅、颠勺、划散、倾倒，还能进行炒、爆、煸、烧、熘等。机器人控制程序还可融入中国烹饪的特色配方与经验。自动烹饪设备在结构上主要可分为以下几个部分：①中央控制模块，自动烹饪设备的控制系统是建立在将中式菜肴的预制及烹饪技术标准化基础上的，将建立原料预处理、菜肴配菜规范，烹饪方式进行量化，采用面板式的输入控制方式；②加料模块，负责自动添加菜肴的主、辅料，自动并定量加食用油、水等；③操作模块，根据控制模块的输入指令，使用机器手臂进行各种烹饪操作，使调料和主料充分混合，使食材精确熟制；④火控模块，以通过国家有关安全认证的炉具为本体，能实现火候大小的自动调节，同时检测煤气是否泄漏，采集火候温度等。

4. 中央厨房智能无人化系统集成　中央厨房拥有中央控制平台，集成了安全报警系统、在线卫生检测系统、中央空间温度控制系统、中央空间湿度控制系统、洁净度检测系统、整厂监控系统、食品异物检测系统、物料管理系统、人员调配管理系统等。安全报警系统可确保整个车间在出现问题时，实现报警，提醒人员、设备、物流的合理操作；在线卫生检测系统可确保设备在加工食品时，其工作过程的安全性，包括及时发现不正当操作、操作异常等；中央空间温度控制系统可确保不同区域的温度控制，特别是对熟化区域和冷却区域的温度实时监控；中央空间湿度控制系统用于控制细菌，可保证食品安全，对整体环境控制起到关键作用；洁净度检测系统是检测熟化区域、冷却区域、包装区域的空间环境是否达标的保障，可保证食品的卫生性；整厂监控系统实时监控人、物的安全，包括电气安全、消防安全、人员安全、物流安全等；食品异物检测系统可筛查食品是否存在异物，提醒对不合格的食品应该及时处理；物料管理系统可使物料工作流程合理，保证生产高效性；人员调配管理系统对整个车间的人员进行调配，实现中央控制平台能有效地控制和调配中央厨房的运作。中央控制平台可以掌握中央厨房的整体情况，做到实时监控、实时调度、实时处理，确保遇到问题时可以第一时间解决，保证中央厨房的生产效率，保障食品的安全生产。

二、肉品的智能与个性化制造

（一）食品智能制造的概念

智能制造（intelligent manufacturing，IM）是指由智能机器和人类专家共同组成的人机一体化智能系统，它在制造过程中能进行诸如分析、推理、判断、构思和决策等智能活动。食品智能制造即围绕智能制造的感知、决策、控制及执行一体化特征，结合食品制造特点及技术瓶颈，将实体的食品对象转化为数字对象（图5-4），以食品制造数据服务为中心，从食品智能设计、生产智能管控、制造装备智能化等方面全面突破食品智能制造技术的研究与应用，从而实现管控全面信息化、作业高度自动化、决策智能化。通过智能制造组织改进的食品生产将实现三个方面的优化：①信息流优化，包括在线检测、工业互联、数据集成、数字模型、优化设定和精准控制，实现质量全流程管控和一体化计划调度等；②能量流优化，包括余热余能高效回收利用、多能源介质之间高效转化、物质能量协同优化等；③物质流优化，包括食品加工工序及全流程物流网络优化等，从而实现最优化和最高效地生产食品，应对人口日益增长、资源不断紧缺和劳动力成本持续上升的食品产业挑战。

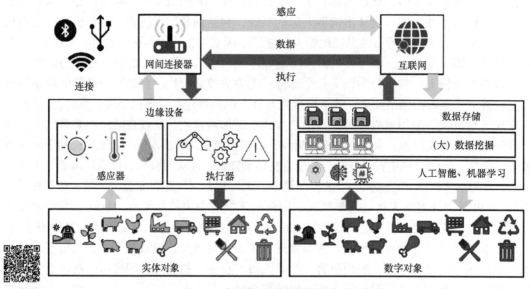

彩图
图5-4 食品加工对象的数字化实现框架

　　食品工厂的智能制造主要包括4个方面：生产智能化、设备智能化、能源管理智能化和供应链管理智能化。食品工厂的生产智能化主要是指通过基于信息化的机械、知识、管理和技能等多种要素的有机结合，自动制订出科学的生产计划；设备智能化是指生产设备中配备的传感器实时抓取数据，进一步通过互联网传输数据，从而对生产本身进行实时监控；能源管理智能化通过最经济的方式，部署加工过程中的节能减排与综合利用的智能化系统架构，形成绿色产品生命周期管理的循环；供应链管理智能化是指将食品加工企业的成品库存与供应商需求相结合，从而保证成品库存的最小化，降低库存带来的风险及生产成本。食品加工中一个重要的环节就是要实现生产追溯性。为方便实现生产追溯性，尤其是质量和工艺追溯，要减少加工过程中操作人员的使用，提高加工设备的智能性，用智能设备代替人工，提高质量和工艺追溯的可行性和准确性。食品智能制造的核心是：在生产环节中将感知、分析、推理、决策和控制集成为一体，并与消费者需求的信息化有机耦合。食品智能制造可实现在线个性化定制，这种根据消费者需求的定制生产将有力支撑个性化消费，并将引发传统食品产业的产销模式发生重大变革。

　　（二）肉品智能制造中的装备创新

　　从智能制造对肉品装备领域的影响看，传统肉品加工机械通常采用恒定控制系统，主要由人工进行操控。而智能制造能够给传统的肉品装备和生产带来彻底变革，智能制造支持下的肉品加工装备不仅具有高速度和高精度，而且具有智能化的特点，能实现肉品生产和肉品企业管理的智能化提升，是我国肉品工业转型升级的重要途径。例如，将肉品加工装备的在线传感器与企业资源规划（enterprise resource planning，ERP）系统深度融合，实现生产线的全程监测与调整优化，可以进一步提升肉品安全管控能力。另外，将物联网与智能机器人装备融合，可实现从生产线自动接单、安排生产、自动传输，到产品入库管理及安排发货等各物流管理系统的智能化提升。

肉品加工业传统的人机结合着重于人通过网络技术、检测技术和软件对制造装备进行改进等。随着科技的发展，人机结合的要求提升到了新的层次，即通过基础模型与智能终端相结合，使科研人员的研究与设备的运作和更新相结合，体现出相互联系、相互协作的原则。以肉块智能水切割设备为例，该设备能对传送带上待分割肉的大小和形状进行识别，同时运用智能算法模型对切割方案进行规划，而后使用机械臂上的水切割枪将正在动态运输的肉进行切割，这种智能水切割能做到形状定制化、边角损失最小化。在这个智能水切割装备的构成中，关键创新在于在线信息控制、动态图像识别、不规则形状建模，这些对传统装备制造进行的智能化升级，将使肉类加工装备获得更高的人机交互性、运行可靠性和成本收益率。

（三）肉品智能制造中的技术创新

食品制造业智能制造得益于科学的方法，使模型体现食品的独特性和复杂性，以及新技术、物联网、大数据信息的广泛应用。当前肉品领域重点强调肉品的智能制造，以及通过共同网络层连接的肉品企业之间的联系，智能工厂能够保证生产过程中的安全性并将方法与数据分析相结合，从而避免由缺乏维护或故障而导致的机械问题。肉品智能制造技术体系如图5-5所示，其技术创新主要体现在以下几个方面。

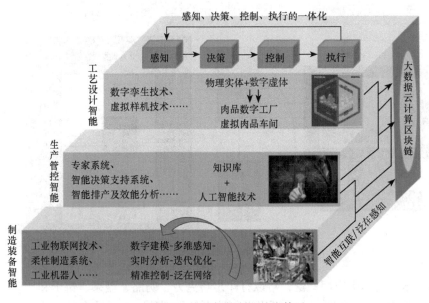

图 5-5　肉品智能制造技术体系

彩图

1. 技术融合 智能制造基于新一代信息通信技术与先进制造技术的深度融合，通过加快肉品行业生产设备的智能化改造，将新一代信息通信技术与先进制造技术深度融合为智能技术。在人与物交互的工业物联网、云制造加速转型、全息图的三维图像技术基础上，需要控制的融合、管理的融合、技术的融合，也需要人才的融合、设备的融合、学科的融合，逐渐向复合型产业转变，打造肉品制造业竞争新优势。

2. 大规模定制 大规模定制是肉品制造业重要的生产方式变革趋势，将具有更强的响应能力与敏捷灵活性，同时满足消费者的个性化需要。大规模定制需要在技术条件、人员条件、支撑要素与策略需求的基础上，实现在生产过程中速度的提升、成本的降低，人与机器的交互可以对大规模定制起到支撑作用。大规模定制生产中，来源于肉类消费端等的大数据将被采集和处理，而后传递给智能设备进行应用；对于肉品制造过程中的动态数据的深入挖掘和分析，则可为生产创新提供依据。

3. 高端创新 由原有的追求制造能力向追求创新能力过渡，用高端创新推动高端制造，引领肉品产业向高端化转型升级。信息化与自动化的融合将释放肉品智能制造的潜力，而创新理念与创新思维可支撑创新技术、创新设备的发展需要。自主创新将驱动我国肉品加工业实现高端制造与技术创新，形成在国际上的竞争优势。

（四）肉品个性化制造

1. 个性化需求肉制品与3D打印 3D打印技术的原理为"分层制造、逐层叠加"，是以计算机控制平台移动，通过打印的方式制造形状复杂的3D物体的快速成型技术，其综合了单片机技术、计算机辅助制造技术、通信技术、材料技术等许多领域的尖端科技。3D打印技术有操作简单、材料范围广、节约能源等特点，该技术诞生于20世纪80年代，发展至今，已逐渐被应用到医学、航天、工业、服装等各个领域，而它的优势也受到食品科学领域研究人员的关注，肉的3D打印原理见图5-6。

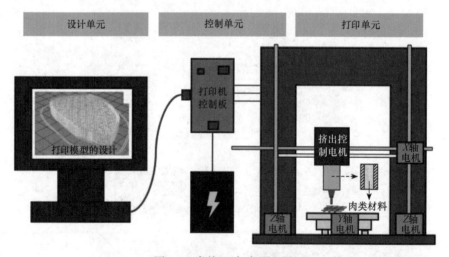

图5-6 肉的3D打印原理图

3D打印技术在食品中应用广泛，可以打印出巧克力、奶酪、糖果、饼干和比萨等，打印出来的食品不仅与原食品高度相似，还可以创造出各种别致、美观的食品，并且能根据消费者的口感喜好或营养需求进行特别定制。越来越多的人开始关注营养、健康和注重私人个性化定制，这为食品3D打印开辟了一个新纪元。将3D打印技术应用于肉品生产中具有以下几点优势：①最大限度地满足个性化营养健康需求。将不同人群的膳食指南融入食品3D打印智能技术中，在满足视觉盛宴的同时，针对不同个体的营养和能量需求，将各种原料进行营养和能量分析并科学搭配，在满足3D打印条件的前提下，满足不同年龄段的人每天营养摄取需求，可以开发有针对性的食品，设计独特的食品供给方式。②可以利用绿色安全的食物来源或全新的食材。例如，用不被绝大多数人接受的高蛋白昆虫食材，通过3D打印技术制作出人们接受度高的食品。③更好地实现食品的个性化定制。可以快速打印出形状各异的产品，满足消费者对食品感官的需求，为生活带来乐趣，提高传统食品的外观和口感，对于对外形有一定需求的群体，尤其是儿童与青少年具有极大的吸引力，也可以作为一个高端玩具激发孩子们的创意。近几年，3D打印肉制品备受消费者关注，但肉糜的流变特性较差，打印出的产品极易坍塌，这限制了3D打印肉制品的快速发展。因此，改善肉糜的流变特性是生产3D打印肉及肉制品的关键。

3D打印
演示视频

2. 特殊人群专用肉制品　　特殊人群专用食品是为满足某些特殊人群的营养及生理需要，或某些疾病患者的营养强化，按照特殊配方专门加工制造而成的食品，也称为特殊膳食食品。特殊人群专用食品按照消费对象人群的不同可分为婴幼儿、儿童青少年、孕妇及哺乳妇、老年人、特殊职业人群（军人、运动员）及"四高"（高血压、高血脂、高血糖、高尿酸）人群，以及肾脏病等特定疾病状态人群的特殊医学配方食品。

目前，特殊人群专用食品在饮料、乳制品、粮食制品等方面已有多种产品问世，但肉制品的研发及加工还比较少，如何充分利用现有的天然食物资源，研制开发特殊人群专用肉制品是未来肉制品加工发展的重要课题。

1）儿童生长增智型肉制品　　按儿童年龄分为婴儿主食型、婴儿辅食型、婴儿断乳型、学龄前儿童型、儿童营养保健型、学生课间加餐型及营养午餐型等。在这类肉制品中应进一步丰富钙、铁、锌，尤其是磷脂质、磷蛋白的含量。

2）成人保健型肉制品　　根据性别、年龄等开发饱腹感强、营养丰富、易消化吸收的功能型肉制品。

3）老年防病抗衰老型肉制品　　我国已进入老龄化社会，老年人对肉制品有营养和心理需求，但由于身体机能退化及一些常见慢病的发生，老年人在肉制品选择上颇为受限。因此，可从增加微量元素、添加功能性成分、脂肪替代等角度出发，开发能够兼顾老年人生理、病理及心理需求的功能性肉制品。

4）其他特殊人群专用肉制品　　如运动员、宇航员、孕妇、乳母等，针对其具体生理特点和营养需求开发适合的专用肉制品。

第二节　物理场辅助与肉品制造

食品物理场辅助加工技术是指利用现代声学、光学、电学、磁学、力学等物理学方法，改进传统食品加工过程的一类新技术。对于传统的在重力场和地磁环境中完成的食品加工过程而言，物理场的介入显著促进了加工介质对加工对象的作用效果，从而提升了加工效率、产品品质与安全性，同时兼具降耗减损和环境友好等性能。在肉品加工过程中，典型的物理场辅助加工技术主要包括超高压技术、红外技术、微波技术和超声技术。

一、超高压技术

长期以来，热杀菌技术因具有经济有效的优点而被广泛应用于食品加工中，然而热杀菌会导致食品的颜色改变、香气破坏、味道改变、营养损失、形态或质构改变等品质变化，使产品失去原有的新鲜度与营养价值。随着人们消费观念的变化和生活水平的提高，传统的食品热加工方法已经不能完全满足人们对高品质食品的要求。与传统技术不同，超高压处理可以在不经加热处理的情况下抑制微生物的生长繁殖，延长肉制品的货架期。

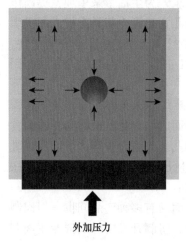

外加压力

图5-7 食品超高压处理示意图

（一）基本原理

超高压处理（high pressure processing，HPP）是指将食品密封在柔性容器内，以水或其他液体作为传压介质，在常温或稍高于常温（25～60℃）条件下进行100～1000MPa的加压处理，维持一定时间以达到对食品杀菌、改性和加工的目的。

HPP是一个物理过程，其基本效应是通过向样品施加一定压力，根据帕斯卡定律，在食品HPP加工过程中，压力可以瞬间均匀地传递到整个样品（图5-7）。帕斯卡定律的应用与样品的尺寸和体积无关，这也表明在HPP加工过程中，整个食品样品将受到均一和快速传递的压力作用。

（二）技术优势

1. 处理温度低，产品品质好 HPP技术是一项新型的食品非热杀菌技术，在应用HPP处理过程中，物料温度一直处于常温或稍高于常温的条件下。与传统的热杀菌相比，超高压对食品中热敏性的小分子物质如维生素、风味物质的影响较小。此外，超高压只作用于食品分子的氢键、离子键和疏水键等非共价键，对共价键无明显影响，因此能够最大限度地保持食品原有的营养、色泽和风味等品质。

2. 产品安全性高 常温条件下，超高压能够有效地杀灭食品中的微生物营养体；结合适当的加热处理可有效杀死细菌芽孢。因此，超高压技术能够保障食品安全，避免或减少山梨酸钾、苯甲酸钠等防腐剂的使用，满足消费者对减少使用添加剂的需求。

3. 适用范围广 超高压处理过程中的压力传递过程是瞬间完成的，加工的均一性非常好，对产品形状、大小、规格的要求较低，适合各类食品的加工。HPP已被美国农业部食品安全检验局认证并被消费者接受，目前超高压技术已经被广泛应用于各类果蔬汁、果酱、熟肉制品、饮料、乳制品、即食蔬菜等产品的生产。

4. 耗水、耗能低 HPP技术是一项新型的食品非热杀菌技术，工作温度一般处于室温甚至更低的温度条件下。处理环节中不涉及加热、保温和降温的环节，且处理过程中作为传压介质的水可以重复循环利用。HPP技术具有节水、节电的优点，每吨产品电量消耗与水消耗分别只有传统热加工的15%和50%左右，节能降耗作用明显。因此，HPP是一项对环境污染程度较小的绿色低碳加工技术。

5. 可用于新型产品的生产 超高压技术由于具有压力高、温度低和工艺简单等优点，利用超高压技术可以实现对牡蛎、扇贝、龙虾等产品的快速脱壳加工，生产出新鲜、完整的新型水产品。超高压技术具有处理温度低、传质效果好的优点，可用于提取有效功能成分特别是热敏性成分，且提取效率高、耗时少。

（三）超高压设备

超高压设备主要由HPP承压系统、液压系统和水介质系统组成。HPP承压系统是设备处理物料的场所，液压系统负责高静水压的产生和设备部件的机械移动，水介质系统是指传压介质水的整个循环路径。HPP设备的总体工作过程是：在主油泵的驱动下，利用增压器使泵入的水介质压力上升，再通过单向阀将高压水注入承压容器，使容器内的水介质形成高静水压环境。水介质和物料在高压状态保持一段时间后卸压，其间利用极端压力的物理作用杀灭食品中的微生物或改变食品的特性。

目前，HPP设备可按照加压方式、容器容积和物料处理过程来分类。按照加压方式的不同，可将HPP设备分为直接增压方式和间接增压方式。采用直接增压方式的HPP设备是靠高压容器内活塞直接压缩传压介质产生高压。采用这种加压方式的设备的本体结构大，不需高压泵和高压配管，整体性好，更适用于较高压力的小型试验装置。采用间接增压方式的HPP设备，其增压模块与高压容器分开设置，通过增压器产生高压介质，并通过高压管将高压介质送至高压器产生高压。这种设备结构紧凑，相对造价低，密封性及保压性好，适用于大中型生产装置。根据物料处理过程的不同，HPP设备可分为间歇式、连续式和脉冲式三种，多数HPP设备为间歇式，可处理液态或固态物料。处理时，将物料真空包装后放入高压容器中，关闭容器，升压到设定压力，并保压一定时间后卸压，取出物料即可。

（四）在肉品加工中的应用效果

在HPP处理过程中，会发生细胞壁及细胞膜的破裂、酶促转化过程、化学反应，以及生物聚合物的改性，包括酶的钝化、蛋白质变性及凝胶的形成。因此，超高压处理可以通过改变与肉品相关的化学反应和细胞微观结构等，间接地影响肉品的营养、风味与色泽。

1. 在肉品品质改善中的应用

1）对肉品色泽的影响　　颜色是消费者判断肉质的首要标准。肉的颜色主要取决于肌红蛋白的含量，即氧合肌红蛋白、肌红蛋白、高铁肌红蛋白之间的比例。压力改变肉的颜色可能是以下4个原因：压力导致肌质胶凝；亚铁肌球素氧化为高铁肌红蛋白；球蛋白变性；血液从肌肉组织中渗出。超高压处理对肉品的色泽有一定的影响。通常情况下，经过高压处理后，肉品的颜色会变亮，而其红度则有所下降。

2）对肉品嫩度的影响　　超高压对肉类的嫩化是高压在肉类领域研究和应用的主要方向之一。与未受处理的肉相比，高压处理过的肉在煮制后更嫩，具有更高的水分含量、更低的剪切力值。这主要是由于经高压作用后，再煮沸时的肉质收缩和汁液损失较少。感官检验也显示，压力处理过的肉质比对照肉样更嫩。超高压使肉嫩化的机制主要有两个方面：一是机械力的作用使肌肉纤维内肌动蛋白和肌球蛋白的结合解离，肌纤维崩解和肌纤维蛋白解离成小片段，造成肌肉剪切力下降；二是压力处理使肌肉中内源蛋白酶——钙激活酶的活性增加，加速了肌肉蛋白水解，加快肌肉成熟。

3）对肉品风味的影响　　超高压处理可以促进肉制品的成熟，并改良产品的风味。超高压处理可以加速肌肉中腺嘌呤核苷三磷酸及腺嘌呤核苷二磷酸的降解，其代谢产物肌苷酸、5′-鸟苷酸、次黄嘌呤核苷和次黄嘌呤这些肌肉成熟过程中的呈味物质在短时间内快速增加。

4）对肉品其他品质的影响 肌肉的凝胶和乳化特性会直接影响肉品的组织结构、保水性等性质，超高压处理能够聚肌动球蛋白，并能提高肌原纤维蛋白的溶解性，超高压能在不进行热处理的情况下使肌原纤维蛋白形成凝胶。另外，超高压处理会使分子间距增大和极性区域暴露，可使肉品的保水性提高，改善肉制品的出品率。

2. 在肉品杀菌中的应用 肉中含有丰富的营养物质，在加工、运输、贮藏、销售过程中易受微生物污染，腐败变质。在超高压条件下，微生物主要会受以下几方面的影响：①超高压使细胞膜上的磷脂结晶，膜功能蛋白变性，使细胞膜的通透性增大，功能丧失；②超高压使蛋白质变性，酶系统被破坏；③超高压影响DNA的稳定性，影响微生物DNA复制转录。超高压对微生物细胞的这三个影响，导致微生物代谢紊乱，从而抑制肉中微生物的生长、繁殖，延长肉品的货架期。影响超高压杀菌效果的因素主要有以下几个方面：压力大小和加压时间、施压方式、处理温度、微生物种类、食物本身的组成和添加物、pH、水分活度。单独使用超高压技术并不能完全杀死所有的细菌和芽孢，芽孢由于水分含量低，具有能保护DNA的酸性可溶性蛋白的表面保护层，可以在不高于1000MPa的压强下保持稳定。此情况下，常采用生物防腐剂、循环高压脉冲等方法灭活芽孢。

3. 在肉品冻结及解冻中的应用 食品冻结及随后的解冻使食品的组织结构和感官质量发生不利变化。因为一般的冻结是在常压下进行的，食品中的水分在冻结时产生体积膨胀，从而产生凝胶和组织破坏。在超高压下冻结可有效地防止肉品在冻结过程中形成大的晶核而破坏组织细胞，这是由于压力增大时水的冰点下降，当在超高压下食品中的水分最初处在低于0℃的液态水分状态时，压力的突然释放会导致高度过冷状态并促进大量晶核的快速形成，这就是超高压冻结。例如，将肉类样品置于200MPa压强下，然后将温度降至−20℃，再突然释放压力，这样形成的冰晶细腻均匀，不会对肉类的组织结构造成大的损害，冻结速率越快，成核越均匀。在解冻方面，利用超高压冻结产品中的固相水可以在压力作用下转化为液态水，实现快速解冻。超高压解冻是超高压冷冻的逆过程，已有报道表明：超高压解冻可缩短肉类解冻时间，改善肉类冻融特性，提高肉类质量。其缺点是较高压力和较低的湿度会造成蛋白质变性，导致肉质颜色变色发白，变色程度与所应用的压力有关。

利用高压生产肌肉凝胶型产品的配方及过程见图5-8。美国荷美尔（Hormel）公司利用

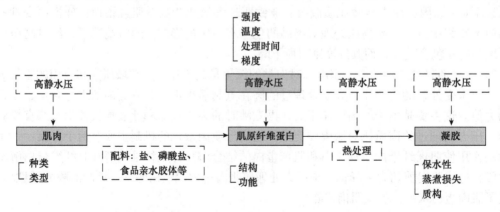

图5-8　超高压在肌肉凝胶型产品生产中的处理环节（引自 Chen et al., 2017）

HPP技术生产了Horme®Natural Choice系列即食肉制品，包括咸肉、鸡胸肉、火腿切片和三明治肉等产品。利用HPP技术生产即食肉制品的还有荷兰、法国、加拿大、英国、意大利等多国的企业。目前利用HPP技术生产的肉制品主要是腌渍肉和熟肉制品。

将HPP技术应用于火腿、腊肠、腌肉等即食肉制品的生产中可以有效提高产品的货架期，有效降低NaCl的使用量，并且不用添加防腐剂。食盐含量的减少对高血压、心血管疾病患者和老年人有着特殊的意义，是肉制品发展的方向。同时，还有改善肉的品质（嫩化肉质、提高肉的乳化性和凝胶性）和提高肉风味（超高压处理可以使肌肉成熟过程中的呈味物质在短时间内迅速增加，肌肉中的水解产物和氨基酸增多）的作用。

二、红外技术

传统的食品加热方法效率低、能耗大、环境污染严重且影响食品的品质。为了满足现代食品加工行业发展的需求，新型加热技术应运而生且已被逐步应用。红外加热技术作为一种新型加热技术，不仅节能高效、清洁环保，而且可较好地保证产品品质。

（一）基本原理

红外加热的原理实质是红外线的辐射传热过程，当物体受到红外线照射时，会发生反射、吸收、穿透的现象，而判断红外加热是否有效，主要通过红外线被物体所吸收的程度来决定，红外线的吸收量越大，其加热的效果越好。当采用某个频率的红外线辐射时，如果红外线的频率与基本质点的固有频率相等，则会发生与振动学中共振运动相似的情况。水、蛋白质、淀粉等是食物的主要成分，能够有效地吸收波长大于2.5μm的红外线，有效地改变分子振动状态，从而导致辐射加热。

（二）技术优势

1. 热辐射效率高 所有的辐射加热都需要一个热辐射源，热源物体的热辐射效率与物体的材质有关，普通食品加工中所使用的加热温度一般为热力学温度300～500K，这一温度范围正好对应热辐射能量密度最大的2.5～20μm的红外线波长范围，也就是说在食品工程加热的温度范围内使用红外线有着较高的辐射效率。

2. 热损失小且易于控制 红外辐射热在空气中传播时的损失很小。另外，红外线同其他光波一样具有直线传播、漫反射和镜反射的性质，因此可以通过光的集散、遮断机构来使辐射热在加热器中更有效地被利用和控制，提高加热质量，减少不必要的热损失。

3. 传热效率高 红外辐射的特点之一就是在不使物料过热的情况下，可以使热源有较高的温度。因为两物体之间热辐射传播的速度与这两物体之间的温度差的4次方成正比，所以红外辐射的能流密度比起传导和对流传热大得多，不仅可以缩短加热时间和节约设备费用，而且可使一些如烧鸡、烤鸭等烤制食品表面很快形成皮膜，减少内部香味成分的损失。

4. 热吸收效率高 在热辐射传播中，物体吸收、透过和反射辐射波的程度不仅与其表面状况有关，也与材质有关。物体的温度是其分子运动动能的表现，不同结构的分子都有其固有的振动频率，当辐射电磁波的频率与分子的固有振动频率相同时，就会产生共振现象，也就是说被照射物质能够完全地吸收这一电磁波而激起本身分子更强烈的振动，该物体温度的升高更快。

5. 加热引起食物材料的变化损失较小　　在食品的烘烤加热过程中，避免食物成分的变化和损失非常重要。在热辐射电磁波中，红外线的光子能量级比起紫外线、可见光都要小，因此一般只会产生热效果，而不会引起物质的化学变化。而且，因为红外辐射加热的效率较高，可使加热时间大大缩短，这也使得食品成分受热分解的可能性大为减少。

（三）红外加工设备

红外烤制设备内部采用陶瓷和不锈钢，通过红外线直接辐射到物体内部，由内而外或内外同时吸收辐射能，然后均匀加热，将能量传递给食物。电热元件为石英玻璃管，具有辐射系数高、能耗低、升温快等特点。设备一般设有一个送风口及两个排风口，还设有预热区、恒温区、降温区、冷却区等区域，温度一般为50～400℃。

红外-热风组合（combined infrared with hot air，CIHA）干燥作为一种新型的干燥方法，具有高效、节能、环保、改善品质的特点，能够促进牛肉干内部不易流动水转变成自由水，加快扩散迁移，并借助热风蒸发散失，实现物料内外同时干燥，从而提高干燥效率，降低能耗，同时质构和色泽也得到了改善。肉干连续式脱水的CIHA干燥设备见图5-9，可根据红外加热匹配吸收原理及畜禽肉的红外光谱图定向设置红外加热灯管的波长，加大红外辐射能的利用率，满足不同肉干的脱水需求；有效控制设备的红外辐射强度及加热距离，可提高干燥效率，降低能耗。

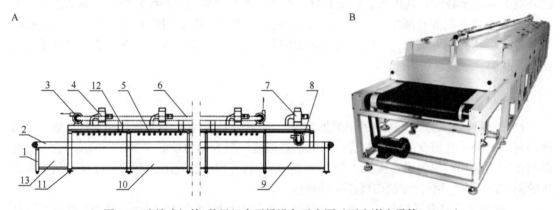

图 5-9　连续式红外-热风组合干燥设备示意图（引自谢小雷等，2015）

A. 结构图；B. 实物图。1. 烘干机支腿；2. 输送带；3. 排风机；4. 循环风机；5. 红外加热管；6. 排风道；7. 冷却风机；8. 冷却排风机；9. 冷却段；10. 加热段；11. 可调支脚支腿；12. 排风口；13. 进料段

（四）在肉品加工中的应用效果

1. 在肉品杀菌中的应用　　食品中的微生物经红外照射处理，使得其内部蛋白质受热凝固，导致新陈代谢受阻而死亡。红外辐射杀菌的机制主要是靠其热效应：将食品暴露于红外加热源可引起表面温度增加，并向内部进行热传导，但因为食物具有较低的导热系数，所以食品的传热速率很慢，最终大量热量可能会积累并引起表面温度迅速升高。如果红外暴露时间控制得当，表面温度可以升高到足够的程度，优先灭活目标病原微生物而基本上不增加食品内部温度。红外加热灭活病原微生物的机制之一是细胞内成分，如DNA、RNA、核糖体、

细胞膜和（或）细胞蛋白质受到损害。因为水吸收红外辐射导致温度迅速增加，所以微生物中水分子吸收红外辐射也是导致其失活的一个重要因素，微生物体内水分的状态、位置、含量和结合情况是影响微生物对红外加热反应的重要因素。

2. 在肉品解冻中的应用　随着冷冻技术的进步，冷冻食品的质量有了显著提高。大多数冷冻食品在使用或消费前必须进一步解冻，而在解冻时质量可能降低。许多食品通常是以冷冻食品为原料加工制造的，如以冷冻肉为原料制造香肠。解冻加工的主要目的是保持最短解冻时间，将食物质量的损失降到最小。然而，在解冻的过程中，水分损失、蛋白质结构变化、微生物生长和质地的变化可造成产品质量下降。冰和水的吸收系数在红外区域大致相同，因此食品冷冻和未冷冻部分的介电性差异不显著，这样冻肉在红外照射下被均匀加热，从而有效解冻的同时保证产品质量。

3. 在肉品干燥中的应用　红外加热技术因与热风有较好的协同作用，二者的组合干燥技术被广泛用于食品原料的脱水处理，主要用于果蔬、谷物物料加工，也有的用于肉干加工（图5-9）。研究表明，红外-热风组合干燥能够显著改善牛肉干的色泽和质构特性，提高储藏特性，保持传统的滋味和风味，增加肉香味和烤香味，使牛肉干呈现较好的感官品质，提高消费者的购买意愿。

4. 在肉品油炸中的应用　红外技术应用于油炸领域可以提高热效、节约电能、防止油过度加热而导致的过快老化和发黑的现象。选用红外油炸机替代传统的油炸设备，以辐射加热结合传导加热，与普通油炸相比，红外油炸使肉制品内部受热均匀，温度波动显著减少；在降低吸油率的同时，减少了油炸损失。将红外加热法应用于油炸肉品的加工过程，对提高油炸肉品的品质和产率具有积极的意义。

三、微波技术

近年来，微波作为一种能源新技术迅速发展，被广泛应用于食品工业中，主要用于食品的干燥与加热、解冻、杀菌等领域。

（一）基本原理

使用微波加热物体时，由于物体中含有可以吸收微波的物质，通过吸收微波能，将微波能转换成热能，从而使物体内部发热，这种加热方式就是微波加热。在微波场中，食物中的极性分子被以极高的频率拉动，从而导致分子振荡、相互碰撞、互相挤压，最后重新排列组合，由于极性分子间发生相互摩擦，产生大量的摩擦热，从而使食物的每一部分同时快速升温，最终达到加热的目的。同时，由于微波的频率很高，容器的外表面会反射小部分的微波，被加热的物质则被剩余的部分反射波穿透。绝大部分的微波直接到达内部，经物质内部逐渐吸收，最终转化成为热能。微波吸收介质和电磁波频率决定了微波的穿透性。不同物质吸收微波的能力不同，所以使用微波这种加热方式对不同食物进行加热，得到的效果也是不同的。加热效果的好坏，主要是看这个物质的介质损耗如何。使用微波加热含水量高的物质的效果较好，因为水分子是良好的吸收微波的介质。相反，干燥的、含水量少的物质使用微波加热的效果较差。

研究表明，微波电磁场对物料相互作用产生两方面的效果：一是微波能量转化为物料热能而对物料加热；二是物料中生物活性组成部分（如蛋白质或酶）或混合物（如细菌、霉菌等）相互作用，使它们的生理活性得到抑制或促进。前者称为微波对物料的加热效应，后者称为非热或生物效应。

（二）技术优势

1. 杀菌时间短，速度快，效果均匀　　常规热力杀菌是通过热传导、对流、辐射等方式将热量从食品表面传进内部，往往需要较长的时间，其内部才能达到杀菌温度。微波则利用其透射作用以热效应和非热效应共同作用，使食品内外均匀，迅速升温杀灭细菌，处理时间大大缩短，在高功率强度下，甚至只要几秒至数十秒即达到杀菌效果。常规热力杀菌是从物料表面开始，通过热传导，由表及里渐次加热，内外存在温差梯度，造成内外杀菌效果不一致，物料越厚问题就越突出。为保持食品风味并缩短处理时间，就得提高处理温度，然而这将使食品表面的色、香、味、形等品质下降，而微波的穿透性可使表面与内部同时受热，对食品表面品质的损伤小，保证内外均匀杀菌。

2. 低温杀菌可保持食品营养成分　　微波热效应的快速升温和非热效应的生物化学与分子生物学效应，增强了杀菌功能。相比常规热力杀菌，其在较低温度、较短的时间内就能获得良好的杀菌效果。微波特有的加工方式能保留更多的营养成分，保持原有的色、香、味、形等特征。例如，常规加热猪肝，其维生素A保持在58%，而微波加热则在84%。

3. 热效率高，节约能源　　微波是直接对食品物料进行加热，无热辐射和其他热能损耗，仅在电源部分及电子管消耗一小部分能量，微波加热器本身不会被加热，因而不存在额外的热功耗，可节能省电30%～50%。

4. 易于瞬时控制，操作简便　　微波加热的热惯性小，可以立即加热和升温，切断电源即可停止加热，易于控制，加之微波杀菌工艺操作简便、容易，可将设备制成隧道式，并实现生产过程自动化，减轻劳动强度，有利于标准化生产。

（三）微波设备

1）微波解冻设备　　微波解冻设备不采用电极板，而是利用微波振荡器磁控管产生微波源，然后通过波导输入密闭的金属容器内使食品解冻。图5-10是微波解冻设备的示意图。解冻室由不锈钢制成，上部有微波发生器及搅拌器，为防止冻品凸起部分过热，用−15℃的冷风在表面循环。

2）微波加热设备　　微波加热设备的种类、型号繁多，彼此的功能也不大一样，但其基本结构都大致相同。以常见的微波加热设备微波炉为例，从外形上看微波炉是一个封闭的金属箱体，前面有一扇带观察窗的金属炉门，面板上还有一系列按键、旋钮及显示器等。如图5-11所示，微波加热设备的基本结构包括磁控管、炉腔、波导、模式搅拌器、旋转工作台、炉门、电源、控制系统等。当微波炉接通电源后，其电源变压器以220V电压升压，然后经过整流，转为直流高压，加在磁控管的阳极上，磁控管则将直流电能变成2450MHz的微波能，经波导传输到炉腔内以加热食物。食物放在旋转工作台上，受热会更加均匀。

以节能、环保、智能等为目标，微波能技术、变频技术、能效技术、传感技术、仿真技术、材料技术、风道技术等已成为食品微波加工设备的研究和产品开发热点。新型微波设备能更好地适应微波方便食品的加热特性，并实现冷冻微波方便食品稳定的解冻和加热，保证其良好的品质，满足消费者对微波食品方便、自然、美味的消费需求。

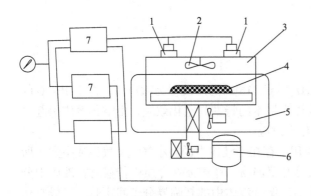

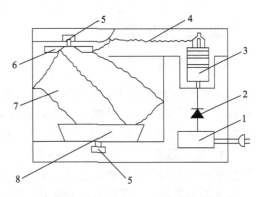

图 5-10　微波解冻设备示意图

1. 微波发生器；2. 风扇；3. 解冻室；4. 解冻品；
5. 冷风道；6. 冷风机组；7. 电源

图 5-11　微波加热设备结构示意图

1. 变压器；2. 整流器；3. 磁控管；4. 波导；
5. 电动机；6. 模式搅拌器；7. 炉腔；8. 旋转工作台

（四）在肉品加工中的应用效果

1. 在肉品解冻中的应用　　微波解冻是指利用电磁波对冷冻产品中的高、低分子极性基团起作用，尤其是冷冻产品中的水分子，它能使极性分子在电场中高速振荡，同时造成分子间剧烈摩擦，由此产生热量，将微波能转化为热能，达到解冻原料肉的目的。与传统的解冻方式相比，微波解冻具有解冻时间短、冻品水分散失少、工作环境整洁等优点。微波用于解冻时，由于水和冰结构不同，其对微波的吸收效率有差别，已融化成水的部分会吸收较多能量，容易造成食物局部区域吸热过多，导致解冻效果与预期相差比较大，甚至出现熟化。与此同时，肉品中蛋白质、脂肪和水分含量不同，吸热快慢也有所不同，易造成加热不均匀。由于水比冰吸收微波的速度要快，低频微波（915MHz）较高频微波（2450MHz）的穿透力更强，但加热速度慢一些，汁液流失远远低于高频微波解冻，所以低频微波能更好地保证解冻后原料肉的品质。

2. 在肉品杀菌中的应用　　杀菌是肉制品加工中一个非常重要的操作环节，肉制品的常规杀菌方法是高温杀菌，但其能耗大，对食品的营养成分和感官评价的影响也较大。在肉制品加工中应用微波杀菌，可以缩短杀菌时间，有利于连续化生产的进行，而且设备占地面积少，操作方便，对肉品品质的破坏少。国内外已有许多采用微波对肉禽等食品杀菌的实例。例如，国内对软包装酱牛肉的微波杀菌结果表明，杀菌效果接近高温杀菌，感官评价也最高。

3. 在肉品干燥中的应用　　微波技术在加热大部分食品时，对食品中蛋白质的破坏程度较小，对油脂和维生素有较明显的影响。因此，在肉品加工过程中需要严格控制微波干燥功率和干燥时间等。

4. 在肉品嫩化中的应用　　微波的穿透性极强，对肌纤维蛋白产生机械的物理破坏作用，并且对线粒体、肌质网和溶酶体膜产生破坏作用，使肌质网释放钙离子，溶酶体释放组织蛋白酶和钙蛋白酶，钙蛋白酶活性增加，降解肌纤维结构蛋白和肌纤维间联结蛋白的功能增强，同时组织蛋白酶也发挥降解蛋白的功能，使可溶性蛋白增加。实验表明，超声波和微波联合嫩化，相较单一方法的效果更好，超声波的空化效应和机械作用联合微波的热效应，可使肉品达到更好的嫩化效果。

四、超声技术

(一)基本原理

人耳可以听见的声波频率为16Hz~20kHz,低于16Hz的声波称为次声波,高于20kHz的声波称为超声波。与食品加工相关的超声波最为根本的特性是空化效应,由空化效应引起并直接促进加工过程效率提高的是机械效应和化学效应。

1. 空化效应 空化效应是指在声波作用下存在于液体中的微小气泡(气泡或空穴)所发生的一系列动力学过程:振荡、扩大、收缩乃至崩溃,超声波在介质中传播时,液体中分子的平均距离随着分子的振动而变化,当其超过保持液体中的超临界分子间距时,形成空化现象。气泡在穿过液相时受超声作用会达到稳定空化或瞬态空化状态。在稳定空化下,气泡的膨胀-压缩循环导致共振和微流的形成;瞬态空化状态下,当周围压力为负时,气泡会膨胀,如果周围压力为正,则气泡会内爆(图5-12)。空化泡寿命约为0.1μs,它在爆炸时可产生大约4000K和100MPa的局部高温高压环境,并伴有强大的冲击波或微射流等。在肉品加工过程中,超声波的空化作用可破坏肉品中的肌纤维结构,使肌原纤维蛋白结构松弛和肌肉蛋白溶出,改变肉品质。

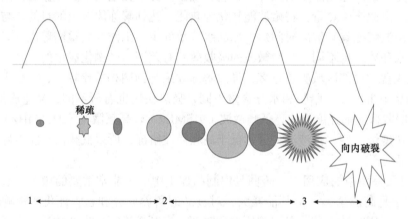

图5-12 超声形成空化效应(引自Bekhit, 2017)

1. 通过压缩和膨胀循环,气泡生长;2. 生长至达到临界尺寸;3. 发生塌陷;4. 向内破裂,释放高压和热量

2. 机械效应 超声波的机械效应是指超声波在介质中传播时,在介质中可造成巨大的压强变化。空化泡爆炸产生速度约110m/s的微射流。微射流作用会在界面之间形成强烈的机械搅拌效应,而且这种效应可以突破层流边界层的限制,从而强化食品生物加工中界面间的传递过程并改善反应效率。超声波的频率和强度决定了超声波机械作用的强弱;超声波的机械效应是超声波最基本的效应,不论超声强度大小,均能产生此种效应。超声波的机械效应在肉品加工方面有独特意义,如在腌制过程中使坚硬的结缔组织延伸、松软,增加腌制料液的渗透速率。

3. 化学效应 超声波的化学效应主要是指空化泡内高温的分子分解、气泡爆破产生的冲击力导致的化学键断裂、水分子裂解导致的自由基的产生等,其中自由基化学是超声波化学的核心内容。在空化泡崩溃的瞬间,产生局部高温高压等极为特殊的物理条件,水分子将会被转化生成自由基，自由基作为强的氧化剂，将会启动诸多化学反应的进行。另外，超声波在介质内传播的过程中，其能量不断地被传播介质吸收而使介质的温度升高。但是由其热效应引起的升温是很低的，而且多数情况下小幅度的升温有助于食品加工过程效率的提高。

（二）技术优势

1. 方向性好　超声波的频率相对来说比较高，它的波长和声波相比之下要短得多，衍射现象也不是很明显，容易得到定向而集中的波束，便于目标定位及定向发射，又便于聚焦，以获得较大的能量。

2. 功率大　这是由超声波本身的特点决定的，因其波长相对较短，频率也较高，本身又属于能量的传播形式，说明它本身是携带了更强的能量。大功率的超声波也称功率超声。

3. 穿透性强　超声波在气体中衰减很强，在固体或者液体中时衰减较弱，在不透明的固体中，超声波能够无损穿透几十米的厚度。超声波的频率增加时，其穿透本领会下降，因此在不同的应用中，其频率的选择不同。

4. 效能高　超声波产生的空化、机械、化学和生物效应能够通过复杂的关联对加工操作产生影响，如能够提高传质传热效率，减少加工时间，降低加工试剂用量，增加产量等。

5. 保证食品品质　超声波加工过程使用的能量少、时间短，在保证食品安全的同时能最大限度地保持食品的营养与品质。

6. 绿色环保　超声波技术对食品和环境的影响较小，在减少能源消耗、减少废物产生和增加副产物回收利用率等方面具有一定的潜力。

（三）超声波处理设备

超声波处理设备主要由4部分组成：超声波发生器、超声波换能器、超声波聚能器及超声波发生器和换能器之间的匹配电路。通过超声波发生器产生一定的高频电能提供给超声换能器，由超声换能器将电能转化为机械能，再通过超声波聚能器将机械能放大，将声能作用在待处理的物质上。如图5-13的示意图，将肉品浸在一个可以稳定温度的冷却池中，整个超声探头插入距肉品表面2cm的腌制液中，设置不同强度和频率进行超声处理。可以解决腌制过程中肉品堆积、浸泡不完全导致的腌制质量口感不佳等问题。

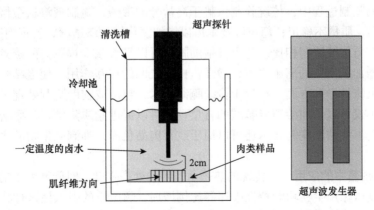

图5-13　超声波技术应用于肉品加工中腌制的装置图（引自Siró et al., 2009）

（四）在肉品加工中的应用效果

超声波技术作为一种绿色加工技术，已在食品领域得到了广泛的应用，如超声波辅助提取、超声波干燥、超声波解冻等。超声波技术作为一种非热加工技术，可以替代化学或热处理方式，具有高频、高功率、短波长、高能量等优点，发展前景广阔。目前，超声波技术在肉品加工领域受到越来越多的关注，被广泛用于食品级冻结及解冻、干燥、均质、脱脂等处理，以及加速肉类腌制、嫩化、延长肉制品货架期、杀菌及某些活性物质的辅助提取等方面。

1. 在肉品解冻中的应用　　超声波解冻主要是利用超声波的热效应，在解冻过程中，超声波的振动能转变为热能，使介质内部温度升高，原料肉得到解冻。超声波和微波一样，具有解冻效率高的优点，由于超声波的特质，其比微波解冻更均匀，不会出现加热不均导致肉品质下降的情况，总体来说较传统解冻方式能更好地保持肉的品质。不同原料肉在不同超声功率下的解冻效果大有不同，所以在使用超声波进行解冻时，选择适宜的功率至关重要。超声波对脂肪和蛋白质的影响较小，解冻效率也比较高，与其他方式结合还可以在一定程度上降低解冻损失，所以超声波解冻在肉制品解冻领域有很好的发展前景。

2. 在肉品嫩化中的应用　　传统的肉类嫩化方法是机械冲击，可以使质量较差的肉更美味。有研究表明，超声波可以起到有效的冲击效应，肌肉组织结构的完整性受到显著破坏，肌肉纤维发生明显的松散、断裂、弯曲、脱落等变化，有利于肉嫩度的改善。研究者认为这是超声波的空化作用破坏了肌原纤维蛋白的结构和结缔组织，同时破坏了溶酶体，使溶酶体组织蛋白酶发挥嫩化作用所致。也就是说，超声波的作用表现在两个方面：破坏肌细胞的完整性或提高酶的反应。但由于超声波设备和原料等因素存在差异，不同超声波功率和频率对剪切效应影响的结果尚无法统一。

3. 在肉品腌制中的应用　　超声波与滚揉技术联用是现代肉制品腌制技术的一个前进方向，声波因其强大的穿透力，在介质中形成空穴，当空穴发生崩塌时，可释放出高温和压力，使得肉制品的组织结构发生变化，破坏肌肉的微观结构，Z线断裂且肌动球蛋白解离，细胞的完整性被破坏，加快腌制液的渗透；而在变压滚揉的作用下，肌纤维相互碰撞挤压，使其表面张力下降，配合气体压强变化，使其结构松散，细胞膜失去屏障作用，因此硬度再次降低，腌制液更易渗透。超声（滚揉）腌制技术的有益效果具体表现在以下几个方面：首先是腌制速度，在肉制品腌制过程中，传统腌制依赖于高盐分的渗透，腌制液渗透缓慢且不均匀，造成产品风味不足、质量不稳定；超声波技术可以增加氯化钠的渗透率，实现肉制品快速腌制。其次是保水性，与传统腌制相比，超声波辅助腌制可以显著减少鸡胸肉的蒸煮损失，腌制液的渗透作用会增加肌肉中的离子强度，增强蛋白质之间的相互作用，使之结合更多的水。再次，在对肉品风味的影响方面，相较于传统腌制技术，超声波辅助腌制处理可以改善肉品风味前体物质，不仅可以增加游离氨基酸的含量，还可以促进脂质降解，从而增强风味物质的形成。最后，超声波辅助腌制技术还可以用于改善肉品色泽，抑制微生物的生长，延长肉品的保藏时间。

4. 在肉品杀菌中的应用　　传统的热杀菌，随着处理强度、时间和温度的增加，其营养成分损失、不良风味产生、功能特性破坏等比例增加。超声波的引入使这种状况发生了很大的改善。微生物杀灭的机制主要是由其细胞膜变薄、热变性和氧化所致。结合热处理，超声可以加速食物杀菌的速度，从而减少了持续时间和热处理的强度及其造成的损害。超声加热杀菌的优点包括风味损失小、处理均匀和节能效果显著。

5. 在肉品干制中的应用　　在高于1W/cm的超声功率和高达2.5MHz的频率下，传热和传质得到增强，可用作干燥前的预处理，以促进材料内的水分运动并提高干燥速率，超声的使用提高了干燥材料的质量并降低了能源消耗。超声干制方法有两种：空气间接超声和直接接触超声。

第三节　细胞培养肉

肉类含有丰富的蛋白质、脂肪、维生素及其他营养成分，是现代人餐桌上必不可少的重要食物之一。随着世界总人口的增加及人们生活水平的不断提升，人类对饮食的需求逐渐从"吃得饱"向"吃得好"转变，全球对肉类的需求量也持续增长，预计到2050年将增长50%以上。我国是全球第一人口大国，每年的肉类生产及消费数量呈现出逐渐上升的趋势。

然而，传统畜牧业的生产资源消耗多，存在占用大量土地、消耗较多水和能源等问题。同时，依赖畜禽养殖的肉类生产效率较低，在生产过程中会排放出大量的CO_2、CH_4及NO_2等废气，加剧了环境污染问题。此外，养殖畜禽肉类存在着抗生素和兽药残留超标的问题，这同样给人类健康带来了隐患，同时动物福利和健康等现实问题也不容忽视。党的二十大报告指出"树立大食物观，发展设施农业，构建多元化食物供给体系"；细胞培养肉是创制食品新资源的重要突破口，是实施大食物观的主要方向之一。

细胞培养肉（cultured meat，也被称作培养肉、培育肉或清洁肉）是根据动物肌肉生长修复机制，利用动物细胞体外培养的方式控制其快速增殖、定向分化并收集加工而获得的一种新型肉类食品。细胞培养肉不需经过动物养殖，可直接通过细胞工厂化的方式生产肉类。细胞培养肉生产方式具备了高效节能、环境友好、卫生安全、动物减负等突出优势，因此受到广泛关注。作为近年来兴起的一种肉类生产的颠覆性技术，细胞培养肉技术能够部分取代传统畜牧业生产肉类，缓解人们对肉类需求的压力，是一项未来食品生产技术。

一、细胞培养肉关键技术

如图5-14所示，目前细胞培养肉的生产流程主要包括从畜禽动物中分离获取干细胞，选择适宜的环境条件（氧气、温度等）、培养基成分、生长因子及营养素诱导细胞生长增殖，在干细胞形成多核肌管后提供合适的支架或微载体，并利用食品化的加工技术制作成最终的模拟肉产品。其中，细胞培养过程中干细胞的选择与获取、干细胞的增殖与分化、干细胞的体外扩大培养等关键技术是影响其规模化培养生产的重要环节。

（一）干细胞的选择与获取

在细胞组织培养的过程中，种子细胞的选择与获取一直是研究的重点之一。种子细胞的来源可以是猪、牛、羊等哺乳动物的细胞，也可以是鸡、鸭、鹅等非哺乳动物的细胞，但是用于细胞培养肉生产的干细胞需具备能够持续快速地增殖、高效稳定地分化成为肌肉组织的能力，以实现大规模化的生产。干细胞，如胚胎干细胞和肌肉干细胞在自然状态下均未具备

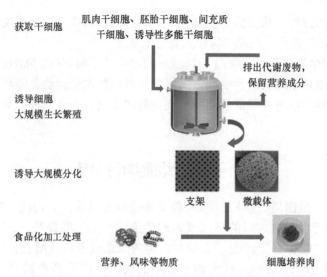

获取干细胞 ← 肌肉干细胞、胚胎干细胞、间充质干细胞、诱导性多能干细胞

排出代谢废物,保留营养成分

诱导细胞大规模生长繁殖

诱导大规模分化

支架　微载体

食品化加工处理

营养、风味等物质　细胞培养肉

图 5-14　细胞培养肉的生产工艺流程示意图

上述能力。其中,胚胎干细胞能够实现持续增殖,但是定向稳定地分化成为肌肉组织则存在着不确定性。对于肌肉干细胞而言,能够自然分化并最终形成肌肉组织,但是在自然条件下,肌肉干细胞在体外培养的过程中传代次数非常有限,同时存在速率不高的问题。因此,解决胚胎干细胞的定向分化和肌肉干细胞无限增殖的问题,是细胞培养肉技术的关键之一。

(二)干细胞的增殖与分化

细胞的增殖主要是指部分干细胞通过不断分裂传代产生大量新的干细胞的过程。从这个意义上来讲,细胞增殖的目的在于使种子细胞获得最大的细胞数量,即最大限度地提高细胞的增殖倍数。在细胞培养肉的生产过程中,生理生化的条件、营养液的成分比例及各种变量之间的相互作用情况会直接影响到种子细胞的增殖过程,进而对最终肉类生产的安全性和高效性产生影响。在细胞培养肉的生产过程中,不仅需要大量的种子细胞,还需要较多分化的肌肉细胞来形成组织。细胞分化过程受到不同条件的影响,同时细胞的分化条件与其来源有关。通过精确控制种子细胞的生长环境能够调控及引导细胞的分化方向,从而实现含有不同营养素含量的细胞培养肉的定制生产。

(三)干细胞的体外扩大培养

动物细胞培养装置(反应器)主要是依据细胞的生长环境及特性,利用酶或生物体所具备的生物功能,以模拟肌肉细胞或组织结构的生长环境的设备。反应器是实现体外细胞规模扩大的关键设备。在细胞培养肉的生产过程中,常常需要中大型规格的生物反应器以实现细胞的规模化增殖分化。这主要是由于动物细胞在培养过程中常具有贴壁生长的特点,并且当细胞贴壁占据较大的表面积时才能生产出大量的细胞。在进行细胞体外培养的过程中,除了要考虑反应器的规模大小,在反应器的选型上还需考虑所选择的生物反应器的传热效率与传质效率。用于细胞体外培养的良好的反应器,不仅需要具备较高的传质与传热效率,还应能够在保持培养液低剪切力的前提下,保证较大体积灌注、搅拌时环境温度、pH、溶氧、营养物质等的均匀性。

二、细胞培养肉的发展挑战

目前，细胞培养肉技术仍处于起步阶段，为了实现大规模制备经济、高效、可持续、能够被市场及消费者接受、优质、安全的培养肉的商业化目标，仍存在以下待解决的培养技术与商业化技术的难点及挑战。

（一）培养技术的挑战

1. 合适的干细胞来源 细胞培养肉生产面临的第一个技术挑战是需要选择合适的干细胞来源。在过去的几十年里，相关领域科学家已经发现了几种干细胞可应用于组织培养工程，对应的培养技术也取得了较大的进步及突破。

其中一类干细胞源自原始组织或细胞系，然后通过基因工程或采用一定的化学方法诱导其发生突变，使细胞能够无限增殖。这种来源的细胞对组织样本的依赖性较低，细胞增殖及分化率较高。然而，这种细胞也存在着细胞系遗传、表型的不稳定性及对微生物的错误鉴定和污染等问题。而从组织中分离出来的干细胞则是干细胞的另一个来源，如胚胎干细胞、肌肉干细胞和间充质干细胞。其中胚胎干细胞能够无限增殖，具有优异的自我更新能力，是一种理想的干细胞来源。但是胚胎干细胞需被特异性刺激才能分化成肌细胞。肌肉干细胞因具有分化的潜力，是培养肉研究中应用最广泛的细胞来源。诱导多能干细胞是一种分化的细胞，通过稳定转染一组特定的转录因子驱动胚胎基因表达程序在细胞中表达从而获得多能性。为了进一步扩大细胞来源，将成体干细胞转化为诱导多能干细胞的相关研究也受到了越来越多的关注。

2. 安全的无血清培养基 动物血清通常来自成人、新生儿或胎儿，常被用于培养成肌细胞，其中胎牛血清是细胞培养基的标准补充剂。但由于其是一种昂贵的培养基，不适合用来大规模使用并被消费者接受。同时，动物血清来自体内，可能会带来被病毒污染的风险。因此，开发安全、成本低的培养基用以组织工程和扩大细胞培养肉的规模是尤为必要的。

目前，无血清培养基为体外培养哺乳动物细胞提供了更为理想的选择。无血清培养基能够降低操作成本，并能预防污染的潜在来源。无血清培养基通常由基础培养基和培养基补充剂两部分组成。其中基础培养基通常包括氨基酸、维生素、葡萄糖和无机盐等，培养基补充剂则主要由化学成分或生长因子组成。虽然目前关于无血清培养基的研究在过去几十年里已经进行了相关的报道及研究，但是目前对于无血清培养基在促进细胞生长方面的研究仍具有局限；同时，鉴别无血清培养基中所有的功能成分仍是研究的难点及挑战所在。

3. 大型的生物反应器 生物反应器的设计类似于天然的组织结构，这样可以为组织培养物提供一个适宜的环境，并促进组织培养物的生长，同时也能够适应培养体积的增加。然而，传统的二维培养方式的表面积和体积比较低，不能够对培养条件进行实时的监测，传代过程烦琐等诸多局限，使其不适用于细胞培养肉种子细胞的大规模扩大培养。

细胞培养肉的生产需要大型的生物反应器以完成大规模培养，这是由于干细胞的培养需要坚实的表面，并且需要较大的表面积以产生足够数量的肌肉细胞。细胞培养肉的生产需要开发新的、大型的生物反应器，其中微载体悬浮培养、固定化培养、聚集体悬浮培养等方法常被用于在规模较大时保持低剪切和均匀灌注大容量培养。目前，鉴于肌肉干细胞在贴壁培养及分化过程中需要细胞融合的生物学特性，微载体悬浮培养是肌肉干细胞培养较为可行的方法。

4. 理想的支架系统 支架系统是生物反应器的一个重要组成部分，其直接灌注在培养基中，为细胞增殖与分化提供必要的附着体及载体。支架系统的形状、组成和特征各有不同，从而可以优化肌肉组织和细胞的形态。

理想的支架系统应有一个较大的生长和附着表面积，能够为细胞提供足够的生长空间。同时，支架系统应具备一定的收缩特性，能够灵活地适应肌肉收缩运动，最大限度地使培养基扩散，这是因为成肌细胞具备自发收缩的特性。另一个重要的因素是支架系统的纹理和微观结构，因为纹理化的表面能够满足肌肉细胞的特定需求。这种纹理化是决定肌肉功能特征及肉质地特征的一个重要决定因素。此外，由于缺乏血管系统，开发大型和具有一定高度结构的肉类支架存在着更大的难点和技术挑战。我们需要从一种可食用的、有弹性的、多孔的材料中建立一个分支网络，以使营养物质可以被均匀、有效地灌注。

5. 优良的微载体 20世纪60年代，微载体开始被应用于动物细胞培养中。目前，动物胚胎干细胞的无限分裂和悬浮培养技术已经可以实现，但是分化后所形成的肌肉细胞仍然需要进行贴壁培养。因此，目前细胞培养肉的大规模生产可能将采用微载体贴壁悬浮培养。载体悬浮的条件在动物细胞培养领域中已经积累了一定的经验，但是当生产规模进一步扩大时，则必须借助流体力学模拟以进行理性设计。

微载体的材料、形状及密度等各不相同。在选择优良的微载体用于细胞培养肉的生产时，不仅要考虑常规参数如密度和表面特性等对细胞附着、扩增等的影响，还要对微载体的材料和结构进行评估。同时，为了选择一个优良的微载体，还需考虑其是否具备可食用或可生物降解等特点，这些特殊要求会影响生产工艺的复杂程度和生产成本。在理想情况下，如果微载体是能够被生物降解和（或）可食用的，那么微载体就可以集成到最终的肉产品中，从而减少了分离步骤。除此之外，微载体材料的弹性、机械强度等也应尽可能地接近活体动物的原始情况，从而最大限度地促进肌肉细胞的发育。

6. 最新的食品化技术 目前，与传统肉类相比，各类公司及实验室生产的细胞培养肉组织在味道、颜色、外观、质地方面仍存在不足。为了制备出最终的培养肉产品，还需对肌肉组织进行商业化的加工与重塑成型等操作处理，以使细胞培养肉更具市场吸引力。其中细胞培养肉的结构、形状是影响细胞培养肉商业化的重要因素之一。同时，现阶段生产出的细胞培养肉较为松散，无法具备肉真正的咀嚼感。因此，迫切需要寻找新的、先进的食品化技术以重塑肉的结构，并使细胞培养肉具备真实肉的弹性结构。

近些年来，食品3D打印技术的快速发展为细胞培养肉重塑真实肉的三维结构提供了新的解决思路和方案。目前，最新的3D打印技术可以用以局部控制打印材料的韧性及其颗粒特性，从而能够更好地模拟真实肉的立体结构。在此基础上，3D打印技术可以重构细胞培养肉的结构，生产出更接近真实肉的微观结构及其形态的最终产品，以增加细胞培养肉的市场接受度。

（二）商业化技术的挑战

1. 消费者的接受程度 细胞培养肉的商业化进程不仅取决于技术方面，消费者的接受程度也在一定程度上影响着其大规模发展及应用进程。目前，由于消费者对细胞培养肉的生产过程缺乏全面及深入的了解，因此市场和消费者对细胞培养肉的认知度及接受度仍比较有限。

　　综合来看，一部分消费者对细胞培养肉还保留着怀疑态度。一方面，人们对细胞培养肉研究技术的不确定性表示担忧；另一方面，人们较为关心培养肉食品的安全性、伦理、道德、成本及未来肉类市场的问题。但是，一部分年轻的消费人群则认为细胞培养肉可能是未来一种崭新的消费趋势。目前，部分消费者也表示能够接受细胞培养肉并进行食用，也有部分消费者由于受传统观念等因素的影响，虽然能够接受细胞培养肉，但是并不会进行购买及食用。

　　2. 安全监管与政策的完善程度　　细胞培养肉作为一种前沿技术，其市场发展方兴未艾。为了提高市场及消费者对细胞培养肉的接受度，其目前还存在着安全监管与政策制度等诸多难点及挑战。

　　针对细胞培养肉这一新兴产业，相关食品监管机构需要引导制定完善的指导方针；同时，相关安全性评价、市场准入、监管的系统性研究及全面评估也应逐步建立。一方面有利于提高消费者对细胞培养肉的认知及接受度；另一方面也能够增加细胞培养肉快速商业化的研发机会，使其逐步进入立法阶段，使细胞培养肉产业稳步、健康发展。

┃ 延伸阅读

细胞培养肉安全监管现状

　　细胞培养肉是一种新兴的肉类生产技术，因此其安全性需要慎重研究评估。目前，国内一些研究机构及学者正在积极推进细胞培养肉生产制备过程的研究。为了进一步确立并完善细胞培养肉安全监管的方法与政策，相关的研究机构及学者应将细胞培养肉归类于新型食品原料进行安全监管。安全监管的流程主要包括原料研制报告的提交、原料安全性评估报告及生产工艺相关资料的确定等。其中原料安全性评估报告应包括成分分析报告、卫生学检验报告、毒理学评价报告、微生物耐药性试验报告、产毒能力报告及安全性评估意见等。

　　对于欧盟的监管体系，修订后的《新食品法案》于2018年开始生效，随后欧盟又出台了一系列实施法案和欧洲食品安全局（EFSA）指南。美国食品药品监督管理局（FDA）和美国农业部（USDA）于2018年宣布将共同参与细胞培养肉的监管。其中FDA将主要管理细胞的生长、存储及细胞分化阶段，而USDA将主要负责监管生产及标签等阶段。2021年12月，新加坡食品局（SFA）成为全球第一个批准细胞培养肉相关产品销售的国家安全监管机构。

第四节　非肉蛋白模拟肉

　　畜牧业是蛋白质的传统来源，长期存在着耗能大、污染高、动物抗生素滥用和高胆固醇的影响。替代蛋白可减少全球环境污染和资源浪费，且具有零胆固醇、低脂肪等健康优势，能减少肉制品带来的患病风险，满足绿色健康消费理念，同时有效解决人口增长及城市化进程所带来的肉类需求总量大幅攀升的问题。替代蛋白作为最相似的肉类替代品，行业前景不容小觑。目前存在的替代肉蛋白主要有以下三种。

（1）植物基替代蛋白：来源于植物，营养全面，易被人体消化吸收，具有多种生理保健功能。

（2）单细胞蛋白：也叫微生物蛋白，以工农业及石油废料为基质人工培养微生物菌体，形成由蛋白质、脂肪、碳水化合物、维生素等混合物组成的细胞质团。

（3）昆虫蛋白：以昆虫为原料，从昆虫的各个生长阶段，如卵、幼虫、成虫、蛹、蛾等提取的蛋白质。

其中，发展最好、最常见的模拟肉是植物蛋白肉。目前国内市场尚处于发展初期，但随着中国肉类消费的增加，模拟肉可填补中国未来肉类缺口。此外，模拟肉作为非肉食品，还可以满足素食主义者出于健康、保护动物（不杀戮或剥削动物）和关心环境等原因不食用动物肉却渴望肉味道和质地的需求。

一、模拟肉发展历程

模拟肉被定义为模拟传统肉类产品的美学、感官和化学特性的食品，它们由非动物蛋白制成，具有可控的质地、风味、颜色和营养价值。这类食品对加工业很有吸引力，因为它具有成本优势，不易受季节性供应波动的影响，价格相对稳定，保质期更长且更易于储存。一些消费者认为模拟肉能够通过提供类似肉类的外观、质地、风味和口感来满足消费者的期望，同时缓解了他们对传统肉类生产的犹豫，如环境问题和动物福利问题。近年来，食品行业就现代模拟肉产品的营养和健康展开了广泛的讨论。

非肉蛋白模拟肉不是一个新的食品类别，也不一定代表一个全新的概念。传统的非肉蛋白模拟肉有数百年的历史，模拟肉中使用的主要蛋白质成分各不相同，豆腐可追溯到公元965年，小麦蛋白可追溯到1301年，腐竹可追溯到1587年，豆豉可追溯到1815年，以及可追溯到1895年的坚果、谷物和豆类的组合。目前，用于模拟肉的植物性蛋白质的主要来源仍然是大豆和小麦蛋白面筋，而其他蛋白质来源如豆类（豌豆、小扁豆、羽扇豆、鹰嘴豆等）和真菌（真菌蛋白、酵母菌、蘑菇）也被使用。但这些传统的肉类替代品无法替代西方国家的肉类，因为它们缺少肉食消费者接受的关键特征。

最近（2015～2020年），随着产品供应和可用性的快速增长，人造肉市场正在全球扩张。模拟肉市场预计在2019～2024年以7.9%的复合年增长率增长，增长最快的市场是亚太地区，最大的市场是欧洲。总体而言，到2025年，全球植物性肉类产业预计将达到212.3亿美元。虽然这与2025年全球肉类、家禽和海鲜行业的预测相比相形见绌，但非肉蛋白模拟肉行业将作为一个利基市场持续增长，并在未来进入更多消费者的餐桌。

二、植物基肉制品加工

2021年6月25日，由中国食品科学技术学会发布的《植物基肉制品》团体标准开始实施，该标准中将植物基肉制品定义为以植物原料（如豆类、谷物类等，也包括藻类及真菌类等）或其加工品作为蛋白质、脂肪的来源，添加或不添加其他辅料、食品添加剂（含营养强化剂），经加工制成的具有类似畜、禽、水产等动物肉制品质构、风味、形态等特征的食品。

当前的植物基肉制品对于中国市场来说是"第三代产品"。"第一代产品"的原料主要是豆饼，类似现在的面筋及上海的烤麸；"第二代产品"则是由台湾企业生产的素食，原料也是豆制品，依靠加工技术满足素食消费者的需求，不一定有营养，也不一定都健康；当前的

"第三代产品"则是蛋白质必须达到一定含量才可称为植物基肉制品,同时能满足消费者口味和营养的需求。

(一)生产工艺

植物基肉制品在加工过程中,为了达到与动物肉制品相似的感官品质,首先要将植物蛋白的球蛋白结构转变为肉制品的纤维状结构;形成纤维蛋白后,再以纤维蛋白为主要原料辅以其他原料进行配料、组合以获得综合口感,达到与肉制品类似的植物类蛋白产品。因此,对于植物基肉制品的加工生产主要可分为两部分:一部分为纤维化植物蛋白的获取,另一部分为二次复配加工制备。植物基肉制品主要生产工艺流程如图5-15所示。

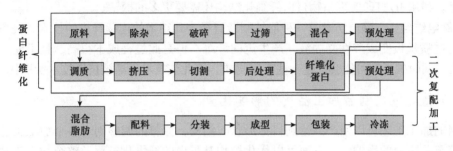

图5-15 植物基肉制品主要生产工艺流程图(引自吴元浩等,2020)

目前市面上所售的植物汉堡肉饼就是采用这样的工艺,利用低水分挤压法获得纤维化植物蛋白后,将其作为原料经过进一步加工得到植物汉堡肉饼。

(二)植物蛋白纤维化技术

植物蛋白纤维化过程在制备植物基肉制品的生产过程中至关重要,纤维蛋白的品质将会直接影响其质构特性。通常而言,对蛋白质进行变性聚合的改性处理便可形成具有纤维结构的产品。目前,可实现蛋白纤维化的加工技术主要有低水分挤压、高水分挤压、3D打印、静电纺丝等方法。其中挤压法是目前应用率最高、已形成商业化的植物蛋白纤维化技术,3D打印技术由于其数字化和定制化的优势也备受关注。

1. 挤压法 利用挤压法生产纤维蛋白可以追溯到20世纪60年代,目前对单螺杆挤压技术、双螺杆技术有了较为深入的研究和应用,采用挤压法生产纤维化植物蛋白的技术已经基本趋近成熟。挤压法加工过程可以分为原料预处理、混合、蒸煮、成型几个环节。原料经过筛选、复配和混合,得到均匀一致的物料后进入喂料区,物料在螺杆的推动下混合,在混合区受热升温并与水进行充分混合,随后进入挤压过程的核心区域。现有的挤压工艺,纤维蛋白在生产中需要长时间的复水,因此对使用者而言处理起来较为烦琐。为了解决上述问题,研究者通过提升原料中水分的含量,建立了高水分挤压技术。生产技术上,高水分挤压在混合区会加入更多的水分,使物料状态更加稀软,减轻剪切力;在成型区,由于模具较长,物料的压力和水分变化相对缓慢,同时配备冷却设备,使产品快速降温,获得柔软致密的纤维蛋白,这种纤维蛋白可直接加工生产,也被称为"即食"的植物基肉制品。但目前高水分挤压存在生产成本较高、产品的贮藏期较短等问题,质地调控技术也仍有待摸索,因此高水分挤压技术还处在研发和推广阶段。

2. 3D打印　　3D打印又称为增材制造，是基于计算机辅助设计和控制，按照预先设定的参数和路径进行层层打印、堆积成型的加工制造技术。相较于传统制造方式，3D打印具有定制化、快速、工艺简化和形状基本不受限制等优点。用植物蛋白为原料进行素食加工主要应用的是挤压式3D打印。蛋白质可在等电点附近聚集的特性使其可以通过形成颗粒或者水凝胶的方式成型，同时也可以利用蛋白质与多糖之间的结合，将其与明胶、海藻酸钠等多糖交替沉积来成型。另外，外部的压力，包括温度、机械力或化学干预（酸、碱、盐等）也可以诱导蛋白质的变性、聚集和成型。这些技术有的已经应用在了蛋白基物料的3D打印中。由于挤出式3D打印的叠层沉积方式，产品多为层状的各向异性结构，这种结构的形成要依赖于挤出物在接收盘上的定向排列，因此3D打印的植物基肉制品与真实肉制品的纤维状结构还存在一定差距。利用3D打印实现植物蛋白纤维化结构还需要更多的探索。

3. 静电纺丝　　静电纺丝是一种能够制造直径为几纳米的连续纤维的技术，高黏度的蛋白溶液通过喷丝板变成酸性凝固液，产生定向纤维。但是此过程成本很高，且不能用于所有的蛋白质，同时碱处理可能会产生一些有害物质，因此该技术逐渐被挤压技术所取代。

（三）植物基肉制品加工品质的影响因素

适当的加工工艺可以使产品达到目标形状与结构，原料的调整则对整个加工工艺和产品品质起着至关重要的影响：一方面可以优化植物基蛋白的纤维化过程及整个加工工艺，另一方面可使产品在外观、颜色、风味和质地上更接近肉类，以满足消费者的需求。主要包含的原料包括植物蛋白质、脂肪、碳水化合物和水等成分。

1. 蛋白质对植物基肉制品品质的影响　　蛋白质作为植物基肉制品中的主要成分，是影响产品品质和产品差异化的重要因素，植物基蛋白肉制品生产时所用的蛋白质含量一般是50%～70%。在加工过程中，蛋白质发生变性，使维持其结构的氢键、二硫键等被破坏，进而形成纤维结构。蛋白质变性程度也是影响组织化程度的重要因素。研究表明，蛋白质种类和含量能够显著影响其组织化程度，从而影响植物基蛋白肉制品的品质。增加蛋白质含量可提高蛋白质的物理性质，组织化时热凝胶作用强，纤维结构明显。

2. 碳水化合物对植物基肉制品品质的影响　　碳水化合物中淀粉和纤维素是植物基蛋白肉制品配方的重要组成部分，有助于催化蛋白质、脂质和水分形成稳定的结构，从而改善产品质地、黏稠度、凝胶性和稳定性。在加工过程中，碳水化合物镶嵌于蛋白质中，影响其相互作用，阻碍蛋白质聚集和交联，但稳定了疏水作用，且增强了维持纤维结构的作用力。纤维素会影响植物基蛋白肉制品的凝胶性和持水性等，其在加工过程中会发生膨胀，与水结合的能力增强，有利于提高产品的持水性。

3. 脂肪对植物基肉制品品质的影响　　植物基蛋白肉制品配方中加入脂肪的作用是促进产品多汁、口感嫩滑，防止加工和烹饪过程中黏结，脂肪含量一般为2%～10%。在加工过程中，脂肪与蛋白质、淀粉等形成脂质复合物，降低脂肪氧化程度和游离脂肪酸含量，延缓淀粉糊化，延长产品货架期，改善植物基蛋白肉制品的品质和口感。但是脂肪含量过高会显著降低剪切力，导致产品不能稳定挤出或者成型，从而影响产品品质。

4. 水对植物基肉制品品质的影响　　在纤维蛋白的加工过程中，水分含量对纤维蛋白的结构起着重要的影响。低水分挤压时，产品均匀度低，形状完整性低，气孔尺寸大，干燥后更易破碎。高水分挤压时，物料受到的机械作用较小，蛋白质亚基间的聚合交联现象少。但随着水分含量不断增加（28%～60%），蛋白质亚基的交联程度逐渐降低，水分含量过高，也可能导致不完全的纤维化过程，进而使纤维蛋白的硬度、胶黏性和咀嚼性更低。

　　近年来，随着未来食品科技的不断发展，以植物蛋白为主要原料的植物基肉制品逐渐受到消费者的关注。发达国家的相关食品企业针对植物基肉制品市场的需求，不断完善植物基肉制品的制备技术，相关产品已经能够逼真地模仿肉类的感官品质，在一定规模上已经达到产业化。国内相关企业仍处于初步阶段，在规模和品质上仍与国外企业存在一定差距。然而，国内消费者对于历史悠久的植物基产品包括豆腐、素鸡、素鸭有着深入的消费体验，与国外消费者相比，对植物基肉制品的消费接受度也较高。植物基肉制品有着广阔的市场潜力，但同时对其品质的要求也更高，国内植物基肉制品行业在监管、品质、成本方面仍需进一步完善。

三、单细胞蛋白肉制品加工

　　单细胞蛋白（SCP）是利用真菌、霉菌、酵母菌或微藻在各种基质上大规模培养而获得的微生物菌体，它是由蛋白质、碳水化合物、脂肪、核酸、维生素和无机物等混合组成的细胞质团。由于单细胞蛋白主要用于动物饲料，故在肉类替代品中经常被忽视。但单细胞蛋白具有很高的营养价值，其生产用到的农业废料、废气等原料易得，且微生物生长繁殖速率快、生产效率高，因此在世界范围内得到了广泛认可。现在人们用它加上相应的调味品做成鸡、鱼、猪肉的替代品，不但外形相像，而且味道鲜美，营养也不亚于天然的肉制品。

（一）单细胞蛋白的生产工艺

　　SCP的生产工艺如图5-16所示，对菌种进行扩大培养，由斜面培养基逐级扩大到锥形瓶、小种子罐和大种子罐，培养基要求具有含碳的单糖或多糖分子、氮源物质及硫、磷等微量矿物元素，也可添加一些有利于菌体生长的生长素。在制备过程中要求培养基、器具和培养环境为无菌状态，应保证培养环境温度和pH都适宜，通风供氧，搅拌均匀。扩增完成后，对其进行分离过滤，在生产中为了使培养液中的养分得到充分利用，可将部分营养液连续送入分离器中，分离后的上清液回到发酵罐中循环使用，对较难分离的菌种可加入絮凝剂提高其凝聚力以便于分离。最后把离心机收集的菌种经洗涤后进行喷雾干燥或滚筒干燥获得富集的SCP。

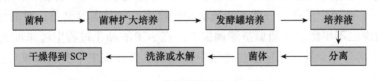

图5-16　单细胞蛋白生产工艺

（二）单细胞蛋白的优点

1. 营养价值高　　SCP所含的营养物质极为丰富，其中蛋白质含量高达40%～80%；还含有多种维生素、碳水化合物、脂类、矿物质，以及丰富的酶类和生物活性物质，如辅酶、辅酶Q、谷胱甘肽、麦角固醇等；其氨基酸的组成也较为齐全，含有人体必需的8种氨基酸，尤其是谷物中含量较少的赖氨酸。

2. 原料来源广泛 SCP有着较为广泛的生产原料来源，大致分为以下几类：工业废物、废水；石油、天然气的相关产品；农业废物和废水。利用这些原料来生产SCP，不但变废为宝，增加经济效益，而且净化和保护了环境。

3. 培育时间短 SCP与其他蛋白质相比的一大优点就是其较短的细胞培育时间。菌体以分裂或芽殖方式按指数增长繁殖。例如，酵母菌繁殖一代的时间是13h，细菌是0.52h，藻类是2～6h。

4. 生产效率高 SCP的生长速度比高等动植物快得多，肉牛体重加倍周期为2个月，豆科牧草为2周，肉鸡的加倍周期为10d，藻类的加倍周期是6h，酵母菌的加倍周期为1～3h，细菌只有0.5h左右。500kg的奶牛平均每天大约生产0.5kg的蛋白质，而500kg酵母菌一天可生产1250kg蛋白质。

5. 可以进行工业化生产 SCP的生产不受地区、季节和气候的限制，产量高、质量好，而且只使用少量的劳动力。SCP进行工业化生产时，不占用其他农作物的土地，不受气候的影响和约束，生产环境易控制，并能连续生产。微生物是在大型立体的发酵罐中培养，即使在小面积的土地上也可以生产大量菌体，其不受季节及阳光的限制，且生产效率高，生产能力可达2～6kg/（h·m³）。

（三）单细胞蛋白存在的不足

SCP虽然营养丰富，是一种新型的蛋白质来源，但是也存在许多问题，主要表现为以下4个方面。

1. 核酸含量过高，尤其是RNA的含量高 SCP并不是一种纯蛋白，而是一种微生物菌体，是含有多种物质的复合物。在细菌蛋白中RNA含量为13～22g/100g，酵母菌中RNA含量为6～41g/100g。核酸在人体内消化后形成尿酸，因人体内缺乏功能性尿酸酶，尿酸不能分解，随血液循环在人体内的关节处沉淀或结晶，从而引起痛风或风湿性关节炎。此种情况下，必须限制SCP在食品中的用量，不能超过总蛋白补给量的15%，同时还应大力发展脱核酸技术，生产脱核酸SCP。

2. 某些SCP还可能对动物具有毒性作用 细菌蛋白和培养基中含有石油衍生物，如含甲醇的芳香族化合物具有毒性作用。

3. 消化率比常规蛋白质低10%～15% SCP中的毒菌肽与其他蛋白质结合，阻碍蛋白质的消化；此外，SCP中还存在一些不能被消化的物质，如甘露聚糖等，对消化起副作用。

4. 氨基酸供应不平衡，含硫氨基酸偏少 在SCP的加工过程中可添加适量精氨酸，使之与赖氨酸的比率合理，同时还应添加适量甲硫氨酸以弥补SCP中甲硫氨酸含量的不足。

（四）单细胞蛋白在肉制品加工中的应用

从20世纪80年代开始，研究人员曾多次尝试将SCP应用于食品，但由于当时发酵技术的高成本和不发达状态而受到阻碍。近年来，随着发酵技术的不断发展、成本的降低和环境压力的增加，SCP作为肉类替代品的研究在科学和工业领域都获得了动力。Quorn是众所周知的SCP产品的典型，它已经在全球15个国家商业化。SCP主要适用于模仿肉类的味道和稠度，这保证了其可被用于制作传统肉制品的替代品。Quorn肉制品的生产过程如图5-17所示。

SCP由于具有丝状特性，被用于创造肉制品的质地，在与SCP纤维混合时，通过控制天

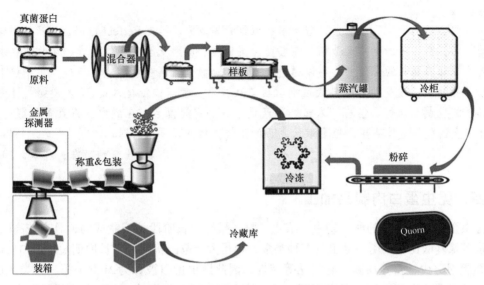

图5-17　将SCP转化为Quorn肉糜或肉块的过程示意图（Finnigan et al., 2017）

然蛋白质（如蛋清）的热变性来产生纤维-凝胶复合物，然后进行冷冻组织化，冰晶的受控生长产生了模拟整个肌肉质地的纤维束。这种从丝状菌丝中创造纤维束的能力使SCP与其他无肉蛋白质不同，它能够引入纤维性——在模拟肉食用品质的整体挑战中，这是一个非常理想的感官特征。材料科学对食品纤维性的简单定义是，在食物被咀嚼时反复发生"压缩-断裂"。在此基础上，用SCP创造纤维束有助于满足这一要求。

在食品科学和分子生物学的基础上，结合蛋白质工程和合成生物学的兴起和发展，新型可食用蛋白质的合成、转化和生产对人类食品的可持续发展发挥了重要作用。通过分析和设计SCP并优化其在微生物中的表达来支持肉类替代品的生产，以实现替代性蛋白质的大规模、低成本和可持续生产。利用微生物作为优良宿主生产营养全面、安全、低成本的SCP将是未来肉类替代品行业的重要尝试。

延伸阅读

"人造肉"之后，"人造奶"会成为下一个风口吗？

2019年12月，美国乳品公司Perfect Day在官网透露获得1.4亿美元C轮融资的消息。与一般意义上的乳品企业不同，Perfect Day是利用微生物发酵技术生产牛奶蛋白（milk protein）的初创科技公司，其产品中不含真正的牛奶，产业链条上也不需要奶牛。目前，Perfect Day的人造牛奶蛋白已经突破成本障碍，较普通牛奶蛋白低40%，且具备环保优势。那么继2020年爆火的"人造肉"之后，"人造奶"是否会成为下一个食品投资风口？但业内认为，不含活性营养、监管标准缺失等，都是"人造奶"未来发展可能面临的障碍。

为了在没有奶牛的情况下生产出牛奶蛋白，Perfect Day公司的核心技术是将提取出的牛奶DNA添加到微生物中，通过发酵技术产生乳清蛋白和酪蛋白。之后，将这些乳蛋白与水、植物性成分结合，形成乳制品替代品（以下简称"人造奶"）。有报道称，这种技术已被一些公司用于生产维生素、益生菌和血红素等成分。虽然 Perfect Day 公司产品中含有人造牛奶蛋白成分，但"人造奶"在脂肪、蛋白质、碳水化合物、维生素、矿物质和水等六大传统营养要素的含量上，可以通过技术和添加做到与真牛奶相当，但缺少真牛奶中的生物活性物质，这是两者的最大区别。目前从口感、营养和价格来说，"人造奶"还无法与真正的乳制品抗衡。但当"人造奶"产量达到一定规模后，在成本上将具备一定优势，在环保上的优势也较明显，但要取代真正的牛奶，估计还要很长时间。

（资料来源：郭铁，2019）

四、昆虫蛋白肉制品加工

昆虫蛋白是从昆虫的卵、幼虫、成虫、蛹、蛾等生长阶段加工制成的，具有较高的蛋白质含量且氨基酸比例平衡。昆虫具有种类多、数量大、范围普遍、生长周期短、蛋白质优质、脂肪和胆固醇少、营养均衡、易消化等特性，因此昆虫蛋白被称为 21 世纪第三大类蛋白质，现在已被世界各国所关注。研究表明，昆虫体内蛋白质含量高达 50%，其中粗蛋白含量相当于大豆的 41.2%、猪肉的 36.7%、鱼粉的 62.2%，是目前人类最为理想的食物蛋白。

此外，昆虫不仅蛋白质含量丰富，氨基酸组成也符合人体需要，在已分析的近 100 种食用昆虫中，多数昆虫含有人体所必需的氨基酸，如赖氨酸、亮氨酸、异亮氨酸、缬氨酸等，其含量在 10%～30%，占氨基酸总量的 35%～50%，且氨基酸比例接近 WHO/FAO 提出的人的氨基酸模式。此外，昆虫蛋白中各种氨基酸的吸收率也很高，可达 70%～98.9%。

据统计，目前全球范围内可食用昆虫的种类至少有 1900 种，并且在不同地区的人所食用的昆虫种类有较大区别，其中食用最普遍的昆虫品种是鞘翅目。可食用昆虫既可以被直接食用，也可以被加工成各种功能性食品，如泰国的咖喱蛐蛐、巴西的蟋蟀餐、德国的昆虫汉堡及美国的蟋蟀蛋白粉和巧克力棒等。

（一）昆虫蛋白生产工艺

与动植物蛋白质提取及加工相比，昆虫蛋白相关的研究报道较少。目前，昆虫蛋白的制备方法主要有蛋白酶提取法、碱提取法、Tris-HCl 提取法和盐提取法等，与动物蛋白的提取方法一致。并且，不同的昆虫蛋白，其最有效的提取方式也有差异，以鲜虫为原料的提取效果明显优于去脂干虫。

某些昆虫本身的颜色、特殊气味等因素，限制了昆虫蛋白的开发利用。此外，昆虫体内含有一定比例的油脂，不利于蛋白质的分离制备，因此在制备过程中需要进一步脱脂、脱色和除味，从而使昆虫蛋白更适合消费者的口味。

（二）昆虫蛋白的功能性成分

昆虫蛋白不仅富含人体必需的各种氨基酸、蛋白质、矿物质元素、维生素和不饱和脂肪酸等营养物质，还富含抗菌肽、几丁质和外源性凝集素等免疫营养因子，其素有"21 世纪人类全营养食品"的美誉。这对增强人类免疫能力，预防高血糖、高血脂、高血压和肿瘤等疾病具有重要作用。据报道，家蚕体中的抗菌肽对杀伤癌细胞具有一定作用；黄粉虫体蛋白在降血压、降血脂、抗疲劳、促生长、抗炎症、抗冻、抗缺氧等方面具有积极作用。因此，在食品中加入一定量的昆虫蛋白对人类饮食健康十分有益。

1. 抗菌肽 抗菌肽是昆虫受到刺激或感染之后血淋巴中产生的一种具有抗菌功效的小肽，由20～60个氨基酸残基组成，分子质量为2000～7000Da，具有热稳定性。昆虫在漫长进化过程中会形成一种自身特有的抗菌蛋白防疫体系，抗菌肽对宿主细胞不产生破坏作用，不具免疫原性，是宿主阻挡病原微生物入侵的重要保护屏障，具有抗肿瘤和广谱抗菌等多种免疫功能。

2. 凝集素 凝集素是昆虫的天然免疫识别受体，主要为C型凝集素，它是一种钙依赖的糖结合蛋白，目前在家蝇、果蝇、家蚕、棉铃虫、烟草天蛾、美国白蛾体内均可检测到。凝集素对革兰氏阳性菌和阴性菌均有凝集作用，能够特异性地与细菌的糖蛋白结合并启动免疫反应，在体内和体外条件下均表现出较强的抗菌活性，具有抗癌、抑菌和免疫调节作用。

3. 甲壳素（几丁质） 甲壳素是自然界第二大天然多糖，仅次于纤维素，通常存在于昆虫、甲壳类动物、细菌、真菌等低等生物中。昆虫中的甲壳素含量丰富，在蝇和蛆壳中的含量分别为10%～13%和15%～20%，在松毛虫成虫中的含量为17.83%，松毛虫蛹中的含量为9.99%。甲壳素不仅具有非特异性的抗病毒和抗肿瘤活性，同时能够调节机体的免疫应答，对先天性和适应性免疫应答呈剂量依赖性，通过多种细胞表面受体激活先天免疫细胞，诱导细胞因子和趋化因子的产生。

📖 延伸阅读

昆虫蛋白，会成为宠物赛道的风口吗？

21世纪，功能性食品将主导人类味蕾，孕育着6000亿元的功能性食品市场。而昆虫食品正是典型的功能性食品，昆虫蛋白将是改变体质最好的添加剂，在人类的食物链中早已出现了蛋白粉、增肌粉等相关营养产品。而昆虫活性蛋白也成为继传统肉蛋白、人造肉蛋白之后的第三代蛋白质。昆虫蛋白被运用于宠物食品领域最早要追溯到2013年，最近这几年慢慢变得火热起来。特别是在2018年，昆虫蛋白的投资比过去4年高出40%，其中黑水虻的投资是最多的，占了比较大的比例，尤其是在英国和法国，有很多初创型公司收到风投方面的投资。

在宠物领域，像玛氏公司等巨头已开始涉猎昆虫蛋白，将其作为宠物食品蛋白的重要来源。玛氏（Mars）公司计划在英国推出一种以昆虫作为蛋白质来源的猫粮——Lovebug。玛氏公司表示：他们从荷兰Protix公司采购黑水虻幼虫。使用昆虫，以及专门用来加工昆虫和宠物食品的工艺生产安全营养的猫粮。2021年4月13日，天然昆虫蛋白和肥料生产领域的全球领先企业Ynsect宣布收购Protifarm（一家位于阿姆斯特丹东部埃尔默洛的荷兰粉虫原料供应商）。Ynsect法国加工厂生产用于宠物食品行业的粉虫蛋白和油脂（采用黄粉虫）。同一时期，达尔令原料公司（Darling Ingredients）的EnviroFlight宣布，计划在美国北卡罗来纳州艾派克斯建立研发企业中心，主要从事黑水虻及其幼虫蛋白的研发。

根据数据预测，到2025年，昆虫蛋白宠物食品市场规模能够达到13亿美元，并每年保持以45%的复合增长率增长，这是一个非常可观的数据，不管是在营养价值还是消费升级方面来看，昆虫蛋白的应用都是宠物食品领域的一场革命创新。

（资料来源：《2021—2027年中国昆虫蛋白行业发展潜力分析及投资方向研究报告》）

　　非肉蛋白模拟肉与肉类蛋白不同，其除了提供良好的蛋白质来源，还有望减少饱和脂肪和胆固醇的摄入，同时提供许多其他营养物质，如植物化学物质和纤维。植物蛋白还含有一些生理活性成分，如蛋白酶抑制剂、植物甾醇、皂苷、异黄酮等。因此，在过去的几十年中，人们不断尝试增加非肉类蛋白质在肉制品中作为增量剂、填充剂或黏合剂的使用，如精制小麦粉、脱脂大豆粉、脱脂奶粉等。模拟肉的市场前景非常光明，它不仅具有非常便宜的蛋白质来源，还具有较广的受众面，适合有健康意识的素食者、乳糖不耐症人群、遵守某些宗教规则的人，能解决宗教信仰问题和营养问题。然而，非肉蛋白模拟肉的发展也受到很多因素制约，如感官特性（外观、质地、味道、气味、口感等）与真实肉类的差异化，与肉、蛋、奶相比营养物质的缺失及如何消除消费者的认知壁垒。因此，未来研究的主要目标应该是开发美味健康的非肉蛋白模拟肉以同时满足不同消费人群的需求。

思 考 题

1. 简述中央厨房的定义及特点。
2. 简述实现肉品智能制造的技术创新。
3. 简述肉品制造中常用的物理场辅助加工技术和特点。
4. 简述物理场辅助加工技术在肉品智能制造中的应用。
5. 促进细胞培养肉产业化的生物技术有哪些？
6. 简述细胞培养肉的发展前景。
7. 简述目前存在的非肉蛋白主要类型。
8. 简述植物蛋白纤维化技术的类型及主要特点。
9. 简述单细胞蛋白的优点。
10. 简述昆虫蛋白的含量、营养成分及其局限性。
11. 请谈谈非肉蛋白模拟肉的优势和劣势。

第六章 肉类加工标准

本章内容提要：本章节聚焦于肉类加工行业的标准化进程，简明介绍了肉类加工行业标准基本情况，并详细阐述了术语与分类、肉类加工工艺技术、肉类质量控制三方面标准的现状。

第一节 肉类加工标准概述

肉类加工是我国国民经济结构中的重要产业，在保障食物安全和民众幸福生活中发挥着重要作用。随着经济全球化的不断推进，食品贸易与日俱增，食品安全问题也成为国家和消费者的关注重点，众多发达国家高度重视食品标准化在保障产品优质供给、消除或降低肉品安全风险中的作用，并将技术标准作为肉品贸易过程中的战略性竞争手段，导致我国大量的肉类产品无法进入高壁垒的发达国家，严重制约着肉类加工行业的发展。

一、标准化与标准

早在1946年，中、美等25个国家就通过建立国际标准化组织（International Organization for Standardization，ISO）以达到"在世界上促进标准化及其相关活动的发展，以便于商品和服务的国际交换，在智力、科学、技术和经济领域开展合作"的目的。我国也于1985年成立了全国食品工业标准化技术委员会，主要负责食品工业全行业的标准化工作。

何为标准化？在国家标准《标准化工作指南 第1部分：标准化和相关活动的通用术语》（GB/T 20000.1—2014）中，其被定义为"为了在既定范围内获得最佳秩序，促进共同效益，对现实问题或潜在问题确立共同使用和重复使用的条款以及编制、发布和应用文件的活动"。标准化活动中确立的条款，可以形成标准化文件，包括标准和其他标准化文件；标准被定义为"通过标准化活动，按照规定的程序经协商一致制定，为各种活动或其结果提供规则、指南或特性，供共同使用和重复使用的文件"，标准宜以科学、技术和经验的综合成果为基础。标准化的过程中产生了标准，标准的制定、实施、修订等过程构成了标准化的基本任务和内容。

标准化可以包含一种或者多种目的，如适用性、兼容性、互换性、品种控制、安全、环境保护、产品保护等，从而使产品、过程或服务满足其需求，其活动遵循着超前预防、协商一致、统一有度、动变有序、互相兼容、系列优化、阶梯发展、滞阻即废等原则。目前标准化已经成为国家治理体系和治理能力现代化建设的基础性制度，同时在轻工业高质量发展过程中作为重要技术的支撑而存在，而标准的制定和实施有效地提升了我国标准化水平，促进了科技创新成果的转化，为各行业科学管理提供了依据，还可以在一定程度上打破国际贸易壁垒，提升我国各行业的竞争力，对行业及社会经济发展而言具有重要的意义。

标准的制定

二、肉类加工标准体系及分类

（一）肉类加工标准体系

标准体系是指在一定范围内的标准按照其内在联系形成的有机整体，肉类加工行业的标准制定紧密围绕着屠宰业和肉制品加工业的生产经营活动全过程，包含了生猪、牛、羊、鸡、鸭、鹅及其他畜禽种类的初加工及深加工产品，涵盖了术语与分类、工艺技术、质量控制三大部分，最终形成了一个相互影响、相互制约、相互联系，覆盖畜禽屠宰、加工、流通、销售等各环节的全产业链标准体系，框架见图6-1。

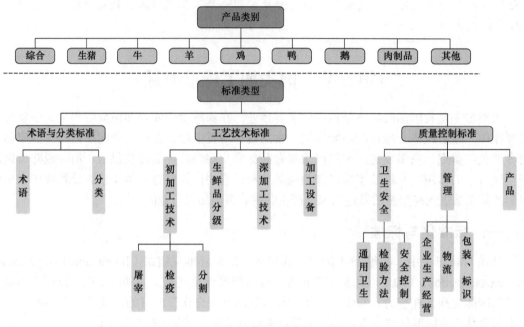

图6-1　肉类加工标准体系框架图

（二）肉类加工标准分类

我国肉类加工行业的标准可以根据制定和实施范围分为国家标准、行业标准、地方标准、团体标准和企业标准。从法律级别上来看，国家标准＞行业标准＞地方标准＞团体标准＞企业标准，但是对于标准而言，一般下一级的要求要高于上一级。在本行业中需要在全国范围内进行统一技术要求时，应由国家标准机构通过并公开发布国家标准，其代号为"GB"或者"GB/T"，编号由国家标准代号、发布顺序号、发布年号三部分组成。例如，强制性国家标准《食品安全国家标准　肉及肉制品中乙烯利残留量的检测方法》（GB 23200.82—2016）、推荐性国家标准《畜禽屠宰操作规程　鸡》（GB/T 19478—2018）。

在没有国家标准，但需要在食品的某个行业内进行统一技术要求时，应由行业机构通过并公开发布行业标准。不同行业的标准代号不同，轻工行业标准代号为"QB"，农业行业标准代号为"NY"，商业行业标准代号为"SB"，如由农业农村部于2020年发布的《畜禽屠宰操作规程　鸭》（NY/T 3741—2020）。在没有国家和行业标准又需要满足某一地方的特殊技术要求、文化风俗、自然条件时，可以由地方政府标准化行政主管部门制定和发布地方标准，并向国务院标准化行政主管部门和有关行政主管部门备案。其标准编号由地方代号、顺序号、年代号三部分组成，其中省级标准代号由"DB＋相应行政区代码前两位数字"组成，市级标准代号由"DB＋相应行政区代码前四位数字"组成，如江苏省市场监督管理局于2019年颁布的《冷鲜鸭肉生制品加工技术规程》（DB32/T 3661—2019）和秦皇岛市质量技术监督局于2005年颁布的《肉鸡屠宰检疫技术规程》（DB1303/T 187—2005）。团体标准按照团体确立的标准制定程序自主制定并发布，由社会自愿采用，其代号为"T"。近年来为优化标准供给结构，释放市场主体的标准化活力，团体标准因具有可以快速满足市场需求和响应新兴领域、创新技术标准化需求等特点得到了大力发展。肉类加工行业相应的团体标准已有很多，如山东省畜牧协会于2021年颁布实施的《鸡肉中37种兽药残留量的测定　液相色谱-串联质谱法》（T/SDAA 018—2021）等。企业标准是对企业范围内需要协调统一的技术、管理、工作要求所制定的标准，其制定一般基于两种情况：一是某一领域暂无现行的国家、行业和地方标准；二是企业需要制定比现行国家、行业和地方标准更严格的标准。企业标准的编号由企业标准代号"Q"、企业代号、顺序号、年代号组成，肉类加工行业中的企业标准如江苏周黑鸭食品工业园有限公司于2021年发布的《气调包装熟卤肉制品》（Q/SZHY 0002 S—2021）、吉林省长春皓月清真肉业股份有限公司于2022年发布的《和牛（沃金黑牛）鲜、冻分割牛肉及附带产品》（Q/JCHY 0009 S—2022）等。

根据肉类加工行业的标准内容可以将其划分为术语与分类标准、工艺技术标准、质量控制标准三部分，具体内容详见本章第二节。

三、肉类加工标准化现状与发展趋势

（一）肉类加工标准化现状

肉类加工行业包含了屠宰业和肉制品加工业，它们均以标准作为行业内公认的一种技术规范。自2012年12月12日全国屠宰加工标准化技术委员会（SAC/TC516）成立以后，我国的屠宰及加工技术、品质检验、屠宰加工工艺设计、屠宰及肉制品加工设备、非食用产品处理等领域的国家标准制修订工作由该机构统一负责。而全国肉禽蛋制品标准化技术委员会（TC399）则负责畜禽肉制品门类包括腌腊制品类、酱卤制品类、熏烧制品类、干制品类、油炸制品类的标准化相关工作，其下设的全国肉禽蛋制品标准化技术委员会畜肉制品分技术委员会（TC399/SC1）则主要负责畜肉制品领域的标准化相关工作。国家标准化管理委员会的成立标志着本行业标准化工作向着组织化、专业化的方向发展，对于规范企业管理，保障肉品安全质量，促进行业科学、健康发展和国际合作等具有重大意义。截至2022年1月，针对畜禽屠宰业标准的制修订工作也取得显著成效，完成了1000余项标准的梳理、30余项国家和行业标准的制修订工作，加快了该行业的转型发展。但是目前我国肉类加工行业标准化进程依然存在着以下问题。

（1）标准交叉重复不统一，执行混乱。目前我国标准一般由国家标准化管理委员会统一发布，但是制定标准的部门如政府、行业协会、研究机构等沟通协调仍存在欠缺，加之标准审核不彻底，造成了一些重复甚至矛盾的标准内容。这种标准的重复和不统一最终会导致执行过程的混乱，对标准的推广应用和肉品安全均造成了不良影响。

（2）标准体系不完善，部分重点标准缺失。肉品加工行业涉及领域广泛，环节众多，目前的标准虽然基本实现了全面覆盖，但是很多领域和环节中依然存在不完善的问题，如畜禽屠宰环节虽然在产品和检验方法方面的标准较为完备，但在产品运输、追溯、贮藏保鲜、加工副产品、机械设备等方面依然与国际先进水平存在较大差距，有待进一步完善。

（3）部分标准标龄较大，复审修订滞后。所有的标准都存在时效性，随着经济的发展、科学的进步，标龄较大的标准将逐渐无法适应社会发展的需要，标准起草部门应适时对标准进行复审。根据《中华人民共和国标准化实施条例》第二十条和《企业标准化管理办法》的规定，国家、行业、地方标准的复审周期一般不超过5年，企业标准的复审周期不超过3年，同时标准批发部门应及时向社会公布复审结果。但在肉类加工行业标准体系中存在大量标龄在10年以上的标准，如1998年实施的《辐照冷冻包装畜禽肉类卫生标准》（GB 14891.7—1997）、2006年颁布的《家禽浸烫设备》（NY/T 1020—2006）等。

（二）肉类加工标准化发展趋势

2021年中共中央、国务院印发的《国家标准化发展纲要》明确提出，新时代新发展理念下我们应该构建新的发展格局，对标准化治理结构、效能和标准国际化水平进行优化和提高，大力发展高质量标准体系，致力于在2025年实现全域标准化深度发展、大幅提升标准化水平和开放程度，筑牢标准化发展基础。肉类加工行业作为我国经济发展中的重要产业，其标准化的进程在国家标准化的进程中占据重要的地位。

根据《"十四五"推动高质量发展的国家标准体系建设规划》的内容，标准体系的优化应进一步加强强制性国家标准、推荐性国家标准和国家标准样品的管理，坚持创新引领、坚持需求导向、坚持体系衔接、坚持开放融合、坚持质量效益。在肉类加工行业生产流通环节，应以质量分级、加工流通、仓储保鲜、冷链物流、产品追溯等为重点；在食品消费环节，应加强兽药残留、污染物、微生物等有毒有害限量指标及检测方法、食品添加剂使用限量标准的制定工作。同时对标国际先进水平，结合国内科研和行业发展最新特点，及时梳理落后或不匹配标准；积极开展标准的宣传和实施工作、健全标准化人才培养体系、提升信息化支撑能力、拓展标准化国际合作，以更好地满足肉类加工行业高质量发展的需要和人民群众对美好生活的向往。

而具体到畜禽屠宰业，《"十四五"畜禽屠宰标准体系建设指南》指出畜禽屠宰标准体系建设应该"以保障屠宰与肉品质量安全为主线，以提升畜禽屠宰行业质量效益和竞争力为导向，构建以产品为主线、全程质量控制为核心、结构合理、规模适度、内容科学的畜禽屠宰加工标准体系"。体系建设遵循突出重点、全程覆盖、整合精简、强化应用的原则；主要任务包括：强制性标准的制修订，畜禽屠宰检验规程报批、发布实施等工作；重点领域推进行业标准的制修订，如畜禽屠宰加工设备的术语标准制定，猪、牛、羊、鸡肉的质量分级标准修订或整合，畜禽肉分割技术规程的系列标准制修订，猪、牛、羊和家禽关键设备标准的制定，以及从业人员的技能要求和防护规范标准的制定等工作；保障措施包括了对标准制修订工作机制的健全、标准研制投入力度的增加及重要标准的宣贯和实施。致力于通过对标准的制定、修订、整合、废止，解决目前存在的标准交叉、重复、矛盾、标龄较大、体系不完善等问题。

第二节　肉类加工与质量控制标准

随着现代科技的发展和膳食结构的变化，消费者也对肉品的加工品质和质量安全提出了更高的要求，终端产品的品质形成和安全控制与生产加工的各环节都密不可分，因此，通过对全产业链实施标准化的监管，合理控制各环节的关键影响因素，可以有效地保证肉类产品的品质。在此过程中标准的制定和实施起到前提性、基础性、依据性和保证性的重要作用。

在肉类加工行业领域内对肉品加工与质量控制的标准可以分为术语与分类标准、工艺技术标准、质量控制标准三大方向。该标准体系从原材料质量、设备的安全高效、技术操作的规范、生产流程的细节把控、企业的科学管理、全产业链的卫生及安全控制等多个维度入手，为终端产品加工品质和质量控制打下坚实的基础。

肉类加工
标准汇编表

一、术语与分类标准

术语标准是用来界定特定领域或学科中使用的概念的指称及其定义的标准，一般按照某一主题，以专用术语为对象进行系统的组织，包括了术语、定义、对应外文词等内容。例如，《肉与肉制品术语》（GB/T 19480—2009）规定了肉、肉制品、肉制品加工、肉制品包装材料相关术语、定义和对应外文词，该标准适用于肉与肉制品的加工、贸易和管理，而《畜禽屠宰术语》（NY/T 3224—2018）规定了畜禽屠宰的一般术语、宰前术语、屠宰过程术语、宰后术语和屠宰设备术语，适用于畜禽的屠宰加工环节。术语本身具有科学、系统、精确、简明、稳定等特点，而术语的收录、组织、定义均要遵守严格的规定。目前，国内外肉品加工行业交流与合作日益频繁，术语标准的制定对于技术交流、信息传递、专业翻译等具有重要的作用，推进术语标准化进程也日益紧迫。2021年，中国商业联合会组织国内相关单位代表主导制修订的8项ISO国际标准正式发布，其中由南京农业大学主持制定的"Meat and meat products—Vocabulary"（ISO 23722：2021）定义了肉与肉制品中的48项术语，适用于肉类和肉制品的加工、贸易和储存环节，是我国研究力量实质性参与国际标准制定的一项重要成果，是本领域标准国际化的一次突破。

分类标准是指基于诸如来源、构成、性能或用途等相似特性对产品、过程或服务进行有规律的排列或划分的标准，分类时一般会给出或含有分类原则。肉类加工行业相关的分类标准主要针对肉类产品进行了划分，如《肉制品分类》（GB/T 26604—2011），该标准以肉制品的加工工艺作为分类依据，将肉制品分为腌腊肉制品、酱卤肉制品、熏烧焙烤肉制品、干肉制品、油炸肉制品、肠类肉制品、火腿肉制品、调制肉制品和其他肉制品九大类。而由中华人民共和国商务部发布的《猪肉及猪副产品流通分类与代码》（SB/T 10746—2012）、《牛肉及牛副产品流通分类与代码》（SB/T 10747—2012）、《羊肉及羊副产品流通分类与代码》（SB/T 10748—2012）、《禽肉及禽副产品流通分类与代码》（SB/T 10749—2012）4项标准则针对畜禽原料肉，以产品特性、加工属性和特征工艺为分类依据，与国内已有的相关分类标准相协调，兼顾企业在管理和使用上的要求，以及在流通领域的稳定性、唯一性的特点进行分类。分类采用线分类法，同时采用顺序码的方法对分类后的肉品进行了编码，其代码分为部类、大类、小类三层，用12位阿拉伯数字表示，部类由5位数字表示，大类由3位数字表示，小类由4位数字表示，如代码211130130001，其中21113表示鲜或冷却猪肉部类，013表示带皮猪肉大类，0001表示带皮片猪肉小类。产品的分类标准化适用于产品生产、统计、采购、销售、出口、研发等环节，可以有效提高产品统计的准确性和国际可比性。

二、工艺技术标准

（一）初加工技术标准

畜禽初加工是指活的畜禽经过人工和现代化机械设备屠宰、分割后获得优质、安全肉类制品的过程。畜禽屠宰环节中，针对生猪、牛、羊、鸡、鸭、鹅和牦牛的屠宰操作规程制定了相应的国家和行业标准，该系列标准中均规定了相应畜禽品种的屠宰术语和定义、宰前要求、屠宰操作程序及要求、包装、标签、标志和贮存及其他要求，适用于屠宰厂（场）的屠宰操作。一些地方标准也对某一畜禽品种的屠宰操作规程制定了更高要求的标准。例如，吉林省2018年实施的《羊屠宰操作规程》（DB 22/T 2740—2017）规定了羊屠宰的术语和定义、宰前要求、屠宰操作程序及方法、内脏加工和其他内容。与《畜禽屠宰操作规程　羊》（NY/T 3469—2019）相比，该标准在各部分均有一定的差异，如术语和定义部分中，地方标准对羊胴体的定义为"羊经宰杀放血后，去掉皮（毛）、头、蹄、尾、内脏、生殖器（母羊去乳房）后的躯体"，而行业标准的定义是"羊经宰杀放血后去皮或者不去皮（去除毛），去头、蹄、内脏等的躯体"。在内脏加工部分，地方标准对白内脏的加工要求是"合格的白内脏进入白内脏加工间，将肠胃内容物倒入风送管或指定容器，肠胃内容物应及时拉出屠宰车间。胃和肠采用手工或者机器进行清洗。将清洗后的胃和肠整理包装入冷藏库或保鲜库"，而行业标准仅对副产品加工做出了如避免落地、清洗干净、分开处理等基本要求。同时大量的地方和团体标准也对不同的畜禽品种制定了不同的技术标准，如《肉鸭屠宰加工技术规程》（DB41/T 1012—2015）、《宜昌白山羊屠宰标准》（T/YCXM 002—2021）等。

畜禽分割环节中，畜禽肉分割技术规程系列标准对猪肉、羊肉、牦牛肉、鸭肉的分割术语和定义、原料要求、分割车间要求、分割方式、分割程序和要求等内容进行了规范，并在附录部分提供了其分割产品示意表。其他标准如《鸡胴体分割》（GB/T 24864—2010）、《牛胴体及鲜肉分割》（GB/T 27643—2011）、《盐池滩羊肉分割技术规范及分割产品标准》（T/TYXH 01—2017）等也对不同品种或不同地域的畜禽分割进行了规范。

畜禽屠宰过程中的检疫环节是控制动物疫病传播的关键环节，包含了宰前和宰后两部分。现行检疫标准针对单一畜禽品种的检疫过程进行了规范。例如，《生猪屠宰检疫规范》（NY/T 909—2004）规定了生猪屠宰防疫、宰前检疫及检疫结果处理的技术要求。针对不同品种畜禽的常见疫病检测进行了针对性的技术标准制定。例如，生猪屠宰中的《猪副伤寒检疫技术规范》（SN/T 5185—2020）规定了猪副伤寒的临床诊断、病原的分离和鉴定、酶联免疫吸附试验、聚合酶链反应和实时荧光聚合酶链反应鉴定技术等内容，禽类屠宰中的《禽副伤寒检疫技术规范》（SN/T 5184—2020）、牛屠宰中的《牛瘟检疫技术规范》（SN/T 2732—2010）等也做了相关规定。

近年来，标准化领域不断扩展，标准体系不断完善，推荐性国家标准《冷却肉加工技术要求》（GB/T 40464—2021）将屠宰领域标准推广到具有特定工艺要求的生鲜肉类产品中，对冷却肉的屠宰、冷却加工、包装、标识、贮存、运输、记录、追溯和召回等做出了要求，适用于冷却肉生产的屠宰、冷却、分割等初加工领域。2019年，中华人民共和国农业农村部颁布的《畜禽血液收集技术规范》（NY/T 3471—2019）将标准化领域细化到畜禽屠宰环节中的放血过程，对畜禽血液收集的术语和定义、基本要求、收集要求、检验检疫要求、储藏要求、运输要求、产品追溯和召回、记录和文件管理进行了规定，适用于食用血制品原料的畜禽血液收集。

（二）生鲜品分级标准

胴体的分级是指根据相关经济性状将畜禽胴体分为不同等级的过程，这种分级可以直接体现畜禽胴体的产量和质量特性，是实现同质同价的基础。我国发布的分级标准中既有针对多种畜禽品种的质量分级规程和导则［例如，《畜禽肉质量分级规程》（GB/T 40945—2021）

对比了国内外畜禽分级标准、技术法规中的检测方法，对畜禽肉质量分级的术语和定义、分级前的准备、分级评定、标识和记录等做出了规范，适用于猪、牛、羊、鸡、鸭胴体及其分割肉的质量分级，在进一步规范畜禽胴体、分割肉的质量分级、引导生产、促进高效生产等方面具有重大意义］，也有针对单一畜禽品种制定的质量分级技术标准［例如，《畜禽肉质量分级　鸡肉》（GB/T 19676—2022）规定了肉鸡胴体及分割肉质量分级的基本要求、质量等级划分、标志、包装和记录要求，描述了肉鸡胴体及分割肉的技术指标评定方法、质量等级评定方法等；《猪肉分级》（SB/T 10656—2012）规定了猪肉分级的术语和定义、要求、评定方法、标志、标签等内容；《牦牛胴体分级》（DB63/T 1783—2020）规定了牦牛胴体分级的术语和定义、技术要求、评定方法、分级判定规则等内容］。

（三）深加工技术标准

肉制品是肉类深加工的产物，是指屠宰后的肉类经过进一步加工处理如腌制、烟熏、发酵等形成的产品，可分为西式肉制品和中式肉制品两大类。我国传统的肉制品常因技术设备落后、产品质量不稳定、安全隐患高等因素而严重制约了产业的发展。近年来，一批肉制品标准应运而生，如针对传统肉制品的《腊肉制品加工技术规范》（NY/T 2783—2015），该标准的加工技术要求包含了工艺流程、原料温度要求、原料预处理、辅料配制、腌制、干制、冷却包装等。针对现代食品工业产品的标准，如《休闲肉制品电子束辐照加工工艺规范》（T/CIRA 6—2020），对休闲肉制品电子束辐照前的要求、辐照工艺要求、辐照后的产品质量确认、检验方法、重复辐照与贮存等要求进行了规定，适用于泡制、卤制、干制、调味等工艺制作的预包装休闲肉制品的电子束辐照加工。

（四）加工设备标准

生产加工设备的水平是肉品加工行业发展水平和现代化程度的集中体现，目前我国屠宰和肉与肉制品行业的整体机械化水平、自动化水平和智能化水平与国外先进水平相比还存在一定的差距，畜禽屠宰工艺和设备技术水平可与国外持平，肉品分割工艺和设备较为落后。近年来，我国加强了畜禽屠宰加工设备标准的制定及修订力度，以保证加工设备的先进性和不同企业设备的兼容性、配套性。

屠宰业现行的设备标准包括：①《畜禽屠宰加工设备通用要求》（GB/T 27519—2011）等适宜作为整个畜禽屠宰行业设备的基础标准，该标准规定了畜禽屠宰加工设备的设计、制造、验收的基本要求、试验方法、检验规则及标牌、包装、运输、贮存的要求等内容；②《畜禽屠宰加工设备　禽屠宰成套设备技术条件》（GB/T 40470—2021）等成套设备标准，该标准规定了禽屠宰成套设备的组成及配置、通用技术要求、试验方法等内容，适用于家禽屠宰加工成套设备的设计、制造、安装、试验、检验和使用管理，该标准规定了鸡、鸭、鹅屠宰成套设备配置，同时对主要设备的用途、一般要求、性能要求、安全要求进行了规范；③《畜禽屠宰加工设备　洗猪机》（SB/T 10488—2008）、《畜禽屠宰加工设备　猪燎毛炉》（SB/T 10491—2008）等适宜作为某一畜禽品种屠宰过程中某一环节的设备的标准，此类标准主要对设备的型式、基本参数、技术要求、试验方法、检验规则和标志、包装、运输等进行了规范。目前有关猪的设备标准较为完善，但是牛、羊、禽类的屠宰加工设备标准则有待完善。

肉制品加工业现行设备标准主要是对不同工艺进行了分类，一般适用于多种畜禽肉类产品，涉及斩拌、乳化、腌制、上浆、杀菌、熏烤等多个环节。例如，2014年颁布实施的推荐性国家标准《食品加工机械　行星式搅拌机》（GB/T 30784—2014），该标准包括了有碗状料桶的行星式搅拌机的概述、分类、相关危险描述、技术要求、试验方法、检验规则和使用信息等内容，适用于肉馅和其他食品物料。由中华人民共和国工业和信息化部2015年颁布的《肉类加工机械　盐水注射机》（JB/T 12359—2015）、2011年颁布的《肉类加工机械　斩拌机》（JB/T 11069—2011）、《肉类加工机械　嫩化机》（JB/T 12351—2015）等，该类标准规定了相应设备的术语和定义、产品分类、技术要求、试验方法、检验规则、标志、包装等相关要求。

三、质量控制标准

（一）卫生安全标准

1. 通用卫生安全标准　食品卫生安全标准是在实施国家相关法律、法规、政策过程中，对食品原料及其生产、流通、消费等环节中与疾病发生和预防相关的各种危害因素所做出的规范，通常包含了安全、营养、保健三个方面，主要指标有感官指标、理化指标、微生物指标。在肉类加工行业中，基础通用卫生安全标准遍布产业链的全过程。例如，屠宰环节中《生猪屠宰加工场（厂）动物卫生条件》（NY/T 2076—2011），规定了生猪屠宰场（厂）的相关术语和定义、总体要求、宰前管理区、屠宰间、分割加工车间等的相关卫生要求；肉制品加工环节中的《食品安全地方标准　发酵肉制品生产卫生规范》（DB31/2017—2013），规定了选址及厂区环境、厂房和车间、设施和设备、卫生管理、生产过程的食品安全控制等相关内容；流通环节的卫生标准，如《进出口肉类储运卫生规范　第2部分：肉类运输》（SN/T 1883.2—2007）、《动物及其产品在运输过程中的安全卫生要求》（DB13/T 810—2006）等；经营环节的卫生标准，如《食品安全国家标准　肉和肉制品经营卫生规范》（GB 20799—2016）和《食品安全地方标准　冷鲜鸡生产经营卫生规范》（DB 31/2022—2014）等。

2. 检验方法标准　食品检验是依据相关标准对食品进行检测和评价的过程，2016～2020年，我国食品安全抽检总体合格率由96.8%提升至97.7%，抽检不合格样品中由农兽药残留、微生物污染、不合理使用食品添加剂而导致的不合格率超过70%，为应对消费者日益增长的对食品的质量、安全、营养的要求，我国食品检验方法标准的需求不断增加。食品检验方法标准构成了食品安全标准体系的核心内容，是保证食品卫生标准中所规定项目的检验结果科学性、准确性、统一性和可比性的重要依据。食品检验方法体系包含了食品理化检验方法标准、微生物学检验、食品放射性物质检验和安全性毒理学评价程序标准，其内容涵盖了检验原理、检验方法、检验材料和结果分析等内容。

我国肉类加工行业现行的检验方法标准涵盖了肉类产品（原料肉、加工肉制品）各环节的理化指标（基本成分、重金属、有毒有害物质、药物残留等）和微生物指标（菌落总数、大肠菌群、致病菌等），适用于肉类分级、掺杂掺假鉴别、食用品质检测等工作。例如，2022年10月1日颁布的《畜禽肉品质检测　水分、蛋白质、脂肪含量的测定　近红外法》（GB/T 41366—2022）规定了畜禽肉中水分、蛋白质、脂肪含量近红外光谱检测方法的原理、仪器设备、试样制备、模型的建立和验证、样品检测和结果、异常测量结果的确认和处理及准确性等内容；《肉及肉制品中常见致病菌检测　MPCR-DHPLC法》（SN/T 2563—2010）、《肉及肉制品中常见致病菌检测方法　基因芯片法》（SN/T 2651—2010）两个标准针对肉及肉制品的致病菌检测方面规定了生物安全要求、检验原理、检验所需试剂、设备、材料、检验程序、结果及判断等内容，两者的区别在于检验方法不同，同时前者比后者检测对象中多了溶血链球菌；肉类产品检测标准中占比最高的是残留物的测定，如《畜、禽肉中土霉素、四环素、金霉素残留量的测定（高效液相色谱法）》（GB/T 5009.116—2003）、《食品安全国家标准　猪组织和尿液中赛庚啶及可乐定残留量的测定　液相色谱-串联质谱法》（GB 31660.7—2019）等。

3. 安全控制标准

1）良好操作规范（GMP）标准　　食品良好操作规范聚焦在食品生产过程中的卫生安全与质量管理，规定了企业加工过程中应该具备科学的生产过程、良好的生产设备、完善的质量监督管理和检测体系，保证终端产品的质量满足相关法律法规及标准的要求，其规定的内容是企业应该达到的最基本条件。我国目前颁布了《鲜、冻肉生产良好操作规范》（GB/T 20575—2019），针对鲜、冻猪、牛、羊、家禽等产品的生产规定了鲜、冻肉生产的选址及厂区环境、厂房和车间、设施与设备、生产原料要求、检验检疫、生产过程控制、包装、贮存与运输、产品标识、产品追溯与召回管理、卫生管理及控制、记录和文件管理等内容。同类标准还有《肉类制品企业良好操作规范》（GB/T 20940—2007）、《畜禽屠宰良好操作规范　生猪》（GB/T 19479—2019）。

2）危害分析与关键控制点（HACCP）标准　　HACCP体系是一种以预防为主，通过控制食品生产加工各环节可能发生的关键点，采取相应的纠正措施，对危害进行预防或消除，以达到消费者可接受水平的体系。我国已颁布《畜禽屠宰HACCP应用规范》（GB/T 20551—2006）、《肉制品生产HACCP应用规范》（GB/T 20809—2006），这两种标准对企业的HACCP体系的总要求及文件、良好操作规范、卫生标准操作程序、标准操作规程、有害微生物检验和HACCP体系的建立规程方面的要求做出了规范，分别提供了畜禽屠宰和肉制品HACCP计划模式表。

（二）管理标准

随着我国经济由高速发展阶段向高质量发展阶段过渡，肉类加工行业应及时调整产业结构，加快转型升级的步伐；同时在互联网、自媒体的蓬勃发展下，品牌优胜劣汰逐渐加快，企业的科学管理在新业态下显得尤为重要，管理标准的需求与日俱增。管理标准以标准化领域中需要协调统一的管理事项作为对象进行制定，在肉类加工行业中管理标准涉及范围广泛。针对某一生产经营场所如畜禽屠宰企业制定了建设、运行、等级评定、卫生监督、冷库管理、诚信体系实施等管理标准，其他场所还包含肉制品生产企业、冷鲜肉连锁店、鲜（冻）畜禽产品专卖店等。针对不同产品的生产方面制定了质量管理规范、生产管理规范、经营管理规范、技术管理规范等标准，如《肉制品生产管理规范》（GB/T 29342—2012）等。企业的相关管理标准在正确处理生产、交换、分配、消费的相互关系中发挥了重要的作用，显著增强了行业规范性，为企业或管理机构有效组织生产活动提供了科学指导。

在产品流通环节，可以通过一定的技术和管理标准等对物流活动进行规范，以提高该过程的标准化程度。为保证畜禽肉类产品的质量安全，众多冷链物流相关标准应运而生。2012年11月1日，我国实施了《畜禽肉冷链运输管理技术规范》（GB/T 28640—2012），该标准明确规定了畜禽肉的冷却冷冻处理、包装及标识、贮存、装卸载、运输、节能要求及人员的基本要求，对生鲜畜禽肉从运输准备到实现最终消费前的全过程的冷链运输进行了指导。2020年发布的《食品安全国家标准　食品冷链物流卫生规范》（GB 31605—2020）规定了食品冷链物流过程中的基本要求、交接、运输配送、储存、人员和管理制度、追溯及召回、文件管理等方面的要求和管理准则，该标准对污染防控相关要求进行了适当的增补。同时，众多的地方标准、团体标准和国内其他标准也分别针对具体畜禽肉的冷链物流操作、数字化操作等方面做出了更为细致的规范。然而由于我国冷链物流起步较晚，目前的发展仍然存在着技术落后、标准不统一、监管薄弱等问题。

科学管理肉类产品在流通过程中产生的信息在一定程度上可以起到预防食品安全风险的作用，其中追溯系统的构建可为消费者提供完善的供应链信息，可在很大程度上促进信息的及时交流，避免重大食品安全问题的暴发。畜禽肉追溯体系的建立主要是为了支持畜禽肉安全管理和控制，便于召回，确定畜禽肉产品的来历或来源、位置或去向，识别畜禽屠宰加工过程中的责任环节，满足顾客的追溯要求。我国现行的相关标准有《畜禽肉追溯要求》（GB/T 40465—2021）、《冷却肉冷链运输追溯规程》（DB41/T 1846—2019）、《畜类产品追溯体系应用指南》（T/CSPSTC 14—2018）等。

值得注意的是，流通过程中肉类产品的包装在产品的安全保障和信息传递方面发挥着重要的作用。一般在肉类产品标准中都会规定相应的产品包装要求，但也有一部分标准会将包装部分的内容单独汇总形成标准文件，如《畜禽产品包装与标识》（NY/T 3383—2020）将畜禽产品的包装要求汇总在一起，对畜禽产品包装的基本要求、外观要求和净含量进行了解释说明，而由中国肉类协会颁布的《肉类食品包装用热收缩膜、袋》（T/CMATB 6001—2020）、《肉与肉制品气调包装　第1部分：包装设备》（T/CMATB 6002.1—2020）、《肉与肉制品气调包装　第2部分：包装材料》（T/CMATB 6002.2—2020）、《肉与肉制品气调包装　第3部分：操作规范》（T/CMATB 6002.3—2020）的团体标准中则按照具体的包装方式、材料等进行了更为细致的要求。

肉类的包装需求暴增与消费者对于产品卫生安全和溯源的需求激长催生了包装标识的进一步发展。标识是指采用粘贴、印刷、标记等适宜的方式，在产品或者其包装上，用以表示或说明产品信息、检疫检验状态、生产者信息等的文字、符号、数字、图案及其他说明的总称，食品产品的标识包括了标签、图形、文字和符号。裸装畜禽肉产品标识应该包括生产者名称、检疫检验标志、生产日期等信息，经批准后，企业可以在《片猪肉激光灼刻标识码、印应用规范》（NY/T 3372—2018）的指导下，采用激光灼刻进行标识。包装畜禽产品的标识内容应该注明产品和生产者名称、产地、生产日期、保质期、储存条件、执行标准、产品配方配料表、生产厂家等详细信息，同时在包装的醒目位置注明检疫检验标志等信息。对于储运包装而言，其图形符号应该满足《包装储运图示标志》（GB/T 191—2008）的要求。

（三）产品标准

产品标准是用于规定产品需要满足的要求以保证其适用性的标准，产品标准除了包括适用性的要求，也可直接包括或以引用的方式包括诸如术语、取样、检测、包装和标签等方面的要求，有时还可包括工艺要求。根据其规定的是全部的还是部分的必要要求，可区分为完整的标准和非完整的标准，因此产品标准又可分为不同类别的标准，如尺寸类、材料类和交货技术通则类产品标准。若标准仅包括分类、试验方法、标志和标签等内容中的一项，则该标准分别属于分类标准、试验标准和标志标准，而不属于产品标准。

产品标准包括但不限于以下内容：产品的术语与定义、技术要求、试验方法、检验规则、标识、包装、贮存、运输、原料、分类、销售、召回等。在肉类加工行业内，它可以分为原料肉标准和加工肉制品标准两大类标准。原料肉可以根据不同畜禽品种分割部位、加工工艺、营养成分等的不同而分为不同的标准，如与猪肉相关的产品标准包括了《鲜、冻猪肉及猪副产品　第1部分：片猪肉》（GB/T 9959.1—2019）、《冷却猪肉》（NY/T 632—2002）、《乳猪肉》（SB/T 10293—2012）、《富硒猪肉》（DB61/T 557.11—2012）、《鲜、冻猪肉及猪副产品　第4部分：猪副产品》（GB/T 9959.4—2019）、《食用猪油》（GB/T 8937—2006）等。加工肉制品一般根据产品种类不同而制定不同的标准，如《猪肉糜类罐头》（GB/T 13213—2017）、《红烧猪肉类罐头》（QB/T 1361—2014）、《可乐猪腌腊制品》（T/GZSX 078—2021）、《冷冻调理肉制品》（Q/FJS 0001 S—2021）等。

随着居民家庭结构、消费需求的变更，消费者对高品质食品的需求催生了相应产品标准的制定，如《绿色食品　畜禽肉制品》（NY/T 843—2015），较2009年发布的版本，该标准修改了标准名称及标准适用范围，删除了畜肉产品、熏煮香肠火腿制品，增设了调制肉制品，修改了肉制品部分污染物、食品添加剂和微生物指标，修改了部分检验方法。食品企业在生产预包装食品时必须采用相应的产品标准，这是判定企业生产的食品是否符合规定性要求的唯一依据，因此选择合适的产品标准至关重要。通常情况下，强制性标准必须执行，而国家鼓励采用技术要求高于强制性标准的推荐性标准，其中值得注意的是在采用团体标准作为产品标准时，应注意该标准的发布机构有无限制性规定，部分情况下获得授权方可采用。

延伸阅读

肉类菜肴标准现状

随着现代餐饮行业的发展特别是连锁企业的出现，菜肴标准化逐渐成为餐饮行业降本增效和精细管理的重要途径，有效解决了不同批次菜品品质不一和完全依赖于厨师个人经验的弊端。另外，菜肴标准的梳理和总结归纳也是对我国烹饪文化的传承和发扬，在极大程度上保留了不同菜系的原始样貌和特点。我国现存标准体系中肉类菜肴标准大多为地方或团体标准，以不同菜系和菜肴进行分类，包含了湘菜、鲁菜、宁乡口味菜、潮汕菜、琼菜、宝庆菜、蒙餐等。湘菜体系中由湖南省质量技术监督局发布的如《湘式菜肴　第1部分毛氏（家）红烧肉》（DB43/T 423.1—2015）、《家常湘菜　第4部分　清炖黄牛肉》（DB43/T 810.4—2013）、《一桌筵宴湘菜　第11部分：麻仁香酥鸭（带饼）》（DB43/T 809.11—2013）等肉类菜肴标准，对湘菜中不同菜品的定义、要求、试验方法和标识、包装与运输进行了要求，适用于菜肴的制作、检验、销售与教学过程等。而由山东省质量技术监督局颁布的系列鲁菜标准如《鲁菜　锅烧鸭子》（DB37/T 2574—2014）、《鲁菜　老汤酱牛肉》（DB37/T 3439.72—2018）等则对不同菜品的术语和定义、原料及要求、烹饪器具、制作工艺、装盘、质量要求、最佳食用时间等内容进行了规定。

肉类菜肴
标准汇编表

思　考　题

1. 如何理解标准与标准化的区别和联系？
2. 简述我国肉类加工行业标准体系的现状和发展方向。
3. 简述我国肉类加工行业标准的分类。

主要参考文献

陈峰, 郎录雁, 曾霖霖, 等. 2012. 超高压技术在肉品加工中的应用. 食品工业, 33（10）: 83-85.

楚倩倩, 任广跃, 段续, 等. 2022. 过热蒸汽和热风干燥在食品领域中的应用对比. 食品与发酵工业, 48（16）: 297-304.

董衍明, 马雁玲. 2005. 单细胞蛋白饲料的开发与利用. 饲料研究,（9）: 3.

高宁宁, 胡萍, 朱秋劲, 等. 2019. 烟熏液及其在肉制品中的应用研究进展. 肉类研究, 33（1）: 66-70.

葛长荣. 2002. 肉与肉制品工艺学. 北京: 中国轻工业出版社.

苟梦星, 李俊杰, 赵雨欣, 等. 2020. 昆虫蛋白在食品领域的应用及研究进展. 肉类工业,（6）: 50-54.

郭明广. 2018. 生理学. 郑州: 河南科学技术出版社.

郭楠, 叶金鹏, 王子崴, 等. 2020. 畜禽肉品分割加工智能化发展现状及趋势. 肉类工业,（2）: 5.

郭守立, 侯良忠, 郭晓峰, 等. 2016. 猪宰后不同部位白肌肉与正常肉品质变化、能量代谢的差异. 肉类研究, 30（6）: 19-24.

郭铁. 2019-12-16. "人造肉"之后, "人造奶"会成为下一个风口吗? 新京报.

何洋, 杜彦丽, 刘永, 等. 2021. 畜禽骨骼肌肌纤维特性及其发育机制研究进展. 中国畜牧兽医, 48（9）: 3191-3199.

黄国霞, 赖春华, 李军生, 等. 2012. 6种水产动物中氧化三甲胺的提取与含量测定. 食品科技, 37（7）: 305-307.

贾敬敦, 马海乐, 葛毅强, 等. 2018. 食品物理加工技术与装备发展战略研究. 北京: 科学出版社: 23-109, 240-304.

江婷. 2009. 肉用发色剂替代品研究进展. 肉类工业,（12）: 45-47.

蒋爱民. 2019. 畜产食品工艺学. 北京: 中国农业出版社.

金文刚, 师文添, 张海峰. 2007. 新型肉制品发色剂的研究进展. 肉类工业,（12）: 41-43.

孔保华. 2018. 肉品科学与技术. 3版. 北京: 中国轻工业出版社.

孔凡华, 张渪惟, 黄华, 等. 2021. 畜禽肉和鱼虾肉 −40℃贮藏期间品质变化. 肉类研究, 35（7）: 38-43.

李君, 谢斌, 翟志强, 等. 2021. 畜禽屠宰加工智能化装备及技术研究进展. 食品与机械, 37（4）: 7.

李婷婷, 邓雪娟. 2015. 单细胞蛋白饲料研究进展及其在动物中的应用. 饲料与畜牧: 新饲料,（5）: 5.

廖帆. 2013. 非钠代用盐的开发、口感改良及应用研究. 广州: 华南理工大学硕士学位论文.

刘登勇, 周光宏, 徐幸莲. 2004. 肉制品中亚硝酸盐替代品的讨论. 肉类工业,（12）: 17-21.

刘东红, 周建伟, 吕瑞玲, 等. 2020. 食品智能制造技术研究进展. 食品与生物技术学报, 39（7）: 1-6.

刘静, 管骁. 2011. 基于SVM方法的猪肉新鲜度分类问题研究. 食品与发酵工业, 37（4）: 221-225.

刘瑞, 李雅洁, 陆欣怡, 等. 2021. 超声波技术在肉制品腌制加工中的应用研究进展. 食品工业科技, 42（24）: 445-453.

卢涵, 陈孙福, 罗永康. 2012. 鳄鱼肉主要营养成分及与其他畜禽肉的比较. 肉类研究, 26（7）: 25-28.

宁菁菁. 2019-12-09. 红肉吃得多, 糖尿病风险大. 人民网-生命时报.

欧雨嘉, 郑明静, 曾红亮, 等. 2020. 植物蛋白肉研究进展. 食品与发酵工业, 46: 7.

潘道东，孟岳成. 2013. 畜产食品工艺学. 北京：科学出版社：31-34.

钱爱萍，颜孙安，林香信，等. 2010. 家禽肉中氨基酸组成及营养评价. 中国农学通报，26（13）：94-97.

丘泰球，任娇艳，杨日福，等. 2018. 食品物理加工技术. 北京：科学出版社：162-181，230-252.

任顺成. 2019. 食品营养与卫生. 2版. 北京：中国轻工业出版社.

申海鹏. 2015. 咸味香精、呈味基料的发展与创新. 食品安全导刊，（28）：60-61.

孙楚绿，张迎新. 2020. 食品制造业智能设备模型与技术发展. 食品工业，41（4）：251-254.

王尔茂，苏新国. 2010. 食品营养与卫生——食品营养与健康. 北京：科学出版社.

王锦芬，郝彦琴. 2021. 一例成人感染牛带绦虫的鉴定和治疗体会及文献复习. 中国热带医学，21（4）：395-398.

文其珍，马龙江，徐建华. 1997. 鲁西南畜禽名特产品营养素含量调查. 肉品卫生，（2）：10-12.

吴澎. 2019. 食品法律法规与标准. 3版. 北京：化学工业出版社.

吴元浩，徐婧婷，刘欣然，等. 2020. 植物基仿肉原料的应用与加工现状. 食品安全质量检测学报，11：9.

夏文水. 2003. 肉制品加工原理与技术. 北京：化学工业出版社.

夏文水. 2007. 食品工艺学. 北京：中国轻工业出版社.

谢小雷，张春晖，贾伟，等. 2015. 连续式中红外-热风组合干燥设备的研制与试验. 农业工程学报，31（6）：282-289.

旭日干，庞国芳. 2015. 中国食品安全现状、问题及对策战略研究. 北京：科学出版社.

杨春雪，孔凡华，欧阳俊，等. 2022. 鳄鱼肉与其他肉类营养成分的比较分析. 肉类研究，36（3）：7-13.

于秋影，赵宏蕾，常婧瑶，等. 2021. 新型滚揉技术在肉制品加工中应用的研究进展. https://kns.cnki.net/kcms/detail/11. 2206. TS. 20211015. 2018. 014. html [2022-10-20].

余以刚. 2017. 食品标准与法规. 2版. 北京：中国轻工业出版社.

张泓. 2021. 中央厨房导论. 北京：科学出版社：3-11.

张佳兰，王靖，任广旭，等. 2019. 昆虫蛋白质的功能制备方法及相关食品的开发现状. 农产品加工，（8）：75-77.

赵冰，李素，王守伟，等. 2016. 苹果木烟熏液的品质特性. 食品科学，37（8）：108-114.

赵婧，宋弋，刘攀航，等. 2021. 植物基替代蛋白的利用进展. 食品工业科技，42：8.

周才琼. 2017. 食品标准与法规. 2版. 北京：中国农业大学出版社.

周光宏，丁世杰，徐幸莲. 2020. 培养肉的研究进展与挑战. 中国食品学报，20（5）：1-11.

周光宏. 2008. 肉品加工学. 北京：中国农业出版社：115-134.

周光宏. 2011. 畜产品加工学. 2版. 北京：中国农业出版社.

周光宏. 2019. 畜产品加工学（双色版）. 2版. 北京：中国农业出版社.

周景文，张国强，赵鑫锐，等. 2020. 未来食品的发展：植物蛋白肉与细胞培养肉. 食品与生物技术学报，39（10）：1-8.

朱蓓薇. 2022. 食品工艺学. 2版. 北京：科学出版社.

朱香，林剑军，白卫东. 2019. 肉制品天然抗氧化剂的研究进展. 农产品加工，（16）：53-56.

邹小波. 2021. 中式中央厨房装备. 北京：中国轻工业出版社：60-94.

Arai S., Yamashita M., Noguchi M. 1973. Tastes of L-glutamyl oligopeptides in relation to their chromatographic properties. Agricultural and Biological Chemistry, 37(1): 151-156.

Barbut S. 2014. Review: Automation and meat quality-global challenges. Meat Science, 96(1): 335-345.

Barbut S. 2015. The science of poultry and meat processing. Ottawa: Library and Archives Canada Cataloguing: 10-17.

Bekhit A. E. 2017. Advances in Meat Processing Technology. New York: Taylor & Francis Group: 3-32, 121-218.

Caldas-Cueva J. P., Mauromoustakos A., Sun X., et al. 2021. Use of image analysis to identify woody breast characteristics in 8-week-old broiler carcasses. Poultry Science, 100(4): 100890.

Casaburi A., Piombino P., Nychas G., et al. 2015. Bacterial populations and the volatilome associated to meat spoilage. Food Microbiol, 45: 83-102.

Chen X., Tume R. K., Xiong Y. L., et al. 2017. Structural modification of myofibrillar proteins by high-pressure processing for functionally improved, value-added and healthy muscle gelled foods. Critical Reviews in Food Science and Nutrition, 58(2): 1-23.

Cheng Q., Sun D. W. 2008. Factors affecting the water holding capacity of red meat products: A review of recent research advances. Critical Reviews in Food Science and Nutrition, 48(2): 137-159.

Cortez-Trejo M. C., Gaytán-Martínez M., Reyes-Vega M. L., et al. 2021. Protein-gum-based gels: Effect of gum addition on microstructure, rheological properties, and water retention capacity. Trends in Food Science & Technology, 116: 303-317.

de Smet S., Vossen E. 2016. Meat: The balance between nutrition and health. A review. Meat Science, 120: 145-156.

Esper I. D. M., From P. J., Mason A. 2021. Robotisation and intelligent systems in abattoirs. Trends in Food Science & Technology, 108: 214-222.

Estévez M. 2011. Protein carbonyls in meat systems: A review. Meat Science, 89(3): 259-279.

Finnigan T., Needham L., Abbott C. 2017. Mycoprotein: A healthy new protein with a low environmental impact. In: Nadathur S. R., Wanasundara J. P. D., Scanlin L. Sustainable Protein Sources. San Diego: Academic Press: 305-325.

Frank D., Ball A., Hughes J., et al. 2016. Sensory and flavor chemistry characteristics of Australian beef: influence of intramuscular fat, feed, and breed. Journal of Agricultural and Food Chemistry, 64(21): 4299-4311.

Godfray H. C. J., Aveyard P., Garnett T., et al. 2018. Meat consumption, health, and the environment. Science, 361 (6399): eaam5324.

Gordon A., Barbut S., Schmidt G. 1992. Mechanisms of meat batter stabilization: A review. Critical Reviews in Food Science and Nutrition, 32(4): 299-332.

Jiang J., Xiong Y. L. 2015. Role of interfacial protein membrane in oxidative stability of vegetable oil substitution emulsions applicable to nutritionally modified sausage. Meat Science, 109: 56-65.

Jiang Y. H., Xin W. G., Yang L. Y., et al. 2022. A novel bacteriocin against Staphylococcus aureus from Lactobacillus paracasei isolated from Yunnan traditional fermented yogurt: Purification, antibacterial characterization, and antibiofilm activity. Journal of Dairy Science, 105(3): 2094-2107.

Jo K., Lee S., Yong H. I., et al. 2020. Nitrite sources for cured meat products. Lwt, 129: 109583.

Jones S. W., Karpol A., Friedman S., et al. 2020. Recent advances in single cell protein use as a feed ingredient in aquaculture. Current Opinion in Biotechnology, 61: 189-197.

Kadam S. U., Tiwari B. K., Alvarez C., et al. 2015. Ultrasound applications for the extraction, identification and delivery of food proteins and bioactive peptides. Trends in Food Science & Technology, 46(1): 60-67.

Khan M. I., Jo C., Tariq M. R. J. M. S. 2015. Meat flavor precursors and factors influencing flavor precursors—A systematic review. Meat Science, 110: 278-284.

Kuttappan V., Hargis B., Owens C. 2016. White striping and woody breast myopathies in the modern poultry industry: a review. Poultry Science, 95 (11): 2724-2733.

Kpta B., Jpk B., Bkt A., et al. 2019. Novel processing technologies and ingredient strategies for the reduction of phosphate additives in processed meat. Trends in Food Science & Technology, 94: 43-53.

Lapointe C., Deschênes L., Ells T. C., et al. 2019. Interactions between spoilage bacteria in tri-species biofilms developed under simulated meat processing conditions. Food Microbiol, 82: 515-522.

Lawrie R. A. 2006. Lawrie's Meat Science. 7th ed. Cambridge: Woodhead Publishing.

Lawrie R. A., Ledward D. A. 2023. Lawrie's Meat Science. 9th ed. Cambridge: Woodhead Publishing.

Ledesma E., Rendueles M., Díaz M. 2016. Contamination of meat products during smoking by polycyclic aromatic hydrocarbons: Processes and prevention. Food Control, 60: 64-87.

Liu R., Wu G. Y., Li K.Y., et al. 2021. Comparative study on pale, soft and exudative (PSE) and red, firm and non-exudative (RFN) pork: Protein changes during aging and the differential protein expression of the myofibrillar fraction at 1 h postmortem. Foods, 10 (4): 733.

McMinn R. P., King A. M., Milkowski A. L., et al. 2018. Processed meat thermal processing food safety-generating D-values for *Salmonella*, *Listeria monocytogenes*, and *Escherichia coli*. Meat and Muscle Biology, 2(1): Doi: https://doi. org/10. 22175/mmb2017. 11. 0057.

Miller M. 2007. Dark, firm and dry beef. Beef facts product enhancement. Lubbock: Texas Tech University.

Nicolas T. 2021.Cultured meat: Promises and challenges. Environmental and Resource Economics,79: 33-61.

Owens C., Alvarado C., Sams A. 2009. Research developments in pale, soft, and exudative turkey meat in North America. Poultry Science, 88 (7): 1513-1517.

Parthasarathy D. K., Bryan N. S. 2012. Sodium nitrite: the "cure" for nitric oxide insufficiency. Meat Science, 92(3): 274-279.

Przybylski W., Jaworska D., Kajak-Siemaszko K., et al. 2021. Effect of heat treatment by the sous-vide method on the quality of poultry meat. Foods, 10 (7): 1610.

Puolanne E., Halonen M. 2010. Theoretical aspects of water-holding in meat. Meat Science, 86(1): 151-165.

Rigdon M., Stelzleni A. M., McKee R. W., et al. 2021. Texture and quality of chicken sausage formulated with woody breast meat. Poultry Science, 100(3): 100915.

Romanov D., Korostynska O., Lekang O. I., et al. 2022. Towards human-robot collaboration in meat processing: Challenges and possibilities. Journal of Food Engineering, 331: 111117.

Shahidi F., Zhong Y. 2010. Lipid oxidation and improving the oxidative stability. Chemical Society Reviews, 39(11): 4067-4079.

Shao L., Chen S., Wang H., et al. 2021. Advances in understanding the predominance, phenotypes, and mechanisms of bacteria related to meat spoilage. Trends Food Sci Tech, 118: 822-832.

Sikorski Z. E. 2016. Somked Foods: Principles and Production. Salt Lake City: Academic Press: 1-5.

Simon P., de la Calle B., Palme S., et al. 2005. Composition and analysis of liquid smoke flavouring primary products. Journal of Separation Science, 28: 871-882.

Siró I., Vén C., Balla C., et al. 2009. Application of an ultrasonic assisted curing technique for improving the diffusion of sodium chloride in porcine meat. Journal of Food Engineering, 91(2): 353-362.

Smith S. B. 2012. Physiology and biochemistry of muscle as food. https://animalscience.tamu.edu/academics/courses/ansc-grad/anscfstc-607/[2022-10-20].

Sobral M. M. C., Cunha S. C., Faria M. A., et al. 2018. Domestic cooking of muscle foods: impact on composition of nutrients and contaminants. Comprehensive Reviews in Food Science and Food Safety, 17(2): 309-333.

Starowicz M., Zieliński H. 2019. How Maillard reaction influences sensorial properties (color, flavor and texture) of food products. Food Reviews International, 35(8): 707-725.

Sun X., Maynard C. J., Caldas-Cueva J. P., et al. 2021. Using air deformation of raw fillet surfaces to identify severity of woody breast myopathy in broiler fillets. Lwt, 141: 110904.

Thangavelu K. P., Kerry J. P., Tiwari B. K., et al. 2019. Novel processing technologies and ingredient strategies for the reduction of phosphate additives in processed meat. Trends in Food Science and Technology, 94: 43-53.

Toldrá F. 2010. Handbook of Meat and Meat Processing. New York: Blackwell Publishing: 143-198.

Toldrá F. 2017. Lawrie's Meat Science. 8th ed. Cambridge: Woodhead Publishing: 266-271.

Toldrá F., Hui Y. H. 2014. Handbook of Fermented Meat and Poultry. Hoboken: Wiley Blackwell: 59-76.

Warner R. D. 2017. The eating quality of meat—Ⅳ water-holding capacity and juiciness. *In*: Lawrie R. A. Lawrie's Meat Science. 8th ed. Cambridge: Woodhead Publishing.

Winger R., Hagyard C. 1994. Juiciness—its importance and some contributing factors. *In*: Ledward D. A. Quality Attributes and Their Measurement in Meat, Poultry and Fish Products. New York: Springer: 94-124.

Xiong Y. L., Blanchard S. P., Ooizumi T., et al. 2010. Hydroxyl radical and ferryl-generating systems promote gel network formation of myofibrillar protein. Journal of Food Science, 75(2): C215-C221.

Yang D. Q., Liu F., Bai Y., et al. 2021. Functional characterization of a glutathione S-transferase in *Trichinella spiralis* invasion, development and reproduction. Veterinary Parasitology, 297: 109128.

Zell M., Lyng J. G., Cronin D. A., et al. 2009. Ohmic heating of meats: Electrical conductivities of whole meats and processed meat ingredients. Meat Science, 83(3): 563-570.

Zhang J., Wang H., Wang Z.,et al.2021.Trajectories of dietary patterns and their associations with overweight/obesity among chinese adults: China health and nutrition survey 1991-2018.Nutrients,13(8):2835.

Zhang G., Zhao X., Li X., et al.2020. Challenges and possibilities for bio-manufacturing cultured meat.Trends in Food Science & Technology, 97: 443-450.

Zhang N., Ayed C., Wang W., et al. 2019. Sensory-guided analysis of key taste-active compounds in pufferfish (*Takifugu obscurus*). J Agric Food Chem, 67(50): 13809-13816.

Zhang Y., Cremer P. S. 2006. Interactions between macromolecules and ions: The Hofmeister series. Curr Opin Chem Biol, 10: 658-663.